AutoCAD 2015 中文版室内设计从业必学

主　编　张志霞

副主编　杨锋英　刘凯燕　张瑞敏

电子工业出版社

Publishing House of Electronics Industry

北京·BEIJING

内 容 简 介

AutoCAD 是通用的计算机辅助设计软件,在机械、建筑、室内等领域得到了非常广泛的应用,已成为广大工程技术人员的必备工具。

本书针对 AutoCAD 2015 在室内设计领域中的实际应用,以"软件功能+应用案例"的方式带领你由浅入深,一步一步地掌握用 AutoCAD 进行室内设计和各类室内工程图的绘制方法和技巧。在每一章节中,为了让你更好地理解和应用,均采用了实用案例式的讲解;不但能让你学会各类室内图的绘制方法,而且还要将作者多年积累的制作经验和设计心得奉献给你,帮助你更上一层楼。

本书共分 13 章,通过极具代表性的室内工程图绘制实例,按照室内制图的规范和顺序,循序渐进地介绍了 AutoCAD 在室内设计方面的广泛应用。书中所讲述的实例,囊括了室内工程图制图的方方面面,分别讲解了室内设计基础、AutoCAD 2015 应用入门、室内设计元素的绘制、室内建筑结构平面图设计、室内平面布置图设计、室内顶棚平面图设计、室内立面图设计、室内详图设计、室内装饰效果图设计。

本书适合即将和已经从事室内装饰设计的专业技术人员,想快速提高 AutoCAD 绘图技能的作图爱好者,可作为大中专和相关培训学校的教材。

未经许可,不得以任何方式复制或抄袭本书之部分或全部内容。
版权所有,侵权必究。

图书在版编目(CIP)数据

AutoCAD 2015 中文版室内设计从业必学 / 张志霞主编. —北京:电子工业出版社,2015.1
(从业必学)
ISBN 978-7-121-23905-2

Ⅰ. ①A… Ⅱ. ①张… Ⅲ. ①室内装饰设计—计算机辅助设计—AutoCAD 软件 Ⅳ. ①TU238-39

中国版本图书馆 CIP 数据核字(2014)第 170175 号

策划编辑:	祁玉芹
责任编辑:	鄂卫华
印　　刷:	中国电影出版社印刷厂
装　　订:	中国电影出版社印刷厂

出版发行:电子工业出版社
　　　　　北京市海淀区万寿路 173 信箱　邮编　100036
开　　本:787×1092　1/16　印张:25.5　字数:653 千字
版　　次:2015 年 1 月第 1 版
印　　次:2015 年 1 月第 1 次印刷
定　　价:59.80 元(含光盘 1 张)

凡所购买电子工业出版社图书有缺损问题,请向购买书店调换。若书店售缺,请与本社发行部联系,联系及邮购电话:(010)88254888。

质量投诉请发邮件至 zlts@phei.com.cn,盗版侵权举报请发邮件至 dbqq@phei.com.cn。
服务热线:(010)88258888。

AutoCAD 是 Autodesk 公司开发的通用计算机辅助绘图和设计软件。被广泛应用于室内、建筑、电子、航天、造船、石油化工、土木工程、冶金、气象、纺织、轻工等领域。在中国，AutoCAD 已成为工程设计领域应用最为广泛的计算机辅助设计软件之一。AutoCAD 2015 是适应当今科学技术的快速发展和用户需要而开发的面向 21 世纪的 CAD 软件包。它贯彻了 Autodesk 公司一贯为广大用户考虑的方便性和高效率，为多用户合作提供了便捷的工具与规范和标准，以及方便的管理功能，因此用户可以与设计组密切而高效地共享信息。

本书内容

本书是以 AutoCAD 2015 软件应用为基础，向读者详细讲解室内设计知识的方方面面。

本书共分 13 章，通过极具代表性的室内设计实例，按照室内制图的规范和顺序，循序渐进地介绍 AutoCAD 在室内设计与工程制图方面的广泛应用。

- 第 1 章：本章作为 AutoCAD 室内设计的基础入门，详细介绍室内设计的内容、分类及原则、室内施工图内容等基础知识，以及室内设计的 CAD 制图规范、室内设计图的绘图步骤、施工图在各个阶段的注意事项等内容。
- 第 2 章：本章主要讲解 AutoCAD 2015 软件界面与基本操作知识。这是保证初学者熟练掌握软件及相关功能的入门知识。
- 第 3 章：本章主要讲解如何利用 AutoCAD 2015 来绘制室内设计图纸中所表达的设计元素。强调 AutoCAD 2015 的绘图命令的应用技巧。
- 第 4 章：本章主要介绍室内设计施工图的图纸标注，主要利用 AutoCAD 2015 的文字标注与尺寸注释功能。
- 第 5 章：本章利用 AutoCAD 2015 的"块"功能，创建室内摆设的制图图块，可以快速提高制图效率。
- 第 6 章：本章利用 AutoCAD 2015 的图层与设计中心功能，创建标准化的室内设计图纸。
- 第 7 章：本章详解利用 AutoCAD 2015 制作室内户型图的过程，让读者完全掌握户型图设计与施工。
- 第 8 章：本章详细讲解 AutoCAD 在装潢设计方面的应用技巧，其中包括家具布置图、地面材质图、户型图标注等多个类别，通过多个实例的讲解，可让您快速掌握软件设计使用技巧，再次提升读者的 AutoCAD 室内装潢设计的能力。

- 第 9 章：本章主要讲解如何利用 AutoCAD 2015 来绘制室内设计中的顶棚平面图。还介绍了室内顶棚设计的知识要点，包括顶棚的设计形式、室内顶棚平面图设计的方法等内容。
- 第 10 章：本章主要讲解如何利用 AutoCAD 2015 来绘制室内设计图纸中的立面图。立面图详细反映了设计师与户主的主体思想，以及对室内环境空间的细微处理。
- 第 11 章：本章主要讲解如何利用 AutoCAD 2015 来绘制室内详图，包括大样图及剖面图等。在绘制过程中，我们详细地介绍了应用各种图形绘制命令，以及所采用的图形绘制技巧。
- 第 12 章：本章主要讲解以 AutoCAD 2015 来绘制室内电气图和冷气管走向图。
- 第 13 章：本章以一个室内设计案例来详述 Autodesk Homestyler 美家达人软件在室内效果图设计中的应用。

本书特色

本书针对 AutoCAD 2015 在室内领域中的实际应用，以"软件功能+应用案例"的方式带领你由浅入深，一步一步地掌握用 AutoCAD 进行室内设计和各类室内工程图的绘制方法和技巧。在每一章节中，为了让你更好地理解和应用，均采用了实用案例式的讲解。不但能让你学会各类室内图的绘制方法，而且还将作者多年积累的制作经验和设计心得奉献给你，帮助你更上一层楼。

本书适合即将和已经从事室内设计的专业技术人员，想快速提高 AutoCAD 绘图技能的作图爱好者，可作为大中专和相关培训学校的教材。

作者信息

本书在编写过程中得到了"设计之门"数字艺术网校的大力帮助，在此诚表谢意。该培训机构是一家专门从事 CAD/CAM/CAE 技术的研究、开发、咨询及产品设计与制造服务的机构，并提供专业的机械、模具、CG、建筑、园林景观、室内设计方案，以及 SolidWorks，Pro/ENGINEER，UG，CATIA 以及 AutoCAD 等软件的培训及技术咨询。

感谢您选择了本书，希望我们的努力对您的工作和学习有所帮助，也希望您把对本书的意见和建议告诉我们。

版权声明

本书所有权归属电子工业出版社。未经同意，任何单位或个人不得将本书内容及光盘做其他商业用途，否则依法必究！

"设计之门"数字艺术网校
http://www.101coo.com
shejizhimen@163.com

目录 CONTENTS

第1章 室内设计基础 1

1.1 认识室内设计 2
1.1.1 室内设计的分类 2
1.1.2 室内设计的原则 2

1.2 室内施工图纸的组成 3
1.2.1 室内平面布置图 4
1.2.2 室内顶棚图 5
1.2.3 室内立面图 7
1.2.4 室内设计详图 8

1.3 室内设计工程图制图规范 9
1.3.1 图纸幅面规格 10
1.3.2 标题栏与会签栏 10
1.3.3 室内设计常用的比例 11
1.3.4 图线及用法 11
1.3.5 剖面符号的规定 12
1.3.6 字体的规定 12
1.3.7 引出线、材料标注 13
1.3.8 尺寸标注原则 13
1.3.9 详图索引标注 14
1.3.10 图名、比例标注 14
1.3.11 立面索引指向符号 15
1.3.12 标高标注 15

1.4 案例欣赏——主卧室室内设计 17

第2章 AutoCAD 2015 概述 19

2.1 AutoCAD 2015 的启动与退出 20

- 2.1.1 AutoCAD 2015 的启动 ... 20
- 2.1.2 AutoCAD 2015 的退出 ... 20
- 2.2 AutoCAD 2015 操作界面 ... 21
  - 2.2.1 工作空间 ... 21
  - 2.2.2 菜单浏览器 ... 23
  - 2.2.3 快速访问工具栏 ... 24
  - 2.2.4 功能区 ... 24
  - 2.2.5 菜单栏 ... 24
  - 2.2.6 工具栏 ... 25
  - 2.2.7 选项板 ... 26
  - 2.2.8 绘图区 ... 26
  - 2.2.9 命令窗口 ... 27
  - 2.2.10 状态栏 ... 28
- 2.3 AutoCAD 执行命令方式 ... 28
  - 2.3.1 通过菜单与工具栏执行 ... 28
  - 2.3.2 使用命令行执行 ... 29
  - 2.3.3 使用透明命令 ... 29
- 2.4 创建图形文件 ... 29
  - 2.4.1 从草图开始 ... 29
  - 2.4.2 使用样板 ... 30
  - 2.4.3 使用向导 ... 31
- 2.5 保存图形文件 ... 31
  - 2.5.1 保存与另存文件 ... 31
  - 2.5.2 自动保存文件 ... 32
- 2.6 打开现有文件 ... 33
  - 2.6.1 一般打开方法 ... 33
  - 2.6.2 以查找方式打开文件 ... 34
  - 2.6.3 局部打开图形 ... 34
- 2.7 配置系统与绘图环境 ... 35
  - 2.7.1 设置【显示】选项卡 ... 35
  - 2.7.2 设置【绘图】选项卡 ... 36
  - 2.7.3 设置【选择集】选项卡 ... 36
  - 2.7.4 设置【用户系统配置】选项卡 ... 36
- 2.8 实例——文件的打开与保存 ... 37

第3章 常用室内设计绘图命令 39

3.1 基本绘图命令 40
3.1.1 绘制基本曲线 40
3.1.2 画多线（ML） 45
3.1.3 画多段线（PL） 49
3.1.4 画样条曲线（SLI） 51

3.2 使用图案填充 53
3.2.1 使用图案填充命令 54
3.2.2 创建无边界的图案填充 64

3.3 图形编辑命令 64
3.3.1 修剪对象（TR） 65
3.3.2 延伸对象（EX） 70
3.3.3 拉伸对象（S） 73

3.4 复制、镜像、阵列和偏移对象 75
3.4.1 复制对象（CO） 75
3.4.2 镜像对象（MI） 78
3.4.3 阵列工具 80

3.5 综合训练——房屋横切面 83

3.6 课后练习 87

第4章 室内施工图图纸标注 89

4.1 设置尺寸样式 90
4.2 线性标注、连续标注和基线标注 92
4.3 对齐标注、角度标注和半径标注 97
4.4 文字注释概述 102
4.4.1 创建文字样式 103
4.4.2 修改文字样式 104

4.5 单行文字 104
4.5.1 创建单行文字 104
4.5.2 编辑单行文字 107

4.6 多行文字 109
4.6.1 创建多行文字 109
4.6.2 编辑多行文字 116

4.7 符号与特殊字符 117
4.8 表格 118
    4.8.1 新建表格样式 118
    4.8.2 创建表格 121
    4.8.3 修改表格 124
    4.8.4 功能区【表格单元】选项卡 128
4.9 综合训练——消防电梯间标注 131
4.10 课后练习 135

第 5 章 室内布置图块的绘制 137

5.1 图块概述 138
    5.1.1 内部块的定义（BLOCK）... 138
    5.1.2 外部块的定义（WBLOCK）... 139
5.2 图块的应用 141
    5.2.1 插入单个图块 141
    5.2.2 插入阵列图块 143
5.3 综合训练 145
    5.3.1 定义并插入内部图块 145
    5.3.2 定义图块属性 147
    5.3.3 绘制床图块 150
    5.3.4 绘制沙发图块 154
    5.3.5 绘制茶几图块 157
    5.3.6 绘制地毯图块 160
    5.3.7 绘制装饰性植物图块 163
5.4 课后练习 164

第 6 章 图层与设计中心 167

6.1 图层工具 168
    6.1.1 图层特性管理器 168
    6.1.2 图层工具 173
6.2 巧妙应用 AutoCAD 设计中心 178
    6.2.1 设计中心主界面 179
    6.2.2 利用设计中心制图 181
    6.2.3 使用设计中心访问、添加内容 183

6.3 课后练习 189

第 7 章　室内户型平面图设计 191

7.1 建筑平面图概述 192
7.1.1 建筑平面图的形成与内容 192
7.1.2 建筑平面图的表现 196
7.1.3 建筑平面图绘制规范 196

7.2 三室两厅居室平面图绘制 201
7.2.1 绘图设置 202
7.2.2 绘制轴线 204
7.2.3 绘制墙体 205
7.2.4 绘制门窗 208
7.2.5 尺寸标注和文字说明 211

7.3 课后练习 216

第 8 章　室内布置与平面图设计 219

8.1 平面布置图绘制概要 220
8.1.1 如何绘制平面配置图 220
8.1.2 室内装饰、装修和设计的区别与联系 221
8.1.3 常见户型室内平面图的布置 221
8.1.4 平面布置图的标注 221

8.2 室内空间与常见布置形式 222
8.2.1 玄关设计 222
8.2.2 客厅设计 225
8.2.3 厨房设计 229
8.2.4 卫生间设计 231
8.2.5 卧室设计 233

8.3 综合训练——绘制居室室内平面布置图 235
8.3.1 创建室内装饰图形 236
8.3.2 插入装饰图块 238
8.3.3 填充室内地面 240
8.3.4 添加文字说明 242

8.4 课后练习 244

第 9 章 室内顶棚平面图设计 247

9.1 室内顶棚平面图设计要点 248
9.2 吊顶装修必备知识 250
9.2.1 吊顶的装修种类 250
9.2.2 吊顶顶棚的基本结构形式 253
9.3 综合训练——绘制某服饰店顶棚平面图 257
9.3.1 绘制顶面造型 257
9.3.2 添加顶面灯具 264
9.3.3 填充顶面图案 267
9.3.4 标注顶棚平面图形 268
9.4 课后练习 272

第 10 章 室内立面图设计 275

10.1 室内立面图基础 276
10.1.1 室内立面图的内容 276
10.1.2 立面图的画法与标注 277
10.1.3 室内立面图的画法步骤 278
10.2 绘制某户型立面图 278
10.2.1 绘制客厅立面图 278
10.2.2 绘制卧室立面图 291
10.2.3 绘制厨房立面图 294
10.3 绘制某豪家居室内立面图 298
10.3.1 绘制客厅及餐厅立面图 299
10.3.2 绘制书房立面图 303
10.3.3 绘制小孩房立面图 306
10.3.4 绘制厨房立面图 308
10.4 课后练习 311

第 11 章 室内详图设计 313

11.1 室内设计详图知识要点 314
11.1.1 室内详图内容 314
11.1.2 详图的画法与标注 315
11.2 绘制宾馆总台详图 316

	11.2.1	绘制总台 A 剖面图	316
	11.2.2	绘制总台 B 剖面图	321
	11.2.3	绘制总台 B 剖面图的 C、D 大样图	325
	11.2.4	绘制总台 A 剖面图的 E 大样图	328
11.3	绘制某酒店楼梯剖面图		329
	11.3.1	绘制楼梯 A 剖面图	330
	11.3.2	绘制楼梯 B 剖面图	334
	11.3.3	绘制楼梯 C 剖面图	336
11.4	课后练习		339

第 12 章 室内电气图和冷气管走向图设计 341

12.1	电气设计基础		342
	12.1.1	强电和弱点系统	342
	12.1.2	常用电气名词解释	342
12.2	绘制电气图例表		343
	12.2.1	绘制开关类图例	343
	12.2.2	绘制灯具类图例	344
	12.2.3	绘制插座类图例	346
12.3	综合训练		347
	12.3.1	绘制插座平面图	347
	12.3.2	绘制弱电平面图	351
	12.3.3	绘制照明平面图	352
	12.3.4	绘制冷热水管走向图	355
12.4	课后练习		359

第 13 章 室内装修效果图设计 361

13.1	室内效果图概述		362
	13.1.1	室内装饰效果图手绘表现	362
	13.1.2	室内装饰效果图计算机表现	364
13.2	"Autodesk Homestyler"简介		365
	13.2.1	"Autodesk Homestyler"首页	365
	13.2.2	"创建设计"页面	367
	13.2.3	"美家秀"页面	367
	13.2.4	"我的设计"页面	369

13.3 "创建设计"页面的操作 370
    13.3.1 "创建房型图"操作 371
    13.3.2 查看 3D 效果图 373
    13.3.3 装饰房间 374
    13.3.4 生成效果图 379
    13.3.5 装饰室外 381
    13.3.6 效果图图形删除、分享和打印 383
    13.3.7 效果图的编辑 384
13.4 综合训练——室内效果图设计案例 385
13.5 课后练习 396

第1章 室内设计基础

室内设计是一个复杂的系统工程,在满足基本居住需求的前提下,还必须综合考虑装修整体的舒适、美观、实用等多方面的因素。所以一般在实际动工之前,都需要对房间的功能划分、家具布置、灯光设置等内容进行设计,绘制出室内装饰设计图,与客户进行沟通,最后交由施工人员进行施工,以得到最佳的装潢效果。

知识要点

- ◆ 认识室内设计
- ◆ 室内施工图的组成
- ◆ 室内设计工程图的制图规范
- ◆ 室内设计图图纸样板文件的创建
- ◆ 入门案例——主卧卧室室内设计

案例解析

室内装饰效果图

1.1 认识室内设计

现代室内设计,也称室内环境设计,是环境艺术设计的一个门类,也是一门建筑装饰与艺术相结合的学科。与传统意义上的室内装饰相比,现代室内设计所涉及的面更广、内容也更为丰富。

1.1.1 室内设计的分类

室内设计的形态范畴可以从不同的角度进行界定、划分。

从与建筑设计的类同性上,一般分为居住建筑室内设计、公共建筑室内设计、工业建筑室内设计和农业建筑室内设计四大类。

但根据其使用范围来分类,概括起来可以分为两大类:人居环境设计和公共空间设计,其中公共空间设计包括限制性空间和开放性空间的设计。

还有按空间的使用功能分类为:家居室内空间设计,商业室内空间设计,办公室内空间设计,旅游空间设计,等等。

1.1.2 室内设计的原则

在现代生活中,人是中心,人造环境,环境造人。在设计开发的过程中,设计师应考虑以下几个设计原则。

1. 功能原则

室内空间、装饰装修、物理环境和室内陈设最大限度地满足功能所需,在功能使用上这几个方面还要和谐、统一。任何设计都要满足其功能性,否则将是一个失败的设计,且不论设计得多么美观、惊艳、极具个性。

2. 经济性原则

室内装饰装修,要满足经济性原则,要以较小的代价最大限度地达到所要的设计效果,例如施工方法、施工效率、低消耗、低成本等。

但是,在谋求经济性原则的前提下,绝对不要以"低消耗、低成本"来牺牲施工质量。也就是说,真正的经济性原则包括:生产性和有效性。

3. 美观原则

爱美是人的天性。要寻得室内设计的美观性,必须综合多方面进行考量,如舒适度、色彩、造型及功能性。

由于美是一种随时间、空间、环境而变化的适应性极强的概念,因此在设计中美的标准和目的也会大不相同。我们既不能因强调设计在文化和社会方面的使命及责任而不顾及使用者需求的特点,同时也不能把美庸俗化,这需要有一个适当的平衡。

4. 个性化原则

设计要具有独特的风格,缺少个性的设计是没有生命力与艺术感染力的。无论在设计的构思阶段、还是在设计深入的过程中,只有加以新奇的构想和巧妙的构思,才会赋予设计以勃勃生机。

现代的室内设计，是以增强室内环境的精神与心理需求的设计为最高目的的。在发挥现有的物质条件下，在满足使用功能的同时，来实现并创造出巨大的精神价值。

5. 舒适性原则

各个国家对舒适性的定义各有所异，但从整体上来看，舒适的室内设计是离不开充足的阳光、无污染的清晰空气、安静的生活氛围、丰富的绿地和宽阔的室外活动空间、标志性的景观等。

阳光可以给人以温暖，满足人们生产、生活的需要；阳光也可以起到杀菌、净化空气的作用。人们从事的各种室外活动应在有充足的日照空间中进行。当然，除了充足的日照以外，清新的空气也是人们选择室外活动的主要依据，我们要杜绝有毒、有害气体和物质对室内设计的侵袭，所以进行合理的绿化是最有效的办法。

绿地景园是人们生活环境的重要组成部分，它不仅可以提供遮阳、隔声、防风固沙、杀菌防病、净化空气、改善小环境的微气候等诸多功能，还可以通过绿化来改善室内设计的形象，美化环境，满足使用者物质及精神等多方面的需要。

6. 安全性原则

人只有在较低层次的需求得到满足之后，才会表现出对更高层次需求的追求。人的安全需求可以说是仅次于吃饭、睡觉等位于第二位的基本需求，它包括个人私生活不受侵犯，个人财产和人身安全不被侵害等。所以，在室外环境中的空间领域性的划分，空间组合的处理，不仅有助于密切人与人之间的关系，而且有利于环境的安全保卫。

7. 其他原则

除了上述设计原则外，还有安全性原则、方便性原则；另外，在室内设计的详细过程中，有客厅设计原则、厨房设计原则、卧室设计原则、卫生间设计原则，等等。总之，室内设计是综合性的设计，需要设计师全面分析、平衡，以此作出合理的设计方案。

1.2 室内施工图纸的组成

室内施工图是室内设计方案确定后，为了表达设计意图而绘制的相应的施工图纸。室内施工图，一般由两个部分组成。

- ◆ 装饰施工图：是供木工、油漆工、电工等相关施工人员进行施工的装饰施工图。
- ◆ 效果图：效果图反映的是装修的用材、家具布置和灯光设计的综合效果。

其中施工图是装饰施工、预算报价的基本依据，是效果图绘制的基础，效果图必须根据施工图进行绘制。室内装饰施工图要求准确、详实，一般使用 AutoCAD 进行绘制。如图 1-1 所示为某商业户型的室内装饰施工图。

通常，室内效果图由 3ds max 绘制，但有时也使用其他效果图制作软件来绘制，如 Autodesks 的"美家达人"。"美家达人"根据施工图的设计进行建模、编辑材质、设置灯光、渲染，最终得到彩色图像，如图 1-2 所示。

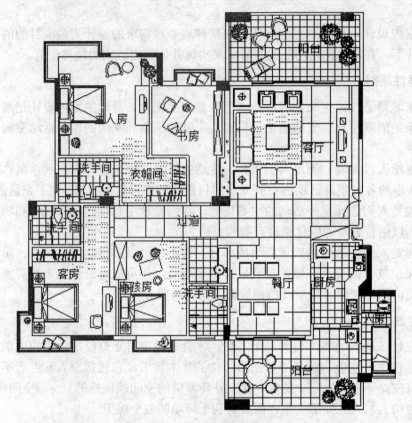

图 1-1　室内装饰施工图

图 1-2　室内装饰效果图

室内施工图通常由多张图纸组成，包括室内平面布置图、室内顶棚图、立室内面图、室内设计详图等。

1.2.1　室内平面布置图

平面布置图是室内装饰施工图纸中的关键性图纸。它是在原建筑结构的基础上，根据业主的要求和设计师的设计意图，对室内空间进行详细的功能划分和室内设施定位。平面布置图包括室内平面设计图和地面材质平面图。

如图 1-3 所示为某室内平面布置图的平面设计图。

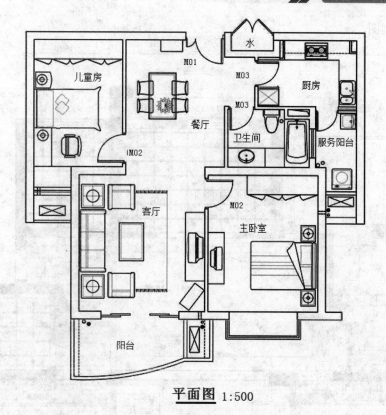

平面图 1:500

图 1-3　室内平面设计图

一般地，凡是剖到的墙、柱的断面轮廓线用粗实线表示；家具、陈设、固定设备的轮廓线用中实线表示；其余投影线以细实线表示。

如图 1-4 所示为钢筋混凝土墙、柱的涂黑画法。

如图 1-5 所示为地面的表示方法。

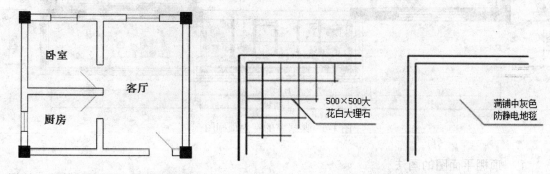

图 1-4　钢筋混凝土墙、柱的涂黑画法　　　　图 1-5　地面的表示方法

1.2.2　室内顶棚图

顶棚平面图主要表示墙、柱、门、窗洞口的位置；顶棚的造型，包括浮雕、线角等；顶棚上的灯具、通风口、扬声器、烟感、喷淋等设备的位置。

与平面布置图一样，顶棚图也是室内装饰设计图中不可缺少的图样。如图 1-6 所示为某居室的室内顶棚图。

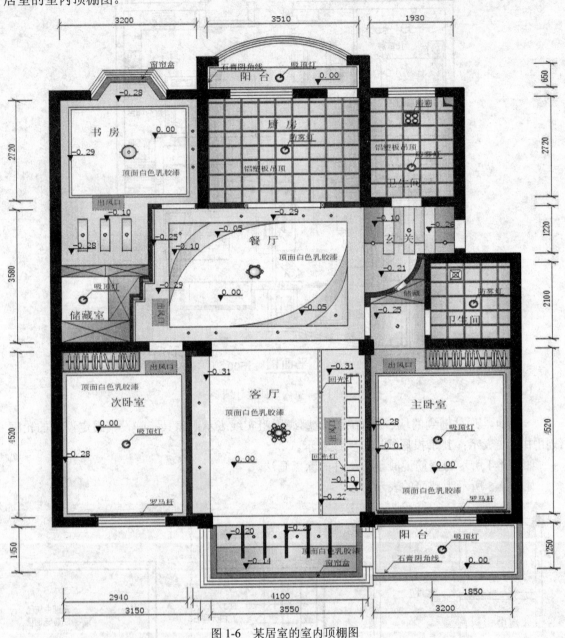

图 1-6　某居室的室内顶棚图

1. 顶棚平面图的画法

凡是剖到的墙、柱的断面轮廓线用粗实线绘制；门、窗洞口的位置用虚线绘制；天花造型、灯具设备等用中实线绘制；其余用细实线绘制。

2. 顶棚平面图的标注

天花底面和分层吊顶的标高；分层吊顶的尺寸、材料；灯具、风口等设备的名称、规格和能够明确其位置的尺寸；详图索引符号；图名和比例等。

1.2.3 室内立面图

将室内空间立面向与之平行的投影面上投影,所得到的正投影图成为室内立面图,主要表达室内空间的内部形状,空间的高度,门窗的形状,高度,墙面的装修做法及所用材料等。如图 1-7 所示为室内立面图。

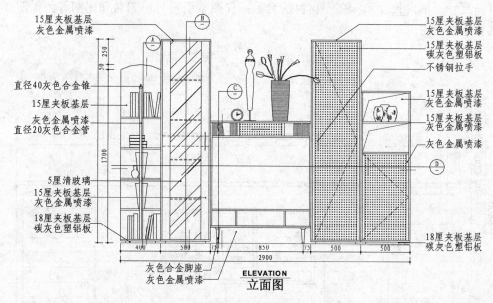

图 1-7　室内立面图

1. 立面图的主要内容

墙面、柱面的装修做法,包括材料、造型、尺寸等;表示门、窗及窗帘的形式和尺寸;表示隔断、屏风等的外观和尺寸;表现墙面、柱面上的灯具、挂件、壁画等装饰;表示山石、水体、绿化的做法形式等。如图 1-8 所示为某居室的卫生间立面图。

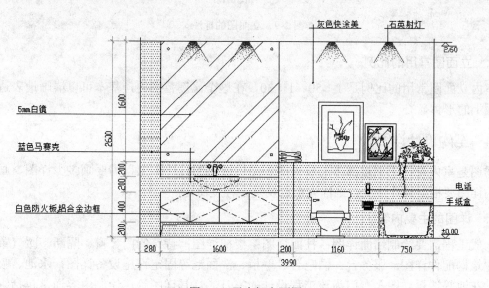

图 1-8　卫生间立面图

1. 立面图的画法

立面图的最外轮廓线用粗实线绘制，地坪线可用加粗线（粗于标注粗度的1.4倍）绘制，装修构造的轮廓和陈设的外轮廓线用中实线绘制，对材料和质地的表现宜用细实线绘制。

2. 立面图的标注

纵向尺寸、横向尺寸和标高；材料的名称；详图索引符号；图名和比例等。如图1-9所示为某客厅立面图。

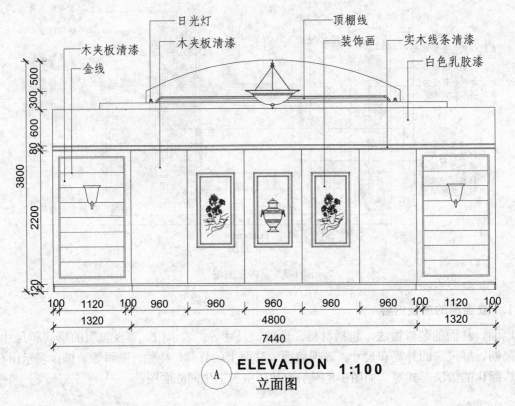

图1-9 立面图的标注

3. 立面图常用的比例

室内立面图常用的比例是1:50、1:30，在这个比例范围内，基本可以清晰地表达出室内立面上的形体。

1.2.4 室内设计详图

详图是室内设计中重点部分的放大图和结构做法图。一个工程需要画多少详图、画哪些部位的详图要根据设计情况、工程大小以及复杂程度而定。

1. 详图的主要内容

一般工程需要绘制墙面详图；柱面详图；楼梯详图；特殊的门、窗、隔断、暖气罩和顶棚等建筑构配件详图；服务台、酒吧台、壁柜、洗面池等固定设施设备详图；水池、喷泉、假山、花池等造景详图；专门为该工程设计的家具、灯具详图等。绘制内容通常包括纵横剖面图、局部放大图和装饰大样图,如图1-10所示。

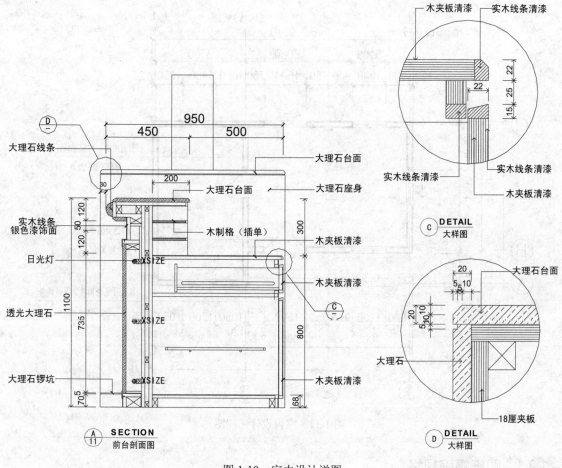

图1-10　室内设计详图

2. 详图的画法

凡是剖到的建筑结构和材料的断面轮廓线以粗实线绘制,其余以细实线绘制。

3. 详图的标注

详细标注加工尺寸、材料名称以及工程做法。

1.3 室内设计工程图制图规范

在室内设计工作的过程中,施工图的绘制是表达设计者设计意图的重要手段之一,是设计者与各相关专业之间交流的标准化语言,是控制施工现场能否充分正确理解消化并实施设计理念的一个重要环节,是衡量一个设计团队的设计管理水平是否专业的一个重要标准。专业化、标准化的施工图操作流程规范不但可以帮助设计者深化设计内容,完善构思想法,同时面对大型公共设计项目及大量设计订单行之有效的施工图规范与管理亦可帮助设计团队在保持设计品质及提高工作效率方面起到积极有效的作用。

如图 1-11 所示为室内设计工程图。

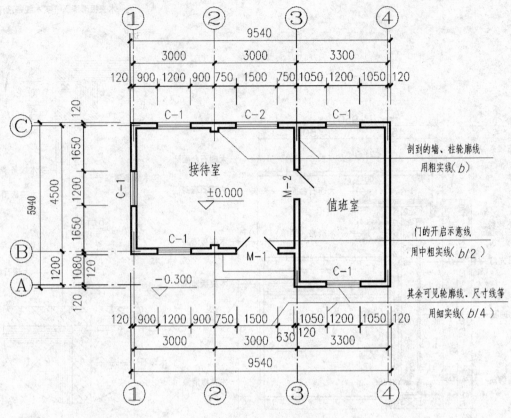

图 1-11　室内设计工程图

1.3.1　图纸幅面规格

图纸幅面是指图纸本身的规格尺寸，也就是我们常说的图签，为了合理使用并便于图纸管理，装订室内设计制图的图纸幅面规格尺寸延用建筑制图的国家标准。如表 1-1 的规定。

表 1-1　图纸幅面及图框尺寸（mm）

尺寸代号	幅面代号				
	A0	A1	A2	A3	A4
$b \times L$	841×1189	594×841	420×594	297×420	210×297
c	10			5	
a	25				

1.3.2　标题栏与会签栏

标题栏的主要内容包括设计单位名称，工程名称，图纸名称，图纸编号以及项目负责人，设计人，绘图人，审核人等项目内容。如有备注说明或图例简表也可视其内容设置其中。标题栏的长宽与具体内容可根据具体工程项目进行调整。

室内设计中的设计图纸一般需要审定，水、电、消防等相关专业负责人要会签，这时可在图纸装订一侧设置会签栏，不需要会签的图纸可不设会签栏。

以下以 A2 图幅为例，常见的标题栏布局形式参见图 1-12 所示。

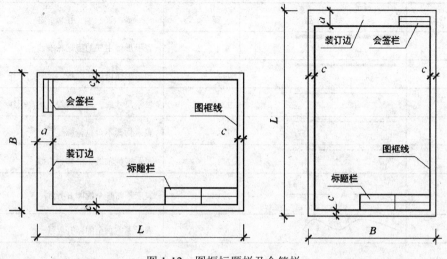

图 1-12　图框标题栏及会签栏

1.3.3　室内设计常用的比例

室内设计图中的图形与其实物相应要素的线性尺寸之比称为比例。比值为 1 的比例，即 1∶1 称为原值比例，比例大于 1 的比例称为放大比例，比例小于 1 的比例则称之为缩小比例。绘制图样时，采用表 1-2 中国家规定的比例。

表 1-2　国标规定的比例

图　名	常用比例
平面图、天花平面图	1:50　1:100
立面图、剖面图	1:20　1:50　1:100
详图	1:1　1:2 1:5 1:10　1:20 1:50

1.3.4　图线及用法

图线分为粗线、中粗线、细线三类；画图时，根据图形的大小和复杂程度，图线宽度 d 可在 0.13、0.18、0.25、0.35、0.5、0.7、1、1.4、2（mm）数系（该数系的公比为 $1:\sqrt{2}$）中选取。粗线、中粗线、细线的宽度比率为 4∶2∶1。由于图样复制中所存在的困难，应尽量避免采用 0.18 以下的图线宽度。

室内设计图中常用图线的名称、形式及用途如表 1-3 所示。

操作技巧

表中的 b 为所绘制的本张图纸上可见轮廓线设定的宽度，$b=0.4 \sim 0.8$mm。

表 1-3　图线及用途

名　称	线　型	宽　度	用　途
实线	━━━━━	b	表示形体主要的可见轮廓线
中实线	────	b/2	表示形体可见轮廓线、尺寸起止符号
细实线	────	b/3	表示尺寸线、尺寸界线、标高引线
虚线	------	b/3	表示物体不可见轮廓线
点画线	— · — · —	b/3	表示定位轴线、墙体中心线
折断线	─⋀─	b/3	表示不需画全的断开界线
波浪线	～～	b/3	表示不需画全的断开界线

1.3.5　剖面符号的规定

在绘制图样时，往往需要将形体进行剖切，应用相应的剖面符号表示其断面，如图 1-13 所示。

1.3.6　字体的规定

在室内设计图纸中，除图形外还需用汉字字体、英文字体、数字等来标注尺寸和说明使用材料、施工要求、用途等。

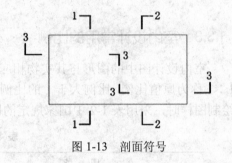

图 1-13　剖面符号

1. 汉字字体

图中汉字、字符和数字应做到排列整齐、清楚正确，尺寸大小协调一致。汉字、字符和数字并列书写时，汉字字高略高于字符和数字字高。

文字的字高，应选用：3.5、5.0、7.0、10、14、20 mm。如需书写更大的字，其高度应按比值递增。在不影响出图质量的情况下，字体的高度可选 2.5 mm，字体的高度不小于 2.5 mm。

除单位名称、工程名称、地形图等及特殊情况外，字体均应采用 CAD 的 SHX 字体，汉字采用 SHX 长仿宋体。图纸中字型尽量不使用 Windows 的 TureType 字体，以加快图形的显示，缩小图形文件。同一图形文件内字型数目不要超过四种。

1. 数字

尺寸数字分直体和斜体两种。斜体字向右倾斜与垂直线夹角约 15° 左右。

2. 英文字体

英文字体也分成直体和斜体两种，斜体也是与垂直线夹角约 15° 左右。英文字母分大写和小写，大写显得庄重稳健，小写显得秀丽活泼，应根据场合和要求选用。

1.3.7 引出线、材料标注

在文字注释图纸时，引出线应采用细直线，不能用曲线。引出线同时索引相同部分时，各引出线应相互保持平行。常见的几种引出线标注方式如图1-14所示。

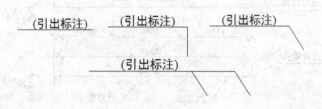

图1-14 引出线标注

索引详图的引出线，应对准圆心，如图1-15所示。
如图1-16所示为引线标注的范例。

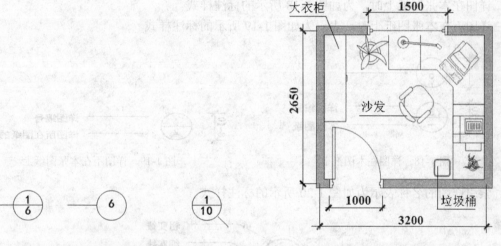

图1-15 索引详图的引出线　　　　图1-16 引线标注范例

1.3.8 尺寸标注原则

在标注尺寸时应遵循以下原则：
◆ 所标注的尺寸是形体的实际尺寸。
◆ 所标注尺寸均以mm为单位，但不写出。
◆ 每一个尺寸只标注一次。
◆ 应尽量将尺寸标注在图形之外，不与视图轮廓线相交。
◆ 尺寸线要与被标注的轮廓线平行，尺寸线从小到大、从里向外标注，尺寸界线要与被标注的轮廓线垂直。
◆ 尺寸数字要写在尺寸线上边。
◆ 尺寸线尽可能不要交叉，尽可能符合加工顺序。
◆ 尺寸线不能标注在虚线上。

如图1-17所示为尺寸标注范例。

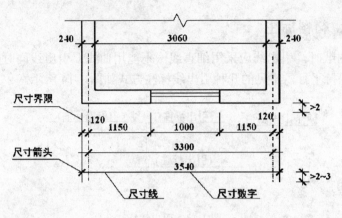

图 1-17　尺寸标注

1.3.9　详图索引标注

详图在本张图纸上时，为如图 1-18 所示的标注样式。

详图不在本张图纸上时，表示为如图 1-19 所示的标注样式。

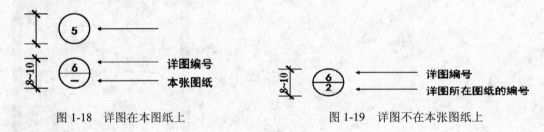

图 1-18　详图在本图纸上　　　　　　　　图 1-19　详图不在本张图纸上

索引详图的名称表示为如图 1-20 所示的标注样式。

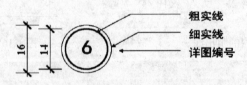

图 1-20　索引详图的名称

1.3.10　图名、比例标注

图名标注在所标示图的下方正中，图名下画双线。比例紧跟其后，但不在双线之内。如图 1-21 所示。

图名、比例完整的标注方法如图 1-22 所示。

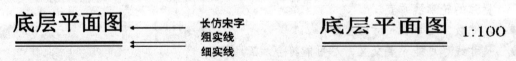

图 1-21　图名、比例标注　　　　　　　　图 1-22　完整的图名、比例标注

1.3.11 立面索引指向符号

在平面图内指示立面索引或剖切立面索引的符号，如图 1-23 所示。

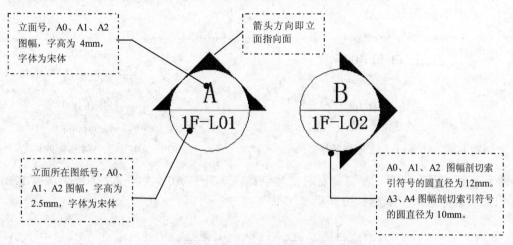

图 1-23　索引符号示意图

如果一幅图内含多个立面时可采用如图 1-24 所示的形式。若所引立面在不同的图幅内可采用如图 1-25 所示的形式。

图 1-24　同时标注 4 个面　　　　　　　图 1-25　不同幅面的索引标注

如图 1-26 所示的符号作为所指示立面的起止点之用。
如图 1-27 所示的符号作为剖立面索引指向。

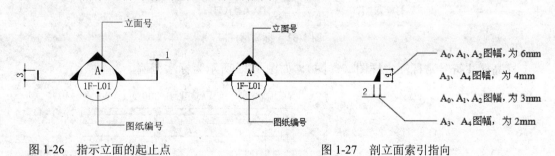

图 1-26　指示立面的起止点　　　　　　图 1-27　剖立面索引指向

1.3.12 标高标注

标高标注用于天花造型及地面的装修完成面高度的表示。在不同的幅面中，标高的字体高度也会不同。

- 符号笔号为 4 号色，适用于 A0、A1、A2 图幅字高为 2.5mm，字体为宋体的标高标注样式如图 1-28 所示。
- 符号笔号为 4 号色，适用于 A3、A4 图幅字高为 2mm，字体为宋体的标高标注样式如图 1-29 所示。

图 1-28　A0、A1、A2 图幅的标高　　　　图 1-29　A0、A3、A4 图幅的标高

- 由引出线、矩形、标高、材料名称组成，适用于 A0、A1、A2 图幅字高为 2.5mm，字体为宋体，如图 1-30 所示。

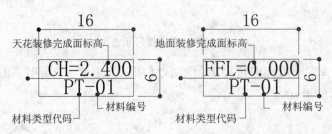

图 1-30　标高标注一

- 由引出线、矩形、标高、材料名称组成，适用于 A_3、A_4 图幅字高为 2mm，字体为宋体，如图 1-31 所示。

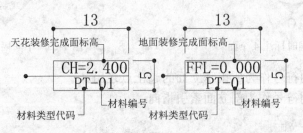

图 1-31　标高标注二

标高标注符号常标注大样图（详图），如图 1-32 所示为标注范例。

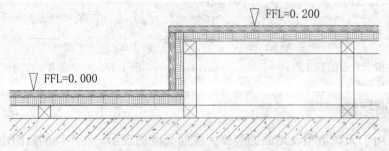

图 1-32　标高标注范例

1.4 案例欣赏——主卧室室内设计

为了更好地让大家了解室内设计的核心设计思想与设计思路，同时将以上的理论只是转化为实际课件可操控的练习对象，我们以主卧室室内设计为例进行直观的学习与研究。

首先了解一下主卧室室内设计在空间等方面要注意几个问题，因为主卧室是人们休息的地方，与人们的健康联系密切，所以这些注意的问题与人体工程学等方面息息相关。

首先卧房不宜摆过多的植物，因为植物于晚间吸收氧气、释放二氧化碳，所以容易影响人的身体健康。其次值得注意的是卧室在空间隔断处理中，面积不宜超过 20 平方米，因为人体是一个能量体，无时无刻不在向外散发能量，就像工作中的空调，房屋面积越大所耗损的能量就越多。因此，卧室面积过大肯定导致人体因耗能过多而免疫力下降、无精打采、所以卧室面积控制在 10～20 平方米为佳。另外一点便是卧室如果带有阳台或落地窗，同样增加睡眠过程中的能量消耗，人容易疲劳、失眠。这和露天睡觉易生病是一个道理。所以选择不带阳台或落地窗的房间为卧室，或给阳台和落地窗挂厚窗帘遮挡。

接下来我们简单地看一下一个主卧的设计实例，其设计效果如图 1-33 所示。其平面家具布置图，如图 1-34 所示。

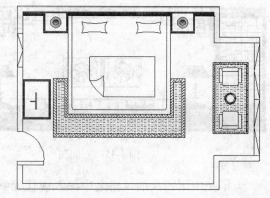

图 1-33　主卧设计图　　　　　　　　　图 1-34　家具布置图

本例主卧的设计为古典式的中国风的设计风格，该设计巧妙地将很多中国元素融合其中，散发着很浓郁的中国古典气息，从效果图上可以直观地感受到它给人以高贵、稳重和强烈的威严感。

首先从光线的角度进行设计，因为是中国风的古典风格，所营造的氛围必然是稳重大方，同时又要给人以情绪上的平稳，另外考虑到卧室的功用为供人休息的场所，这就要求光线上不能给人的情绪上带来亢奋之感，而应该是祥和之感。考虑到以上几点，光线不宜太强，特别是床铺的摆放位置，要避开阳光的直射。本次设计将床铺与阳台之间拉开了一定的距离，阳光也不会直射到床铺所在的位置，从而自然光不会影响人的休眠，如图所示，同时人工照明上也不要选用过于耀眼的灯具。本次设计不管选用的是台灯还是吊灯，没有选用特别华丽的刚强度光线的灯具，而是选用了可以提供温和光线的灯具。台灯的灯罩为红褐色，吊灯的外装饰罩为黄褐色，这样可以提供温和宜人的光线环境。不管在功能性上，还是在美观性上，都与整体设计风格相和谐。

接下来便是对色彩进行设计处理，为了与室内大量的中国元素相协调统一，色彩选择了中国传统的红木之色，另外没有选用中国红的原因是中国红的色彩过于亮丽，很显然不适合在卧室中应用，所以用褐色加以调和，使颜色不至于过于刺眼，同时不会过于凝重，也无轻浮之感。这种暗色调恰恰符合中国风的安详、沉静之美。

对于组成室内设计物质主体的饰物与家具，如何选择与陈列是室内设计的重点所在，如图 1-35 为室内陈列的主要立面图，首先选用了红木色的木质床，床的高度较低，同时床的周边雕以不镂空的雕花，给人以厚重稳定之感，床周边雕花的恰到好处的运用，不仅仅增加了床本身的文化特色，也与整个装饰空间相得益彰，让我们切实地感受到那份古香古色。床两边配以两个同样是红木色的床头柜，然后放置两个台灯，灯罩选择较深的红木色，与整体色调相容相合，毫不突兀灯。座、灯杆选择象牙白，给人以洁净光滑之美。在床头柜的一侧分别是两扇中国古典的【红木纸糊门】，在整个设计当中起到画龙点睛的作用，在整个构架之上，彩虹结构的博古架横空而过，上方的博古架格调，无疑增加了整个房间的文化氛围。在床头的墙壁之上贴以金黄色的并绘有纹理的背景墙纸，墙上挂有两张中国古典特色的画卷，如图 1-36 所示，彰显出封建帝王的皇家气息。博古架与两扇门的搭配，仿佛是一个精致的大门被打开，大气十足，在中规中矩中无不透漏出那份庄严与肃穆，红木门与博古架的大气组合中，高贵与典雅便成了卧室的设计主题。

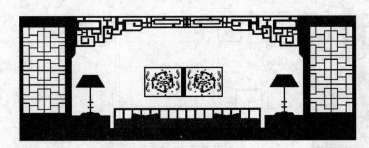

图 1-35　立面图　　　　　　　图 1-36　中国古典画

为了在中国古典的风格之中深入现代元素，同时充分利用光照，在阳台处陈设上一张圆形茶几，加上两张现代典雅风格的椅子，使得卧室增添了一份休闲中的惬意与现代感。

房间的顶棚的设计也是一大亮点，其顶棚布置图如图 1-37 所示，顶棚的设计继续沿用了传统的古典装饰元素——博古架，同时在博古架装饰周边装以现代风格的节能采光灯，真正实现了现代与古典的默契结合。值得注意的是顶棚装饰对吊灯的选择，吊灯的外形为中国古代的帷帐，本身为皇家的形态元素，配以黄色之后更加贴合帝王之气，同时为整体的高贵气息增添了一笔。

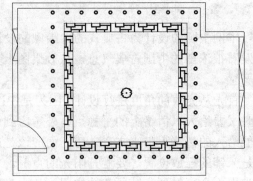

图 1-37　顶棚布置图

第 2 章
AutoCAD 2015 概述

本章主要学习 AutoCAD 2015 的基础应用。在系统的学习 AutoCAD 2015 室内设计之前，先带领大家初步认识一下 AutoCAD 2015 这款软件，包括 AutoCAD 2015 的基础知识、界面情况和各种简单的操作方式。

 知识要点

- ◆ AutoCAD 2015 的启动与退出
- ◆ AutoCAD 2015 操作界面
- ◆ AutoCAD 执行命令方式
- ◆ 创建图形文件
- ◆ 保存图形文件
- ◆ 打开现有文件
- ◆ 配置系统与绘图环境

 案例解析

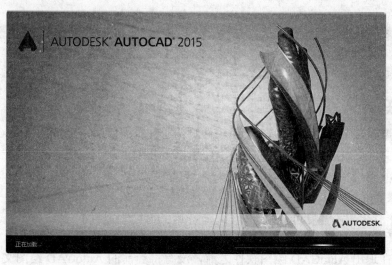

AutoCAD 2015 启动界面

2.1 AutoCAD 2015 的启动与退出

在学习 AutoCAD 2015 绘图软件之前，首先简单介绍软件的启动和退出等基本知识。

2.1.1 AutoCAD 2015 的启动

当用户成功安装 AutoCAD 2015 绘图软件之后，双击桌面上的图标 ，启动该软件，即可进入 AutoCAD 2015 的默认工作空间【草图与注释】，界面如图 2-1 所示。

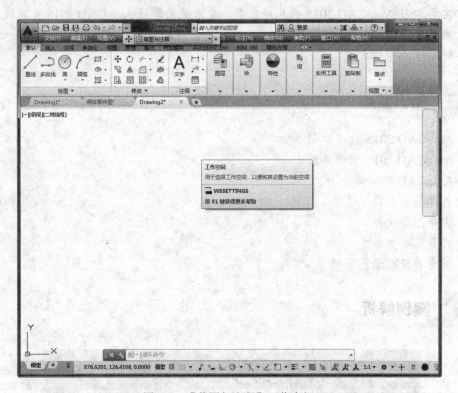

图 2-1 【草图与注释】工作空间

2.1.2 AutoCAD 2015 的退出

当用户需要退出 AutoCAD 2015 绘图软件时，则首先需要退出当前的 AutoCAD 文件，如果当前的绘图文件已经存盘，那么用户可以使用以下几种方式退出 AutoCAD 绘图软件：

- ◆ 按【Alt+F4】组合键。
- ◆ 单击菜单【文件】|【退出】命令。
- ◆ 在命令行中输入【Quit】或【Exit】后，按 Enter 键。
- ◆ 展开【菜单浏览器】面板，单击 退出 Autodesk AutoCAD 2015 按钮。

如果用户在退出 AutoCAD 绘图软件之前，没有将当前的 AutoCAD 绘图文件存盘，那么系统将会弹出如图 2-2 所示的提示对话框，单击【是】按钮，将弹出【图形另存为】对话框，用于对图形进行命名保存；单击【否】按钮，系统将放弃存盘并退出 AutoCAD 2015；单击【取消】按钮，系统将取消执行的退出命令。

图 2-2 AutoCAD 提示框

2.2　AutoCAD 2015 操作界面

在程序默认状态下，窗口中打开的是【草图与注释】工作空间。【草图与注释】工作空间的工作界面主要由快速访问工具栏、信息中心、菜单浏览器、功能区、工具选项面板、图形窗口、文本窗口与命令行、状态栏等元素组成，如图 2-3 所示。

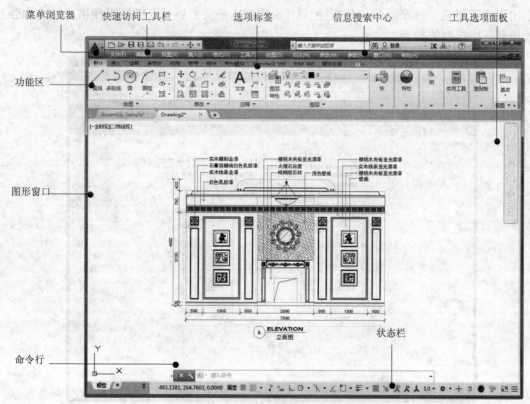

图 2-3 AutoCAD 2015【草图与注释】空间工作界面

2.2.1　工作空间

当您指定初始化安装选项后，AutoCAD 将基于您选定的项目自动创建一个新的工作空间并将其置为当前。当前工作空间的名称显示在状态栏的工作空间切换开关图标处，您可选择它来访问工作空间菜单。

AutoCAD 2015 提供了【草图与注释】、【三维基础】和【三维建模】3 种工作空间模式。用户在工作状态下可随时切换工作空间，如图 2-4 所示。

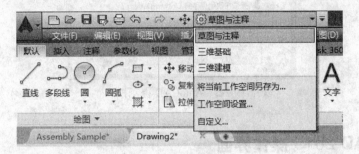

图 2-4　切换工作空间

默认情况下打开 AutoCAD 2015 将自动进入【草图与注释】工作空间，AutoCAD 2015 软件还为用户提供了【三维基础】和【三维建模】工作空间，【三维建模】工作空间如图 2-5 所示。在此工作空间内，用户可以非常方便地访问新的三维功能，而且新窗口中的绘图区可以显示出渐变背景色、地平面或工作平面（UCS 的 XY 平面）以及新的矩形栅格，这将增强三维效果和三维模型的构造。

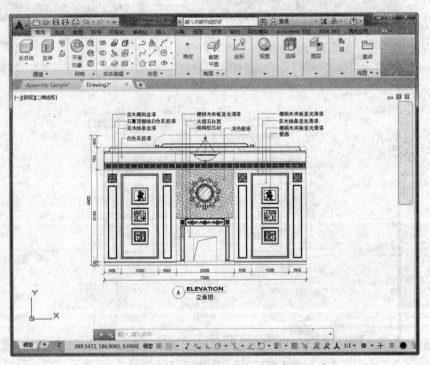

图 2-5　【三维建模】工作空间

无论选用何种工作空间，在启动 AutoCAD 之后，系统都会自动打开一个名为【Drawing1.dwg】的默认绘图文件窗口。另外，无论选择何种工作空间，用户都可以在日后对其进行更改，也可以自定义并保存自己的自定义工作空间。

操作技巧

单击状态栏上的【切换工作空间】按钮，可打开【工作空间设置】对话框，如图 2-6 所示，在此对话框中可快速地切换工作空间。

图 2-6 【工作空间设置】对话框

2.2.2 菜单浏览器

【菜单浏览器】按钮，位于 AutoCAD 2015 界面的左上角，单击该按钮，可展开【菜单浏览器】，如图 2-7 所示。通过【菜单浏览器】能更方便地访问公用工具。用户可创建、打开、保存、打印和发布 AutoCAD 文件、将当前图形作为电子邮件附件发送、制作电子传送集。此外，您可执行图形维护，例如查核和清理，并关闭图形。

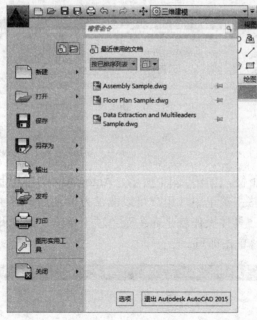

图 2-7 菜单浏览器

【菜单浏览器】上有一搜索工具，您可以查询快速访问工具、应用程序菜单以及当前加载的功能区以定位命令、功能区面板名称和其他功能区控件。

【菜单浏览器】上的按钮提供轻松访问最近或打开的文档，在最近文档列表中有一新的选项，除了可按大小、类型和规则列表排序外，还可按照日期排序。

2.2.3 快速访问工具栏

快速访问工具栏带有更多的功能并与其他的 Windows 应用程序保持一致。放弃和重做工具包括了历史支持，右键菜单包括了新的选项，使您可轻易从工具栏中移除工具、在工具间添加分隔条以及将快速访问工具栏显示在功能区的上面或下面，如图 2-8 所示。

除了右键菜单外，快速访问工具栏还包含了一个新的弹出菜单，该菜单显示一常用工具列表，您可选定并置于快速访问工具栏内。弹出菜单提供了轻松访问额外工具的方法，它使用了 CUI 编辑器中的命令列表面板。其他选项使您可显示菜单栏或在功能区下面显示快速访问工具栏。

图 2-8　快速访问工具栏

2.2.4 功能区

【功能区】代替了 AutoCAD 众多的工具栏，以面板的形式，将各工具按钮分门别类地集合在选项卡内，如图 2-9 所示。

用户在调用工具时，只需在功能区中展开相应选项卡，然后在所需面板上单击工具按钮即可。由于在使用功能区时，无需再显示 AutoCAD 的工具栏，因此，使得应用程序窗口变得简洁有序。通过简洁的界面，功能区还可以将可用的工作区域最大化。

图 2-9　功能区

2.2.5 菜单栏

菜单栏位于标题栏的下侧，如图 2-10 所示。AutoCAD 的常用制图工具和管理编辑等工具都分门别类地排列在这些主菜单中，用户可以非常方便地启动各主菜单中的相关菜单项，进行必要的图形绘图工作。具体操作就是在主菜单项上单击，展开此主菜单，然后将光标移至需要启动的命令选项上，单击即可。

图 2-10　菜单栏

> **操作技巧**
>
> 默认设置下，"菜单栏"是隐藏的，当变量 MENUBAR 的值为 1 时，显示菜单栏；为 0 时，隐藏菜单栏。

AutoCAD 2015 为用户提供了【文件】、【编辑】、【视图】、【插入】、【格式】、【工具】、【绘图】、【标注】、【修改】、【参数】、【窗口】、【帮助】等十一个主菜单。各菜单的主要功能如下：

- 【文件】菜单主要用于对图形文件进行设置、管理和打印发布等。
- 【编辑】菜单主要用于对图形进行一些常规的编辑，包括复制、粘贴、链接等命令。
- 【视图】菜单主要用于调整和管理视图，以方便视图内图形的显示等。
- 【插入】菜单用于向当前文件中引用外部资源，如块、参照、图像等。
- 【格式】菜单用于设置与绘图环境有关的参数和样式等，如绘图单位、颜色、线型及文字、尺寸样式等。
- 【工具】菜单为用户设置了一些辅助工具和常规的资源组织管理工具。
- 【绘图】菜单是一个二维和三维图元的绘制菜单，几乎所有的绘图和建模工具都组织在此菜单内。
- 【标注】菜单是一个专用于为图形标注尺寸的菜单，它包含了所有与尺寸标注相关的工具。
- 【修改】菜单是一个很重要的菜单，用于对图形进行修整、编辑和完善。
- 【参数】菜单是用于管理和设置图形创建的各种参数。
- 【窗口】菜单用于对 AutoCAD 文档窗口和工具栏状态进行控制。
- 【帮助】菜单主要用于为用户提供一些帮助性的信息。

菜单栏左端的图标就是【菜单浏览器】图标，菜单栏最右边图标按钮是 AutoCAD 文件的窗口控制按钮，如【最小化】按钮、【还原/最大化】按钮、【关闭】按钮，用于控制图形文件窗口的显示。

2.2.6 工具栏

位于绘图窗口的两侧，以图标按钮的形式出现的工具条，则为 AutoCAD 的工具栏。使用工具栏执行命令，也是较为常用的一种方式。用户只需要将光标移至工具按钮上稍一停留，光标指针的下侧就会出现此图标所代表的命令名称，在按钮上单击，即可快速激活该命令。

在任一工具栏上右击，可打开工具栏菜单，AutoCAD 2015 为用户提供了非常丰富全面的工具栏。在菜单栏执行【工具】|【工具栏】|【AutoCAD】命令，即可打开相应的工具栏，如图 2-11 所示。

图 2-11 工具栏菜单

> **提示**
> 带有钩号的表示当前已打开的工具栏，不带钩号的表示当前没有打开的工具栏。为了增大绘图空间，通常只将常用的工具栏放在用户界面上，而将其他工具栏隐藏，需要时再调出。

在工具栏右键菜单上选择【锁定位置】/【固定的工具栏/面板】选项，可以将绘图区四周的工具栏固定，如图 2-12 所示，工具栏一旦被固定后，是不可以被拖动的。

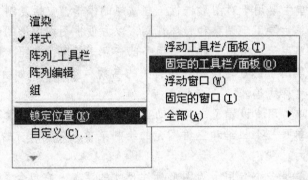

图 2-12 固定工具栏

2.2.7 选项板

选项板是一项十分人性化的功能，使用起来也很方便，可以根据用户的意愿显示或隐藏，不占用绘图空间，如图 2-13 所示。选项板上一共包含【建模】、【约束】、【注释】、【建筑】、【机械】、【电力】、【土木工程】、【结构】8 个选项卡，规范地划分应用领域，使用户非常方便地找到需要的工具。

图 2-13 选项板

2.2.8 绘图区

绘图区位于用户界面的正中央，即被工具栏和命令行所包围的整个区域，此区域是用户的工作区域，图形的设计与修改工作就是在此区域内进行操作的。默认状态下绘图区是一个无限大的电子屏幕，无论尺寸多大或多小的图形，都可以在绘图区中绘制和灵活显示。

当移动鼠标时，绘图区会出现一个随光标移动的十字符号，此符号为【十字光标】，它由

【拾取点光标】和【选择光标】叠加而成，其中【拾取点光标】是点的坐标拾取器，当执行绘图命令时，显示为拾点光标；【选择光标】是对象拾取器，当选择对象时，显示为选择光标；当没有任何命令执行的前提下，显示为十字光标，如图2-14所示。

图2-14　光标的3种状态

在绘图区左下部有3个标签，即模型、布局1、布局2，分别代表了两种绘图空间，即模型空间和布局空间。模型标签代表了当前绘图区窗口是处于模型空间，通常在模型空间进行绘图。布局1和布局2是默认设置下的布局空间，主要用于图形的打印输出。用户可以通过单击标签，在这两种操作空间中进行切换。

操作技巧

默认设置下，绘图区背景色的RGB值为254、252、240，用户可以执行【工具】|【选项】|【显示】|【颜色】命令进行更改背景色，如图2-15所示。

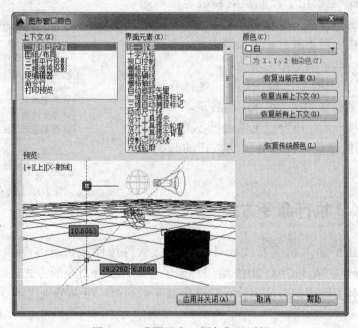

图2-15　【图形窗口颜色】对话框

2.2.9　命令窗口

命令行位于绘图区的下侧，它是用户与AutoCAD 2015软件进行数据交流的平台，主要功能就是用于提示和显示用户当前的操作步骤，如图2-16所示。

```
命令:
命令: _line
指定第一个点:
指定下一点或 [放弃(U)]:
指定下一点或 [放弃(U)]:
指定下一点或 [闭合(C)/放弃(U)]: *取消*
键入命令
```

图 2-16 命令行

【命令行】可以分为【命令输入窗口】和【命令历史窗口】两部分，上面两行则为【命令历史窗口】，用于记录执行过的操作信息；下面一行是【命令输入窗口】，用于提示用户输入命令或命令选项。

2.2.10 状态栏

状态栏位于 AutoCAD 操作界面的底部，如图 2-17 所示。

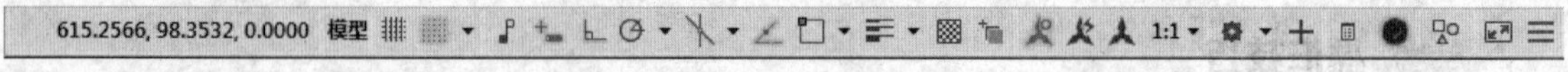

图 2-17 状态栏

状态栏左端为坐标读数器，用于显示十字光标所处位置的坐标值；坐标读数器的右侧是一些重要的精确绘图功能按钮，主要用于控制点的精确定位和追踪；状态栏右端的按钮则用于查看布局与图形、注释比例，以及一些用于对工具栏、窗口等固定、工作空间切换等，都是一些辅助绘图的功能。

单击状态栏右侧的小三角按钮，将打开如图 2-18 所示的状态栏快捷菜单，菜单中的各选项与状态栏上的各按钮功能一致，用户也可以通过各菜单项以及菜单中的各功能键进行控制各辅助按钮的开关状态。

图 2-18 状态栏菜单

2.3 AutoCAD 执行命令方式

AutoCAD 2015 是人机交互式软件，当用该软件绘图或进行其他操作时，首先要向 AutoCAD 发出命令，AutoCAD 2015 给用户提供了多种执行命令的方式，可以根据自己的习惯和熟练程度选择更顺手的方式来执行软件中繁多的命令。下面分别讲解 3 种常用的命令执行方式。

2.3.1 通过菜单与工具栏执行

这是一种最简单最直观的命令执行方法，初学者很容易掌握，只需要用鼠标单击菜单栏或工具栏上的按钮，即可执行对应的 AutoCAD 命令。使用这种方式往往较慢，需要用户手动在庞大的菜单栏和工具栏中去寻找命令，用户需对软件的结构有一定的认识。

2.3.2 使用命令行执行

通过键盘在【命令输入窗口】输入对应的命令后按 Enter 键或空格键,即可启动对应的命令,然后 AutoCAD 会给出提示,提示用户应执行的后续操作。要想采用这种方式,需要用户记住各个 AutoCAD 命令。

当执行完某一命令后,如果需要重复执行该命令,除可以通过上述 2 种方式执行该命令外,还可以用以下方式重复执行命令。

直接按键盘上的 Enter 键或空格键。

使光标位于绘图窗口右击,AutoCAD 会弹出快捷菜单,并在菜单的第一行显示出重复执行上一次所执行的命令,选择此菜单项可重复执行对应的命令。

操作技巧

命令执行过程中,可通过按 Esc 键,或右击绘图窗口后从弹出的快捷菜单中选择"取消"菜单项终止命令的执行。

2.3.3 使用透明命令

在 AutoCAD 中,透明命令是指在执行其他命令的过程中可以执行的命令。常使用的透明命令多为修改图形设置的命令、绘图辅助工具命令,例如 SNAP、GRID、ZOOM 等。

要以透明方式使用命令,应在输入命令之前输入单引号(')。在命令行中,透明命令的提示前有一个双折号(>>)。完成透明命令后,将继续执行原命令。

2.4 创建图形文件

AutoCAD 提供了多种图形文件创建方式。一般情况下,程序默认的方式是【选择样板】。下面介绍这些创建方法。

2.4.1 从草图开始

将 STARTUP 系统变量设置为 1,将 FILEDIA 系统变量设置为 1。单击【快速访问工具栏】中的【新建】按钮,打开【创建新图形】对话框,如图 2-19 所示。

在【从草图开始】选项卡中有 2 个默认的设置:
◆ 英制(英尺和英寸)。
◆ 公制。

操作技巧

英制和公制分别代表不同的计量单位,英制为英尺、英寸、码等单位;公制是指千米、米、厘米等单位。我国实行"公制"的测量制度。

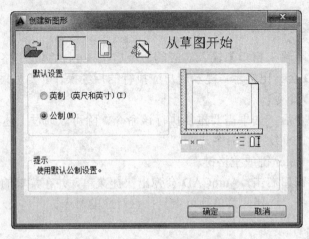

图 2-19 【创建新图形】对话框

2.4.2 使用样板

在【创建新图形】对话框中单击 按钮，打开【使用样板】选项卡，如图 2-20 所示。

图形样板文件包含标准设置。可从提供的样板文件中选择一个，或者创建自定义样板文件。图形样板文件的扩展名为.dwt。

如果根据现有的样板文件创建新图形，则新图形中的修改不会影响样板文件。可以使用随 AutoCAD 提供的一个样板文件，或者创建自定义样板文件。

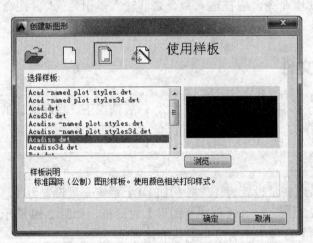

图 2-20 【使用样板】选项卡

需要创建使用相同惯例和默认设置的多个图形时，通过创建或自定义样板文件而不是每次启动时都指定惯例和默认设置可以节省很多时间。通常存储在样板文件中的惯例和设置包括：

- ◆ 单位类型和精度。
- ◆ 标题栏、边框和徽标。
- ◆ 图层名。
- ◆ 捕捉、栅格和正交设置。

- 栅格界限。
- 标注样式。
- 文字样式。
- 线型。

> **操作技巧**
>
> 默认情况下，图形样板文件存储在安装目录下的 acadm\template 文件夹中，以便查找和访问。

2.4.3 使用向导

在【创建新图形】对话框中单击按钮，打开【使用向导】选项卡，如图 2-21 所示。

图 2-21 【使用向导】选项卡

设置向导逐步地建立基本图形，有两个向导选项用来设置图形：
- 【快速设置】向导。设置测量单位、显示单位的精度和栅格界限。
- 【高级设置】向导。设置测量单位、显示单位的精度和栅格界限。还可以进行角度设置（例如测量样式的单位、精度、方向和方位）。

2.5 保存图形文件

【保存】命令就是用于将绘制的图形以文件的形式进行存盘，存盘的目的就是为了方便以后查看、使用或修改编辑等。

2.5.1 保存与另存文件

保存：按照原路径保存文件，将原文件覆盖，储存新的进度。

另存：继续保留原文件不将其覆盖，另存后出现新的文件。另存时可对文件的路径、名称、格式等进行重设。

1. 【保存】文件命令

执行【保存】命令主要有以下几种方式：
- 单击【文件】菜单中的【保存】命令；
- 单击【快速访问工具栏】中的【保存】按钮；
- 单击【菜单浏览器】，执行【保存】命令；

激活【保存】命令后，可打开【图形另存为】对话框，如图 2-22 所示。在此对话框内设置存盘路径、文件名和文件格式后，单击【保存】按钮，即可将当前文件存盘。

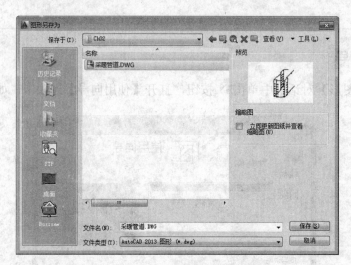

图 2-22 【图形另存为】对话框

  操作技巧

默认的存储类型为"AutoCAD 2013 图形（*.dwg）"，使用此种格式将文件被存盘后，只能被 AutoCAD 2014\2015 及其以后的版本所打开。如果用户需要在 AutoCAD 早期版本中打开此文件，必须使用低版本的文件格式进行存盘。

2. 【另存为】命令

当用户在已存盘的图形的基础上进行了其他的修改工作，又不想将原来的图形覆盖，可以使用【另存为】命令，将修改后的图形以不同的路径或不同的文件名进行存盘。

执行【另存为】命令主要有以下几种方式：
- 单击【文件】菜单中的【另存为】命令。
- 按组合键 Crtl+Shift+S。

2.5.2 自动保存文件

为了防止断电、死机等意外情况，AutoCAD 为用户定制了【自动保存】这个非常人性化的功能命令。启用该功能后，系统将持续在设定时间内为用户自动存盘。

执行【工具】|【选项】命令，打开【选项】对话框，并选择【打开和保存】选项卡，可设置自动保存的文件格式和时间间隔等参数，如图 2-23 所示。

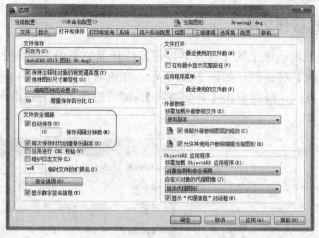

图 2-23 【打开和保存】选项卡

2.6 打开现有文件

打开图形文件的方法大致有以下 3 种。

2.6.1 一般打开方法

当用户需要查看、使用或编辑已经存盘的图形时，可以使用【打开】命令，执行【打开】命令主要有以下几种方式：

- 单击【文件】菜单中的【打开】命令。
- 单击【快速访问工具栏】中的【打开】按钮 。
- 单击【菜单浏览器】，执行【打开】命令。
- 在命令行输入 Open，按 Enter 键。
- 按【Ctrl+O】组合键。

激活【打开】命令后，将打开【选择文件】对话框，在此对话框中选择需要打开的图形文件，如图 2-24 所示。单击【打开】按钮，即可将此文件打开。

图 2-24 【选择文件】对话框

2.6.2 以查找方式打开文件

单击【选择文件】对话框上的【工具】按钮,打开下拉菜单,如图 2-25 所示,选择【查找】选项,打开【查找】对话框,如图 2-26 所示。在该对话框中,可由用户自定义文件的名称、类型已经查找的范围,最后单击【开始查找】,即可进行查找。这非常有利于用户在大量的文件中查找目标文件。

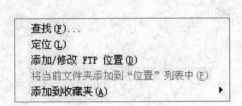

图 2-25 【工具】下拉菜单

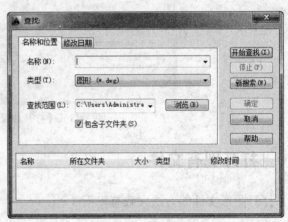

图 2-26 【查找】对话框

2.6.3 局部打开图形

局部打开命令允许用户只处理图形的某一部分,只加载指定视图或图层的几何图形。如果图形文件为局部打开,指定的几何图形和命名对象将被加载到图形文件中。命名对象包括:【块】、【图层】、【标注样式】、【线型】、【布局】、【文字样式】、【视口配置】、【用户坐标系】及【视图】等。

该命令的调用方式同【打开】命令。在【选择文件】对话框中,用户指定需要打开的图形文件后,单击【打开】按钮右侧的 按钮,弹出下拉菜单,如图 2-27 所示,选择其中的【局部打开】或【以只读方式局部打开】选项,系统将进一步打开【局部打开】对话框,如图 2-28 所示。

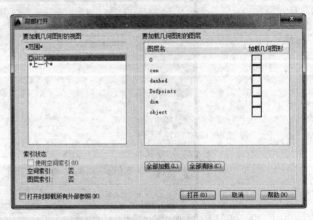

图 2-27 【打开】按钮下拉菜单　　　　图 2-28 【局部打开】对话框

在该对话框中,【要加载几何图形的视图】栏显示了选定的视图和图形中可用的视图,默认的视图是【范围】。用户可在列表中选择某一视图进行加载。

在【要加载几何图形的图层】栏中显示了选定图形文件中所有有效的图层。用户可选择一个或多个图层进行加载,选定图层上的几何图形将被加载到图形中,包括模型空间和图纸空间几何图形。用户可单击【全部加载】按钮选择所有图层,或单击【全部清除】按钮取消所有的选择。如果用户选择了【打开时卸载所有外部参照】复选框,则不加载图形中包括的外部参照。

> **注意**
>
> 如果用户没有指定任何图层进行加载,那么选定视图中的几何图形也不会被加载,因为其所在的图层没有被加载。
>
> 用户也可以使用 partialopen "或-partialopen" 命令以命令行的形式来局部打开图形文件。

2.7 配置系统与绘图环境

如果用户对当前的绘图环境并不是很满意,可执行【工具】|【选项】命令,定制符合自己要求的绘图环境。

2.7.1 设置【显示】选项卡

单击【显示】选项卡,该选项卡用于设置工作界面的显示效果,比如是否显示 AutoCAD 屏幕菜单;是否显示滚动条;是否在启动时最小化 AutoCAD 窗口;AutoCAD 图形窗口和文本窗口的颜色和字体等,如图 2-29 所示。

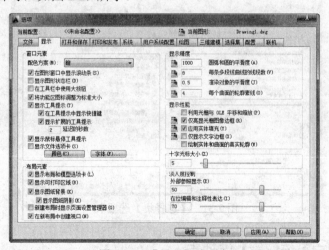

图 2-29 【显示】选项卡

通过修改【十字光标大小】框中光标与屏幕大小的百分比,您可调整十字光标的尺寸。【显示精度】和【显示性能】区域用于设置着色对象的平滑度、每个曲面轮廓线数等。所有这些设置均会影响系统的刷新时间与速度,并进而影响您操作的流畅性。

2.7.2 设置【绘图】选项卡

【选项】对话框中的【绘图】选项卡中包含多个设置 AutoCAD 辅助绘图工具的选项。【自动追踪设置】控制自动追踪的相关设置。它有【显示极轴追踪矢量】、【显示全屏追踪矢量】、【显示自动追踪工具提示】3 个选项，如图 2-30 所示。

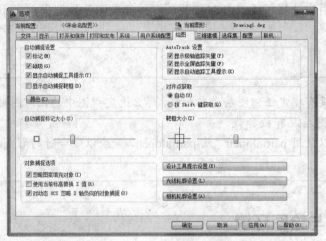

图 2-30　【绘图】选项卡

2.7.3 设置【选择集】选项卡

【选择集】选项卡中可控制 AutoCAD 选择工具和对象的方法。您可以控制 AutoCAD 拾取框的大小、指定选择对象的方法和设置夹点，如图 2-31 所示。

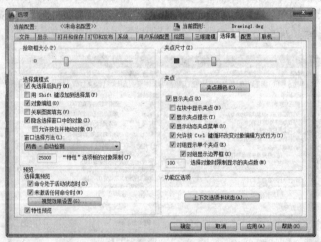

图 2-31　【选择集】选项卡

2.7.4 设置【用户系统配置】选项卡

【用户系统配置】选项卡用于设置优化 AutoCAD 工作方式的一些选项。【AutoCAD 设计中心】中的【源内容单位】设置在没有指定单位时，被插入到图形中的对象的单位。【目标图形单位】设置没有指定单位时，当前图形中对象的单位，如图 2-32 所示。

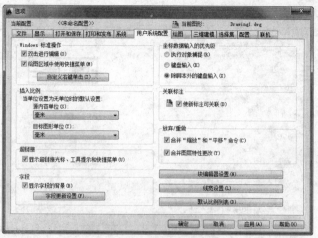

图 2-32 【用户系统配置】选项卡

单击【线宽设置】按钮将打开【线宽设置】对话框。可在该对话框中设置线宽的显示特性和缺选项，同时还可以设置当前线宽，如图 2-33 所示。

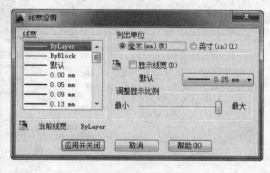

图 2-33 【线宽设置】对话框

2.8 实例——文件的打开与保存

下面通过一个简单的实例讲解文件的打开和另存方法。

[1] 在【快速访问工具栏】上单击【打开】按钮，打开【选择文件】对话框，如图 2-34 所示。通过该对话框指定路径光盘\实例\初始文件\Ch02\cx 1.dwg，单击【打开】按钮，打开该文件。
[2] 打开文件，如图 2-35 所示。
[3] 单击【菜单浏览器】按钮，执行【另存为】|【AutoCAD 图形】命令，打开【图形另存为】对话框，如图 2-36 所示。在该对话框中，为另存的文件选择需要另存的路径，并在【文件名】文本框中输入另存文件的名称。
[4] 单击【保存】按钮，【图形另存为】对话框自动关闭，完成图形另存。

图 2-34 【选择文件】对话框

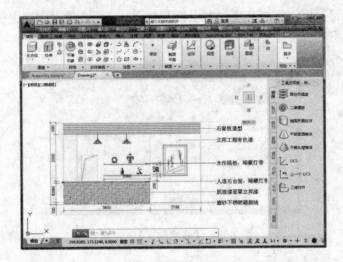

图 2-35 打开文件

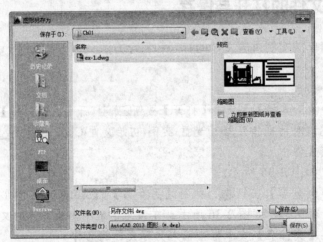

图 2-36 打开文件

第 3 章
常用室内设计绘图命令

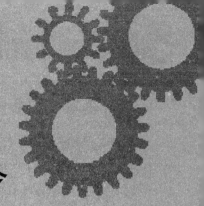

　　二维图形是指在二维平面空间绘制的图形，主要由一些图形元素组成，如点、直线、圆弧、圆、椭圆、矩形、多边形、多段线、样条曲线、多线等几何元素。AutoCAD 提供了大量的绘图工具，可以帮助用户完成二维图形的绘制。

　　本章的内容包括 AutoCAD 2015 的简单图线、复杂图线的绘制方法，以及二维图形的编辑与操作技巧。

 知识要点

- ◆ 基本绘图功能
- ◆ 使用图案填充
- ◆ 图形编辑命令
- ◆ 复制、镜像、阵列和偏移对象

 案例解析

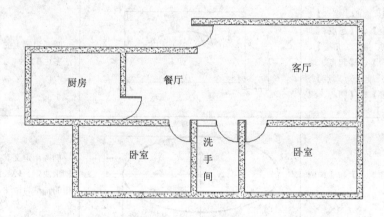

房屋横切图

3.1 基本绘图命令

二维绘图功能是 AutoCAD 最基本的图形绘制功能。无论是复杂的零件图、装配图，还是三维空间图形，都是二维平面绘图的延伸。因此，只有熟练地掌握二维平面图形的绘制方法和技巧，才能够更好地绘制出复杂的图形。

3.1.1 绘制基本曲线

AutoCAD 2015 中，基本曲线工具包括直线、圆\圆弧、椭圆\椭圆弧、矩形及多边形等。表 3-1 中列出了二维基本曲线的种类及图解。

表 3-1 二维基本曲线

基本曲线	图解	说明
直线 （闭合、放弃）		直线是最基本的线性对象。直线有起点和终点，它是一条连接起点和终点的直线段
圆 （【圆心，半径】、【圆心，直径】、【两点】、【三点】、【相切，相切，半径】和【相切，相切，相切】）		要创建圆，可以指定圆心、半径、直径、圆周上的点和其他对象上点的不同组合。圆的绘制方法有 6 种
圆弧 （【三点】、【起点、圆心、端点】、【起点、圆心、角度】、【起点、圆心、长度】、【起点、端点、角度】、【起点、端点、方向】、【起点、端点、半径】、【圆心、起点、端点】、【圆心、起点、角度】、【圆心、起点、长度】、【连续】）		圆弧为圆上的一段弧，其创建方法多达 11 种
椭圆 （【圆心】、【轴和端点】和【椭圆弧】）		椭圆由定义其长度和宽度的两条轴来决定。较长的轴称为长轴，较短的轴称为短轴
椭圆弧		通过指定椭圆长轴的两个端点和短半轴长度，以及起始角、终止角来绘制椭圆弧

（续表）

基本曲线	图　解	说　明
矩形		矩形是由直线段构成的规则四边形。创建时需指定2个角点
多边形		【正多边形】工具能创建等边的闭合多段线，它能创建边数从3到1024的闭合多段线图形

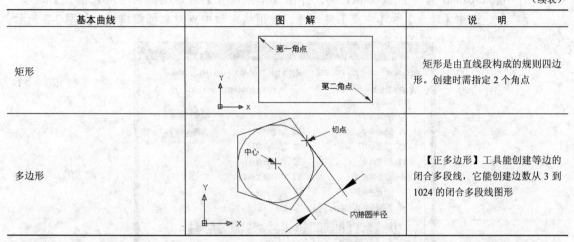

实例——绘制洗手池

通过一个1000×600洗手池的绘制，学习fillet、chamfer、trim等命令的绘制技巧。

洗手池的绘制主要是画出其内外轮廓线，可以先绘制出外轮廓线，然后使用offset命令绘制内轮廓线，如图3-1所示。

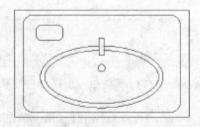

图3-1　洗手池

[1] 选择【文件】|【新建】命令，创建一个新的文件。
[2] 选择【绘图】|【矩形】命令，绘制洗手池台的外轮廓线，如图3-2所示。

图3-2　绘制洗手池台的外轮廓线

```
命令：_rectang
指定第1个角点或 [倒角(C)/标高(E)/圆角(F)/厚度(T)/宽度(W)]：　//在屏幕上任意选取一点
指定另一个角点或 [尺寸(D)]：@1000,600
```

[3] 输入 osnap 命令后按 Enter 键，弹出【草图设置】对话框。在【对象捕捉】选项卡中，选中【端点】和【中点】复选框，使用端点和中点对象捕捉模式，如图 3-3 所示。

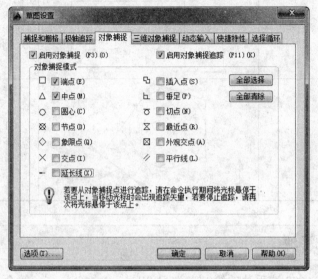

图 3-3　【草图设置】对话框

[4] 输入 ucs 命令后按 Enter 键，改变坐标原点，使新的坐标原点为洗手池台的外轮廓线的左下端点。

```
命令：ucs
当前 UCS 名称：*世界*
输入选项
[新建(N)/移动(M)/正交(G)/上一个(P)/恢复(R)/保存(S)/删除(D)/应用(A)/?/世界(W)]
<世界>：o
指定新原点 <0,0,0>：            //对象捕捉到矩形的左下端点
```

[5] 选择【绘图】|【矩形】命令，绘制洗手池台的内轮廓线，如图 3-4 所示。

```
命令：_rectang
指定第 1 个角点或 [倒角(C)/标高(E)/圆角(F)/厚度(T)/宽度(W)]：50,25
指定另一个角点或 [尺寸(D)]：950,575
```

[6] 选择【绘图】|【圆角】命令，修剪洗手池台的内轮廓线，如图 3-5 所示。

图 3-4　绘制洗手池台的内轮廓线

图 3-5　修剪洗手池台的内轮廓线

第3章 常用室内设计绘图命令

```
命令: _fillet
当前设置: 模式 = 修剪, 半径 = 0.0000
选择第1个对象或 [多段线(P)/半径(R)/修剪(T)/多个(U)]: r
指定圆角半径 <0.0000>: 60    //修改倒圆角的半径
选择第1个对象或 [多段线(P)/半径(R)/修剪(T)/多个(U)]: u      //选择多个模式
选择第1个对象或 [多段线(P)/半径(R)/修剪(T)/多个(U)]:       //选择角的一条边
选择第2个对象: //选择角的另外一条边
选择第1个对象或 [多段线(P)/半径(R)/修剪(T)/多个(U)]:       //选择角的一条边
选择第2个对象: //选择角的另外一条边
选择第1个对象或 [多段线(P)/半径(R)/修剪(T)/多个(U)]:       //选择角的一条边
选择第2个对象: //选择角的另外一条边
选择第1个对象或 [多段线(P)/半径(R)/修剪(T)/多个(U)]:       //选择角的一条边
选择第2个对象: //选择角的另外一条边
选择第1个对象或 [多段线(P)/半径(R)/修剪(T)/多个(U)]:
```

操作技巧

【倒圆角】命令能够将一个角的两条直线在角的顶点处形成圆弧,圆弧的半径大小要根据图形的尺寸确定,如果太小,则在图上显示不出来。

[7] 选择【绘图】|【椭圆】命令,绘制洗手池的外轮廓线,如图3-6所示。

```
命令: _ellipse
指定椭圆的轴端点或 [圆弧(A)/中心点(C)]: c
指定椭圆的中心点: 500,225
指定轴的端点: @-350,0
指定另一条半轴长度或 [旋转(R)]: 175
```

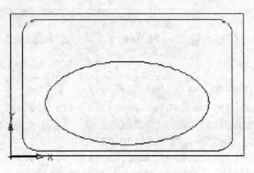

图3-6 绘制洗手池外轮廓线

操作技巧

椭圆的绘制主要是确定椭圆中心的位置,然后再确定椭圆的长轴和短轴的尺寸就可以了。当长轴和短轴的尺寸相等时,椭圆就变成了一个圆。

[8] 选择【修改】|【偏移】命令,绘制洗手池的内轮廓线,如图3-7所示。

```
命令：_offset
指定偏移距离或 [通过(T)] <1.0000>: 25
选择要偏移的对象或 <退出>：            //选择外侧窗户轮廓线
指定点以确定偏移所在一侧：              //选择偏移的方向
选择要偏移的对象或 <退出>：
```

[9] 选择【绘图】|【矩形】命令，绘制水龙头；选择【绘图】|【圆】命令，绘制排污口，如图 3-8 所示。

```
命令：_rectang
指定第 1 个角点或 [倒角(C)/标高(E)/圆角(F)/厚度(T)/宽度(W)]: 485,455
指定另一个角点或 [尺寸(D)]: @30,-100
命令：_circle
指定圆的圆心或 [三点(3P)/两点(2P)/相切、相切、半径(T)]: 500,275
指定圆的半径或 [直径(D)] <20.0000>:20
```

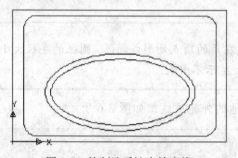 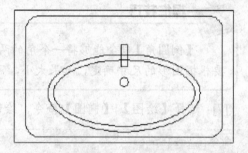

图 3-7 绘制洗手池内轮廓线   图 3-8 绘制水龙头和排污口

[10] 选择【绘图】|【矩形】命令，绘制洗手池上的肥皂盒，并选择【修改】|【倒角】命令，对该肥皂盒进行倒直角，如图 3-9 所示。

```
命令：_rectang
指定第 1 个角点或 [倒角(C)/标高(E)/圆角(F)/厚度(T)/宽度(W)]:
指定另一个角点或 [尺寸(D)]: @150,-80
命令：_chamfer
(【修剪】模式) 当前倒角距离 1 = 0.0000，距离 2 = 0.0000
选择第 1 条直线或 [多段线(P)/距离(D)/角度(A)/修剪(T)/方式(M)/多个(U)]: d
指定第 1 个倒角距离 <0.0000>: 15    //修改倒角的值
指定第 2 个倒角距离 <15.0000>:       //修改倒角的值
选择第 1 条直线或 [多段线(P)/距离(D)/角度(A)/修剪(T)/方式(M)/多个(U)]: u
选择第 1 条直线或 [多段线(P)/距离(D)/角度(A)/修剪(T)/方式(M)/多个(U)]:    //选择倒角的第 1 条边
选择第 2 条直线：//选择倒角的另外一条边
选择第 1 条直线或 [多段线(P)/距离(D)/角度(A)/修剪(T)/方式(M)/多个(U)]:    //选择倒角的第 1 条边
选择第 2 条直线：//选择倒角的另外一条边
选择第 1 条直线或 [多段线(P)/距离(D)/角度(A)/修剪(T)/方式(M)/多个(U)]:    //选择倒角的第 1 条边
选择第 2 条直线：//选择倒角的另外一条边
选择第 1 条直线或 [多段线(P)/距离(D)/角度(A)/修剪(T)/方式(M)/多个(U)]:    //选择倒角
```

的第 1 条边
　　选择第 2 条直线：//选择倒角的另外一条边
　　选择第 1 条直线或 [多段线(P)/距离(D)/角度(A)/修剪(T)/方式(M)/多个(U)]：

> **操作技巧**
>
> 　　【倒角】命令能够将一个角的两条直线在角的顶点处形成一个截断，对于在两条边上的截断距离要根据图形的尺寸确定，如果太小了就会在图上显示不出来。

[11] 选择【修改】|【修剪】命令，绘制水龙头和洗手池轮廓线相交的部分，并最终完成洗手池的绘制，如图 3-10 所示。

```
命令: _trim
当前设置:投影=UCS,边=无
选择剪切边...
选择对象: 找到 1 个 //选中修剪的边界——水龙头
选择对象:
选择要修剪的对象,或按住 Shift 键选择要延伸的对象,或 [投影(P)/边(E)/放弃(U)]:
选择要修剪的对象,或按住 Shift 键选择要延伸的对象,或 [投影(P)/边(E)/放弃(U)]:
选择要修剪的对象,或按住 Shift 键选择要延伸的对象,或 [投影(P)/边(E)/放弃(U)]:
```

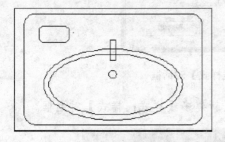

图 3-9　绘制肥皂盒

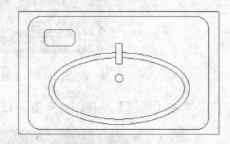

图 3-10　绘制完成后的洗手池

3.1.2　画多线（ML）

　　多线是由两条或两条以上的平行元素构成的复合线对象，并且每平行线元素的线型、颜色以及间距都是可以设置的，如图 3-11 所示。

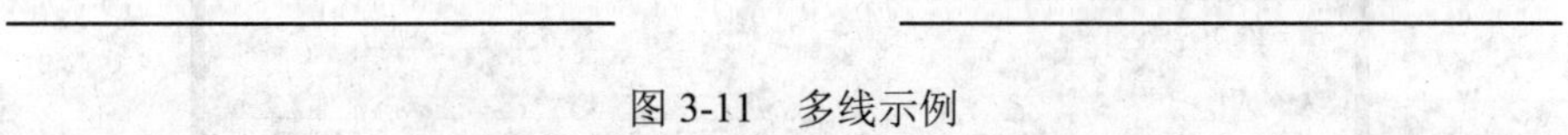

图 3-11　多线示例

> **操作技巧**
>
> 　　在默认设置下，所绘制的多线是由两条平行元素构成的。

　　执行【多线】命令主要有以下几种方式：

- 执行【绘图】菜单中的【多线】命令。
- 命令行输入 Mline 按 Enter 键。

【多线】命令常被用于绘制墙线、阳台线以及道路和管道线。

使用系统默认的多线样式，只能绘制由两条平行元素构成的多线。如果用户需要绘制其他样式的多线时，需要使用【多线样式】命令进行设置。

执行【多线样式】命令主要有以下几种方式：

- 执行【绘图】菜单中的【格式】|【多线样式】命令。
- 在命令行输入 Mlstyle 按 Enter 键。

下面通过绘制闭合的多线，学习使用【多线】命令。

实例——绘制墙体线

[1] 执行菜单【格式】|【多线样式】命令，打开【多线样式】对话框。
[2] 单击对话框中的【新建】按钮，在弹出的【创建新的多线样式】对话框中输入新样式的名称，如图 3-12 所示。

图 3-12 【创建新的多线样式】对话框

[3] 单击【继续】按钮，打开图 3-13 所示的【新建多线样式：样式】对话框。

图 3-13 【新建多线样式：样式】对话框

[4] 单击【添加】按钮，添加一个 0 号元素，并设置元素颜色为红色，如图 3-14 所示。

图 3-14 添加多线元素

[5] 单击【线型】按钮,在弹出的【选择线型】对话框中单击【加载】按钮,打开【加载或重载线型】对话框,如图 3-15 所示。

[6] 单击【确定】按钮,结果线型被加载到【选择线型】对话框内,如图 3-16 所示。

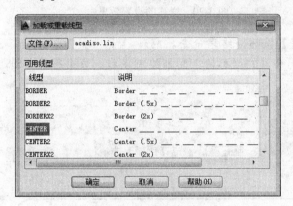

图 3-15 选择线型

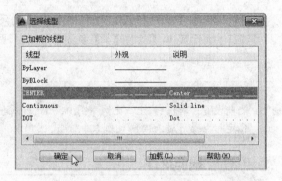

图 3-16 加载线型

[7] 选择加载的线型,单击【确定】按钮,将此线型赋给刚添加的多线元素,再修改图元的偏移距离为±120,结果如图 3-17 所示。

图 3-17 设置元素线型

图 3-18 设置多线封口

[8] 在左侧【元素】选项组中,设置多线两端的封口形式,如图 3-18 所示。

[9] 单击【确定】按钮返回【多线样式】对话框,结果新线样式出现在预览框中,如图

3-19 所示。

[10] 单击【保存】按钮,在弹出的【保存多线样式】对话框中设置文件名如图 3-20 所示,将新线样式以【*.mln】的格式进行保存,以方便在其他文件中进行重复使用。

图 3-19　样式效果　　　　　　　　　　图 3-20　样式的设置效果

[1] 返回【多线样式】对话框单击【确定】按钮,结束命令。

[2] 执行菜单【绘图】|【多线】命令,配合点的坐标输入功能绘制多线。命令行操作过程如下:

```
命令: _mline
当前设置: 对正 = 上, 比例 = 20.00, 样式 = STANDARD
指定起点或 [对正(J)/比例(S)/样式(ST)]:      //s Enter, 激活【比例】选项
```

操作技巧

巧妙使用【比例】选项,可以绘制不同宽度的多线。默认比例为 20 个绘图单位。另外,如果用户输入的比例值为负值,这多条平行线的顺序会产生反转。

```
输入多线比例 <20.00>:                //1 Enter, 设置多线比例
当前设置: 对正 = 上, 比例 = 1, 样式 = STANDARD
指定起点或 [对正(J)/比例(S)/样式(ST)]:      //在绘图区拾取一点
指定下一点:                          //@0,1800 Enter
指定下一点或 [放弃(U)]:               //@3000,0 Enter
指定下一点或 [闭合(C)/放弃(U)]:       //@0,-1800 Enter
指定下一点或 [闭合(C)/放弃(U)]:       //c Enter, 结束命令
```

操作技巧

巧用【样式】选项,可以随意更改当前的多线样式;【闭合】选项用于绘制闭合的多线。

使用视图调整工具调整图形的显示,绘制效果如图 3-21 所示。

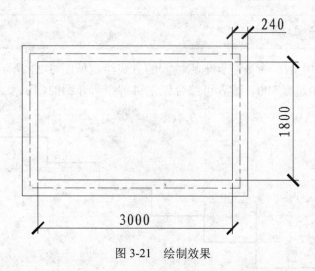

图 3-21 绘制效果

操作技巧

【对正】选项设置多线的对正方式,AutoCAD 提供了 3 种对正方式,即上对正、下对正和中心对正,如图 3-22 所示。如果当前多线的对正方式不符合用户要求的话,可在命令行中输入"J",激活该选项,系统出现如下提示:

【输入对正类型 [上(T)/无(Z)/下(B)] <上>:】系统提示用户输入多线的对正方式。

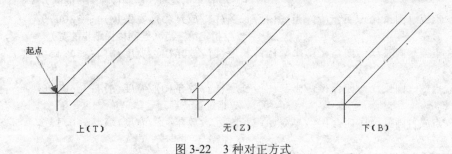

图 3-22 3 种对正方式

3.1.3 画多段线(PL)

多段线是由一条或多条直线段或弧线序列连接而成的一种特殊折线,绘制此对象的专用工具为【多段线】,使用此命令不但可以绘制一条单独的直线段或圆弧,还可以绘制具有一定宽度的闭合或不闭合直线段和弧线序列。

1. 执行命令

执行【多段线】命令主要有以下几种方法:

◆ 执行【绘图】菜单栏中的【多段线】命令。
◆ 单击【绘图】工具栏中的 按钮。

- 在命令行输入 Pline，按 Enter 键。

实例——绘制直行楼梯

在本例中将利用 PLINE 命令结合坐标输入的方式绘制如图 3-23 所示直行楼梯剖面示意图，其中，台阶高 150，宽 300。读者可结合课堂讲解中所介绍的知识来完成本实例的绘制，其具体操作如下：

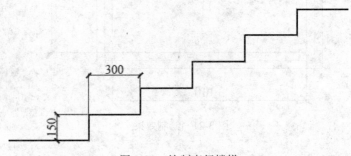

图 3-23　绘制直行楼梯

[1] 打开正交，选择【绘图】|【多段线】按钮 ，绘制带宽度的多段线。

```
命令：PLINE↙                                           //激活 PLINE 命令绘制楼梯
指定起点：在绘图区中任意拾取一点                       //指定多段线的起点
指定下一个点或 [圆弧(A)/半宽(H)/长度(L)/放弃(U)/宽度(W)]：@600,0↙
                                                       //指定第一点
指定下一点或 [圆弧(A)/闭合(C)/半宽(H)/长度(L)/放弃(U)/宽度(W)]：@0,150↙
                                                       //指定第二点（绘制楼梯踏步的高）
指定下一点或 [圆弧(A)/闭合(C)/半宽(H)/长度(L)/放弃(U)/宽度(W)]：@300,0↙
                                                       //指定第三点（绘制楼梯踏步的宽）
指定下一点或 [圆弧(A)/闭合(C)/半宽(H)/长度(L)/放弃(U)/宽度(W)]：@0,150↙
                                                       //指定下一点
指定下一点或 [圆弧(A)/闭合(C)/半宽(H)/长度(L)/放弃(U)/宽度(W)]：@300,0↙
                                                       //指定下一点
指定下一点或 [圆弧(A)/闭合(C)/半宽(H)/长度(L)/放弃(U)/宽度(W)]：@0,150↙
                                                       //指定下一点
指定下一点或 [圆弧(A)/闭合(C)/半宽(H)/长度(L)/放弃(U)/宽度(W)]：@300,0↙
                                                       //指定下一点，再根据同样的方法绘制楼梯其余踏步
指定下一点或 [圆弧(A)/闭合(C)/半宽(H)/长度(L)/放弃(U)/宽度(W)]：↙
                                                       //按下"Enter"键结束绘制
```

结果如图 3-23 所示。

2. 【圆弧】选项

此选项用于将当前多段线模式切换为画弧模式，以绘制由弧线组合而成的多段线。在命令行提示下输入【A】，或绘图区右击，在右键菜单中选择【圆弧】选项，都可激活此选项，系统自动切换到画弧状态，且命令行提示如下：

【指定圆弧的端点或 [角度（A）/圆心（CE）/闭合（CL）/方向（D）/半宽（H）/直线（L）/半径（R）/第二个点（S）/放弃（U）/ 宽度（W）]:】

各次级选项功能如下：
- 【角度】选项用于指定要绘制的圆弧的圆心角。
- 【圆心】选项用于指定圆弧的圆心。
- 【闭合】选项用于用弧线封闭多段线。
- 【方向】选项用于取消直线与圆弧的相切关系，改变圆弧的起始方向。
- 【半宽】选项用于指定圆弧的半宽值。激活此选项功能后，AutoCAD 将提示用户输入多段线的起点半宽值和终点半宽值。
- 【直线】选项用于切换直线模式。
- 【半径】选项用于指定圆弧的半径。
- 【第二个点】选项用于选择三点画弧方式中的第二个点。
- 【宽度】选项用于设置弧线的宽度值。

3. 其他选项
- 【闭合】选项。激活此选项后，AutoCAD 将使用直线段封闭多段线，并结束多段线命令。当用户需要绘制一条闭合的多段线时，最后一定要使用此选项功能，才能保证绘制的多段线是完全封闭的。
- 【长度】选项。此选项用于定义下一段多段线的长度，AutoCAD 按照上一线段的方向绘制这一段多段线。若上一段是圆弧，AutoCAD 绘制的直线段与圆弧相切。
- 【半宽】|【宽度】选项。【半宽】选项用于设置多段线的半宽，【宽度】选项用于设置多段线的起始宽度值，起始点的宽度值可以相同也可以不同。

> **操作技巧**
>
> 在绘制具有一定宽度的多段线时，系统变量 Fillmode 控制着多段线是否被填充，当变量值为 1 时，绘制的带有宽度的多段线将被填充；当变量值为 0 时，带有宽度的多段线将不会填充，如图 3-24 所示。

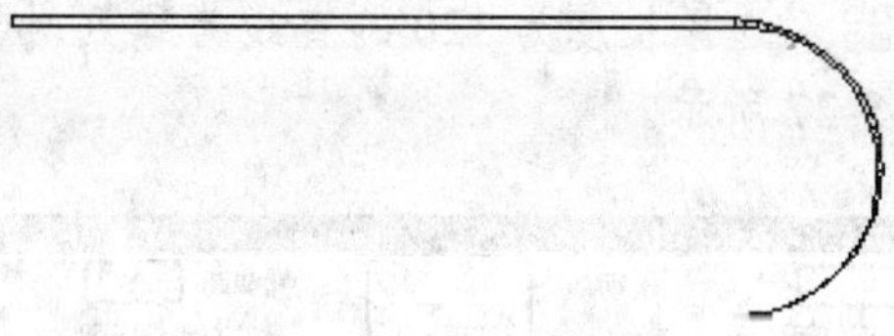

图 3-24 非填充多段线

3.1.4 画样条曲线（SLI）

【样条曲线】命令是用于绘制由某些数据点（控制点）拟合生成的光滑曲线，所绘制的曲线可以是二维曲线，也可是三维曲线。

在 AutoCAD 2015 中，样条曲线包括【样条曲线拟合】和【样条曲线控制点】。

1. 【样条曲线拟合】命令的启动

执行【样条曲线】命令主要有以下几种方式：
- ◆ 执行【绘图】菜单栏中的【样条曲线】命令。
- ◆ 在命令行中输入 Spline，按 Enter 键。
- ◆ 在功能区【默认】选项卡【绘图】面板中单击【样条曲线拟合】按扭。

下面以绘制多段线，学习使用【多段线】命令，具体操作如下。

实例——绘制石作雕花大样

样条曲线可在控制点之间产生一条光滑的曲线，常用于创建形状不规则的曲线，例如波浪线、截交线或汽车设计时绘制的轮廓线等。

下面利用样条曲线和绝对坐标输入法绘制如图 3-25 所示的石作雕花大样图。

[1] 打开正交功能。
[2] 单击【直线】按钮，起点为（0,0）点，向右绘制一条长 120 的水平线段。
[3] 重复直线命令，起点仍为（0,0）点，向上绘制一条长 80 的垂直线段，如图 3-26 所示。

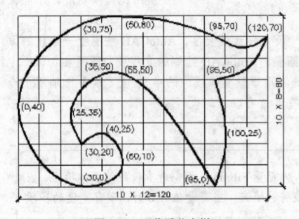
图 3-25 石作雕花大样

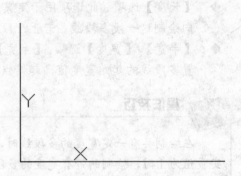
图 3-26 绘制直线

[4] 单击【阵列】按钮，选择长度为 120 的直线为阵列对象，在【阵列创建】选项卡中设置参数，如图 3-27 所示。

图 3-27 阵列线段

[5] 单击【阵列】按钮，选择长度为 80 的直线为阵列对象，在【阵列创建】选项卡中设置参数，如图 3-28 所示。

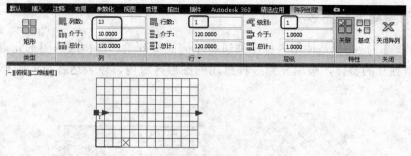

图 3-28 阵列线段

[6] 单击【样条曲线】按钮，利用绝对坐标输入法依次输入各点坐标，分段绘制样条曲线，如图 3-29 所示。

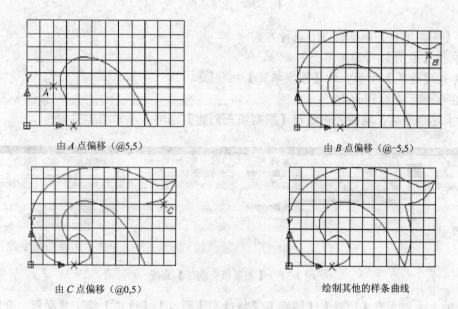

由 A 点偏移（@5,5）　　　　　　　由 B 点偏移（@-5,5）

由 C 点偏移（@0,5）　　　　　　　绘制其他的样条曲线

图 3-29 各段样条曲线的绘制过程

操作技巧

有时在工程制图中不会给出所有点的绝对坐标，此时可以捕捉网格交点来输入偏移坐标，确定线型形状，图 3-29 中的提示点为偏移参考点，读者也可试用这种方法来制作。

3.2 使用图案填充

使用【图案填充】命令，可在填充封闭区域或在指定边界内进行填充。默认情况下，【图案填充】命令将创建关联图案填充，图案会随边界的更改而更新。

通过选择要填充的对象或通过定义边界然后指定内部点来创建图案填充。图案填充边界可以是形成封闭区域的任意对象的组合，例如直线、圆弧、圆和多段线等。

3.2.1 使用图案填充命令

所谓【图案】，指的就是使用各种图线进行不同的排列组合而构成的图形元素，此类图形元素作为一个独立的整体，被填充到各种封闭的图形区域内，以表达各自的图形信息，如图3-30所示。

 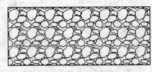

图 3-30　图案示例

执行【图案填充】命令有以下几种方式：

◆　执行【绘图】|【图案填充】命令。
◆　单击【绘图】面板上的【图案填充】按钮。
◆　在命令行输入 Bhatch。

执行上述命令后，功能区将显示【图案填充创建】选项卡，如图 3-31 所示。

图 3-31　【图案填充创建】面板

该选项卡中包含有【边界】、【图案】、【特性】、【原点】、【选项】等工具面板，介绍如下。

1. 【边界】面板

【边界】面板主要用于拾取点（选择封闭的区域）、添加或删除边界对象、查看选项集等，如图 3-32 所示。

图 3-32　【边界】面板

该选项卡所包含的按钮命令含义如下。

- 【拾取点】按钮:根据围绕指定点构成封闭区域的现有对象确定边界。对话框将暂时关闭,系统将会提示拾取一个点,如图 3-33 所示。

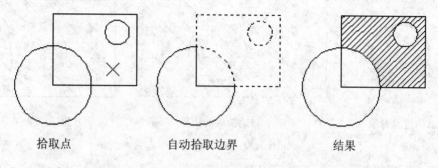

拾取点　　　　　　　自动拾取边界　　　　　　结果

图 3-33　拾取点

- 【选择对象】按钮:根据构成封闭区域的选定对象确定边界。对话框将暂时关闭,系统将会提示选择对象,如图 3-34 所示。使用【选择】选项时,HATCH 不自动检测内部对象。必须选择选定边界内的对象,以按照当前孤岛检测样式填充这些对象,如图 3-35 所示。

> **操作技巧**
>
> 在选择对象时,可以随时在绘图区域单击鼠标右键以显示快捷菜单。可以利用此快捷菜单放弃最后一个或锁定对象、更改选择方式、更改孤岛检测样式或预览图案填充或渐变填充。

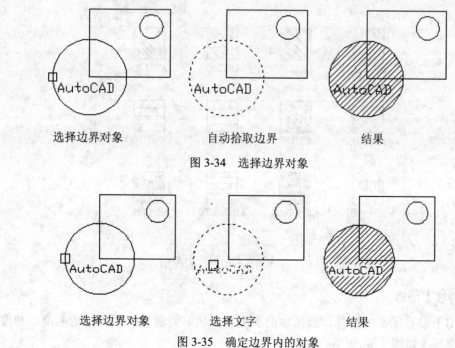

选择边界对象　　　　　自动拾取边界　　　　　　结果

图 3-34　选择边界对象

选择边界对象　　　　　选择文字　　　　　　　　结果

图 3-35　确定边界内的对象

◆ 【删除边界】按钮：从边界定义中删除之前添加的任何对象。使用此命令，还可以在填充区域内添加新的填充边界，如图3-36所示。

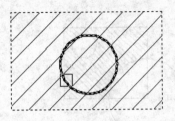
添加边界对象

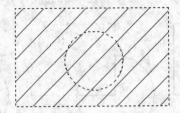
自动拾取的边界

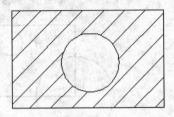
删除结果

图3-36　删除边界对象

◆ 【重新创建边界】按钮：围绕选定的图案填充或填充对象创建多段线或面域，并使其与图案填充对象相关联。
◆ 【显示边界对象】按钮：暂时关闭对话框，并使用当前的图案填充或填充设置显示当前定义的边界。如果未定义边界，则此选项不可用。

1. 【图案】面板

【图案】面板的主要作用是定义要应用的填充图案的外观。

【图案】面板中列出可用的预定义图案。拖动上下滑动块，可查看更多图案的预览，如图3-37所示。

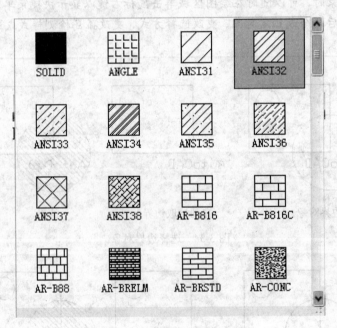

图3-37　【填充】面板的图案

2. 【特性】面板

此面板用于设置图案的特性，如图案的类型、颜色、背景色、图层、透明度、角度、填充比例和笔宽等，如图3-38所示。

图 3-38 【特性】面板

- 图案类型：图案填充的类型有 4 种，实体、渐变色、图案和用户定义。这 4 种类型在【图案】面板中也能找到，但在此处选择比较快捷。
- 图案填充颜色：为填充的图案选择颜色，单击列表的下三角按钮，展开颜色列表。如果需要更多的颜色选择，可以在颜色列表中选择【选择颜色】选项，将打开【选择颜色】对话框，如图 3-39 所示。

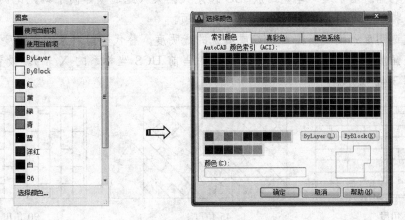

图 3-39 打开【选择颜色】对话框

- 背景色：是指在填充区域内，除填充图案外的区域颜色设置。
- 图案填充图层替代：从用户定义的图层中为定义的图案指定当前图层。如果用户没有定义图层，则此列表中仅仅显示 AutoCAD 默认的图层 0 和图层 Defpoints。
- 相对于图纸空间：在图纸空间中，此选项被激活。此选项用于设置相对于在图纸空间中图案的比例，选择此选项，将自动更改比例，如图 3-40 所示。

 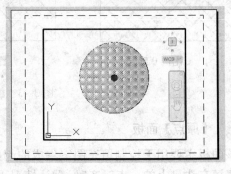

图 3-40 在图纸空间中设置相对比例

- 交叉线：当图案类型为【用户定义】时，【交叉线】选项被激活。如图 3-41 所示为使用交叉线的前后对比。

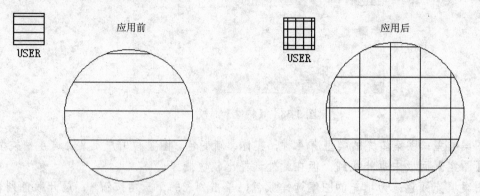

图 3-41 应用交叉线的前后对比

- ISO 笔宽：基于选定笔宽缩放 ISO 预定义图案（此选项等同于填充比例功能）。仅当用户指定了 ISO 图案时才可以使用此选项。
- 填充透明度：设定新图案填充或填充的透明度，替代当前对象的透明度。
- 填充角度：指定填充图案的角度（相对当前 UCS 坐标系的 X 轴）。设置角度的图案如图 3-42 所示。

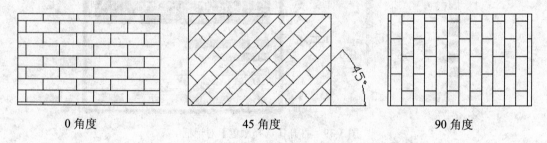

图 3-42 填充图案的角度

填充图案比例：放大或缩小预定义或自定义图案，如图 3-43 所示。

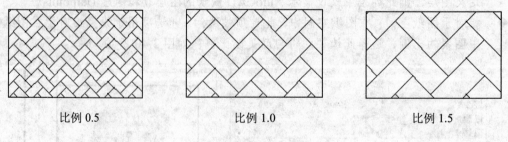

图 3-43 填充图案的比例

3. 【原点】面板

该面板主要用于控制填充图案生成的起始位置。当某些图案填充（例如砖块图案）需要与图案填充边界上的一点对齐时，默认情况下，所有图案填充原点都对应于当前的 UCS 原点。

【图案填充原点】面板中各选项如图3-44所示。

图3-44 【原点】面板

- 设定原点：单击此按钮，在图形区中可直接指定新的图案填充原点。
- 左下、右下、左上、右上和中心：根据图案填充对象边界的矩形范围来定义新原点。
- 存储为默认原点：将新图案填充原点的值存储在 HPORIGIN 系统变量中。

4. 【选项】面板

【选项】面板主要用于控制几个常用的图案填充或填充选项。【选项】面板如图 3-45 所示。

图3-45 【选项】面板

该选项卡中的选项含义如下。
- 注释性：指定图案填充为注释性。
- 关联：控制图案填充或填充的关联，关联的图案填充或填充在用户修改其边界时将会更新。
- 独立的图案填充：控制当指定了几个单独的闭合边界时，是创建单个图案填充对象，还是创建多个图案填充对象。当创建了2个或2个以上的填充图案时，此选项才可用。
- 【孤岛检测】：填充区域内的闭合边界称为孤岛，控制是否检测孤岛。如果不存在内部边界，则指定孤岛检测样式没有意义。孤岛检测的4种方式：普通、外部、忽略和无。如图3-46、图3-47、图3-48和图3-49所示。

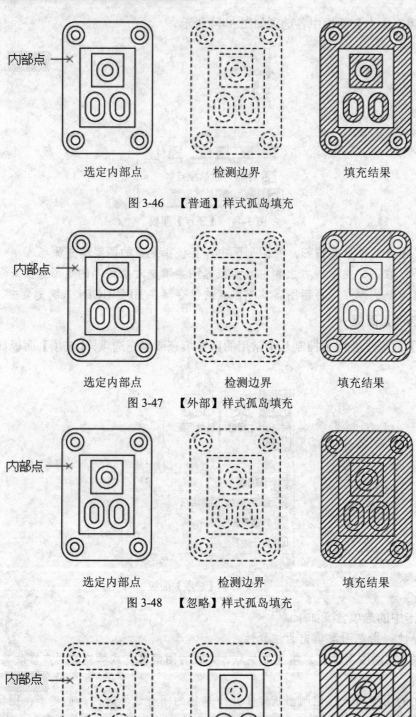

图 3-46 【普通】样式孤岛填充

图 3-47 【外部】样式孤岛填充

图 3-48 【忽略】样式孤岛填充

图 3-49 删除孤岛填充

◆ 绘图次序：为图案填充或填充指定绘图次序。图案填充可以放在所有其他对象之后、所有其他对象之前、图案填充边界之后或图案填充边界之前。在下方的列表框中包括有【不指定】、【后置】、【前置】、【置于边界之后】和【置于边界之前】选项。

◆ 【图案填充和渐变色】对话框：当在面板的右下角单击按钮时，会弹出【图案填充和渐变色】对话框，如图 3-50 所示。此对话框与 AutoCAD 2015 之前的版本中的填充图案功能对话框相同。

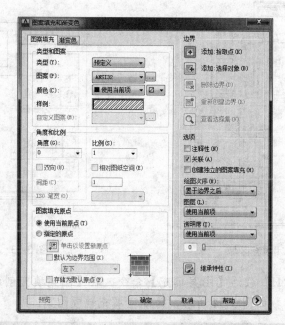

图 3-50 【图案填充和渐变色】对话框

实例——绘制室内平面地材图

通过绘制如图 3-51 所示的地面材质图，学习填充命令的使用方法。

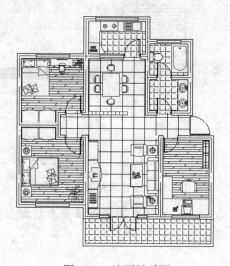

图 3-51 地面材质图

[1] 打开本例素材源文件"室内平面布置图.dwg"。
[2] 将"剖面线"设置为当前图层。
[3] 使用快捷键"L"激活【直线】命令，配合端点捕捉功能，分别连接各房间两侧门洞等，以封闭填充区域，结果如图 3-52 所示。
[4] 综合使用【窗口缩放】和【实时平移】工具，调整视图如 3-53 所示。

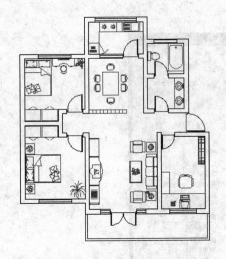

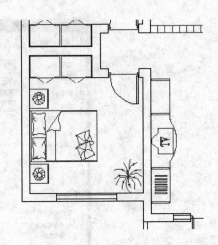

图 3-52　封闭填充区域　　　　　　　　图 3-53　调整视图

[5] 使用快捷键"H"激活【图案填充】命令，在【图案填充创建】选项卡中设置填充图案及填充参数如图 3-54 所示，为卧室填充地板图案。

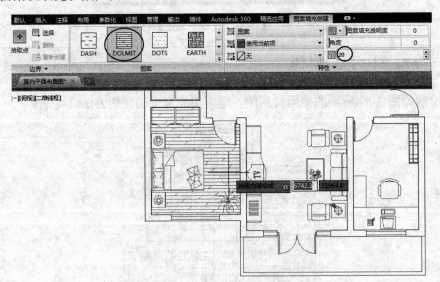

图 3-54　设置填充图案及参数

[6] 重复【图案填充】命令，设置填充图案和填充参数如上图所示，为其他卧室和书房填充图案，填充结果如图 3-55 所示。

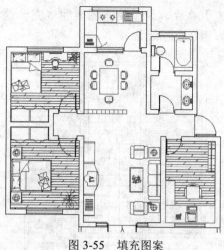

图 3-55 填充图案

[7] 重复【图案填充】命令，设置填充图案和填充参数如图 3-56 所示，对客厅、过道以及餐厅等填充地面图案，结果如图 3-57 所示。

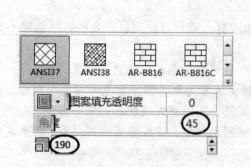

图 3-56 设置填充参数

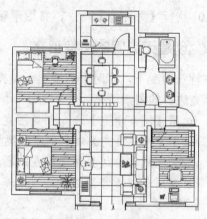

图 3-57 填充结果

[8] 重复执行【图案填充】命令，设置填充图案和填充参数如图 3-58 所示，对卫生间以及厨房等填充地面图案，结果如图 3-59 所示。

图 3-58 设置填充参数

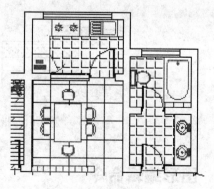

图 3-59 填充结果

[9] 重复执行【图案填充】命令,设置填充图案和填充参数如上图所示,对阳台填充地砖图案,最终结果如图 3-60 所示。

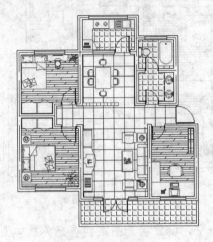

图 3-60 填充的结果

[10] 执行【另存为】命令,将图形存储。

3.2.2 创建无边界的图案填充

在特殊情况下,有时不需要显示填充图案的边界,用户可使用以下几种方法创建不显示图案填充边界的图案填充:

- 使用【图案填充】命令创建图案填充,然后删除全部或部分边界对象。
- 使用【图案填充】命令创建图案填充,确保边界对象与图案填充不在同一图层上。然后关闭或冻结边界对象所在的图层。这是保持图案填充关联性的唯一方法。
- 可以用创建为修剪边界的对象修剪现有的图案填充,修剪图案填充以后,删除这些对象。
- 用户可以通过在命令提示下使用 HATCH 的【绘图】选项指定边界点来定义图案填充边界。

例如,只通过填充图形中较大区域的一小部分,来显示较大区域被图案填充,如图 3-61 所示。

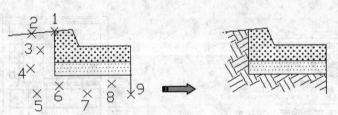

图 3-61 指定点来定义图案填充边界

3.3 图形编辑命令

利用对象编辑功能,可以修剪对象、延伸对象、打断对象、合并对象、拉伸对象、拉长对象，详解如下。

3.3.1 修剪对象（TR）

【修剪】命令用于修剪掉对象上指定的部分，不过在修剪时，需要事先指定一个边界。

1. 【修剪】命令的启动

执行【修剪】命令主要有以下几种方式：

◆ 执行【修改】菜单中的【修剪】命令。
◆ 单击【修改】工具栏上的 按钮。
◆ 在命令行输入 Trim，按 Enter 键。

在修剪对象时，边界的选择是关键，而边界必须要与修剪对象相交，或其延长线相交，才能成功修剪对象。因此，系统为用户设定了两种修剪模式，即【修剪模式】和【不修剪模式】，默认模式为【不修剪模式】。

操作技巧

当修剪多个对象时，可以使用【栏选】和【窗交】两种选项功能，而【栏选】方式需要绘制一条或多条栅栏线，所有与栅栏线相交的对象都会被选择，如图 3-62 所示和图 3-63 所示。

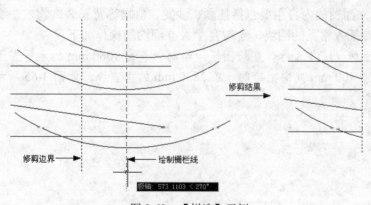

图 3-62 【栏选】示例

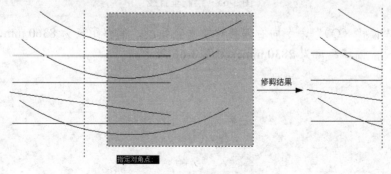

图 3-63 【窗交选择】示例

下面通过具体实例，学习默认模式下的修剪操作。

实例——绘制客厅 A 立面图

本实例的客厅 A 立面图展示了沙发背景墙的设计方案，其效果如图 3-64 所示。

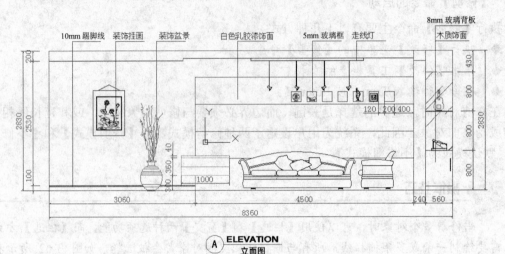

图 3-64 客厅 A 立面图

绘制客厅 A 立面图的内容主要包括挂画、沙发、植物等背景装饰物，在绘图过程中可以使用"插入"命令插入常见的图块，绘制客厅 A 立面图的操作如下。

[1] 使用"直线（L）"命令，在绘图区域绘制一条长 9060 mm 的水平直线，在距离水平线左端点 400 mm 处向上绘制一条 2830 mm 的垂直线，如图 3-65 所示。

图 3-65 绘制垂直线

[2] 使用"偏移（O）"命令向右偏移这条垂直线段，偏移距离为 8360 mm，向上偏移水平线段，偏移距离为 2830 mm，如图 3-66 所示。

图 3-66 绘制偏移线

[3] 使用"修剪(TR)"命令对偏移后的线段进行修剪,效果如图3-67所示。

图 3-67 修剪偏移线

[4] 使用"偏移(O)"命令向上偏移开始时绘制的水平线段,偏移距离依次为 100 mm、550 mm、550 mm、550 mm、550 mm、380 mm,如图 3-68 所示。

图 3-68 绘制偏移线

[5] 使用"偏移(O)"命令向右偏移左边垂直线段,偏移距离依次为 3060 mm、4500 mm、240 mm,如图 3-69 所示。

图 3-69 绘制偏移线

[6] 使用"修剪(TR)"命令对线段进行修剪处理,效果如图 3-70 所示。

图 3-70 修剪处理

[7] 参照左下图所示图形,使用"偏移(O)"命令对线段进行偏移,使用"修剪(TR)"

命令对线段进行修剪，效果如图3-71右图所示。

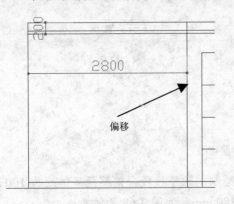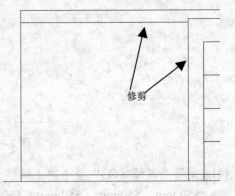

图 3-71 创建偏移线并进行修剪

[8] 根据图3-72所示的尺寸和效果，结合偏移、延伸、修剪命令创建客厅装饰柜立面图。

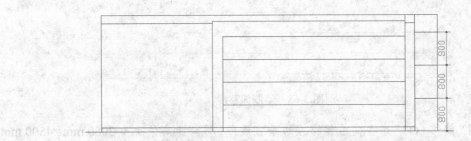

图 3-72 修剪并完成立面图

[9] 使用"矩形（REC）"命令，绘制一个200 mm×200 mm大小的矩形，将它放在客厅背景墙上，复制7个矩形并依次排列，尺寸和效果如图3-73所示。

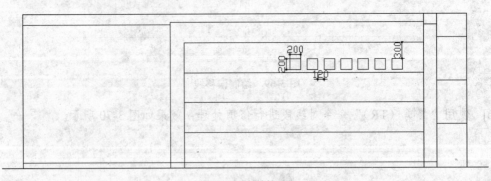

图 3-73 绘制矩形

[10] 结合使用"偏移（CO）"和"修剪（TR）"命令绘制出客厅搁物柜，尺寸和效果如图 3-74 所示。

[11] 选择"工具-选项板-设计中心"命令，将"图库.dwg"素材文件中的沙发立面图插入到立面图中，如图3-75所示。

[12] 继续将花瓶、装饰画、灯具等图块插入到立面图中，效果如图3-76所示。

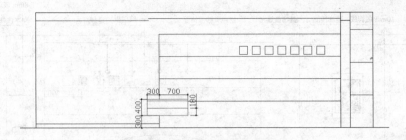

图 3-74 绘制出客厅搁物柜

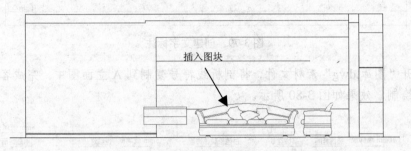

图 3-75 插入图块

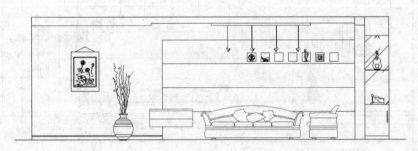

图 3-76 插入其他图块

[13] 将"标注"层设为当前层,结合使用线性标注命令和连续标注命令对图形进行标注,效果如图 3-77 所示。

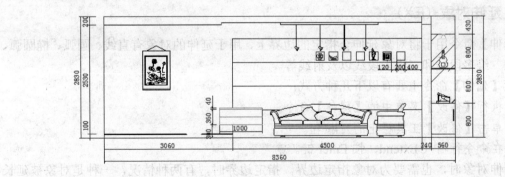

图 3-77 标注尺寸

[14] 将"文字说明"设为当前层,执行"多重引线(Mleader)"命令,绘制文字说明的引线,使用"多行文字(MT)"命令创建说明文字,如图 3-78 所示。

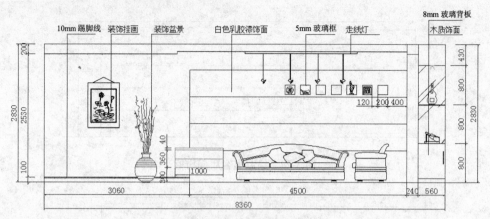

图 3-79 创建文字标注

[15] 打开"图库.dwg"素材文件,将剖析线符号复制到 A 立面图中,完成客厅 A 立面图的绘制,效果如图 3-80 所示。

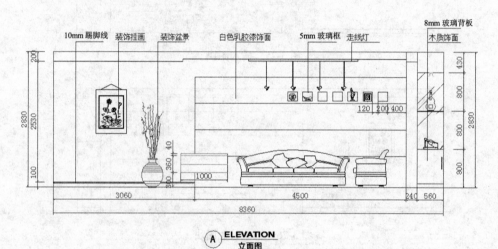

图 3-80 立面图绘制完成

3.3.2 延伸对象（EX）

【延伸】命令用于将对象延伸至指定的边界上,用于延伸的对象有直线、圆弧、椭圆弧、非闭合的二维多段线和三维多段线以及射线等。

执行【延伸】命令主要有以下几种方式：

◆ 执行【修改】菜单中的【延伸】命令。
◆ 单击【修改】工具栏上的 ─/ 按钮。
◆ 在命令行输入 Extend,按 Enter 键。

在延伸对象时,也需要为对象指定边界。指定边界时,有两种情况,一种是对象被延长后与边界存在一个实际的交点,另一种就是与边界的延长线相交于一点。

为此,AutoCAD 为用户提供了两种模式,即【延伸模式】和【不延伸模式】,系统默认模式为【不延伸模式】,下面通过具体实例,学习此种模式的修剪过程。

实例——绘制大堂花几立面图

利用延伸功能,在图 3-81 左图的基础上完成右图所示的立面图。

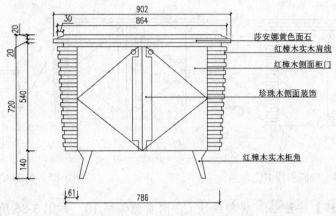

图 3-81 大堂花几立面图

[1] 打开素材文件。
[2] 单击【直线】按钮 ，捕捉 A 点向右绘制一段长为 60 的水平线段,如图 3-82 所示。

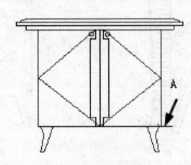

图 3-82 绘制线段

[3] 单击【阵列】按钮,选择线段,将其矩形阵列,【阵列】对话框形态及结果如图 3-83 所示。

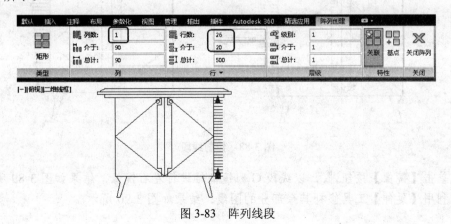

图 3-83 阵列线段

[4] 利用【直线】命令绘制直线连接 B 点和 C 点,如图 3-84 所示。
[5] 单击【直线】按钮,捕捉 D 点向右追踪 20,确定 E 点,绘制斜线 CE,结果如图 3-85 所示。

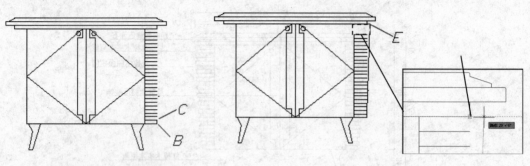

图 3-84　绘制斜线 BC　　　　　　　　图 3-85　绘制 CE 斜线

[6] 单击【偏移】按钮,将斜线段 CE 向右侧偏移 10,如图 3-86 所示。
[7] 单击【延伸】按钮,延伸线段,结果如图 3-87 所示。

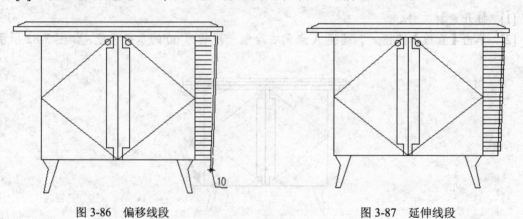

图 3-86　偏移线段　　　　　　　　图 3-87　延伸线段

[8] 单击【修剪】按钮,修剪线段,结果如图 3-88 所示。

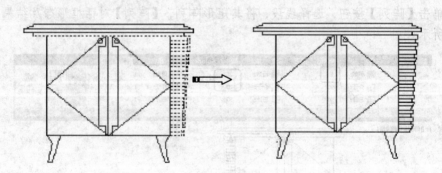

图 3-88　修剪线段

[9] 单击【镜像】按钮,以线段 G 为镜像轴进行左右镜像,结果如图 3-89 所示。
[10] 利用【延伸】工具修补其余部分的图线,结果如图 3-90 所示。

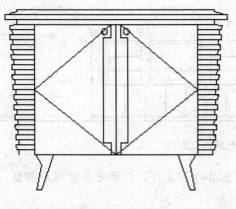
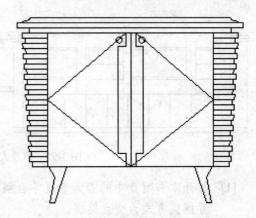

图 3-89　镜像结果　　　　　　　　　图 3-90　修补图形

3.3.3　拉伸对象（S）

【拉伸】命令用于将对象进行不等比缩放，进而改变对象的尺寸或形状，如图 3-91 所示。

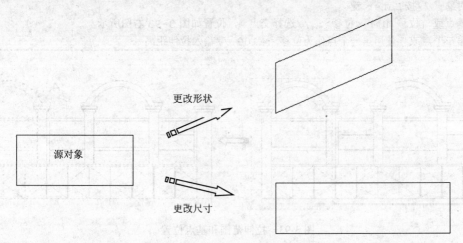

图 3-91　拉伸示例

执行【拉伸】命令主要有以下几种方式：
- 执行【修改】菜单中的【拉伸】命令。
- 单击【修改】工具栏上的 按钮。
- 在命令行输入 Stretch，按 Enter 键。

通常用于拉伸的对象有直线、圆弧、椭圆弧、多段线、样条曲线等。下面通过将某矩形的短边尺寸拉伸为原来的两倍，而长边尺寸拉伸为 1.5 倍，学习使用【拉伸】命令。

实例——拉伸对象

利用拉伸功能，在图 3-92 左图的基础上修改大堂服务台酒柜立面图至右图所示。

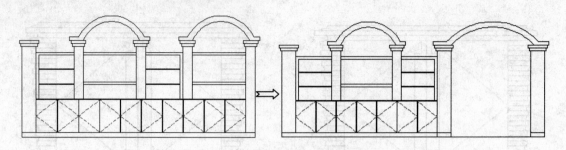

图 3-92　修改大堂服务台酒柜立面图

[1]　打开本书附盘中的"大堂服务台酒柜立面图.dwg"文件，打开正交和对象捕捉，设置捕捉方式为交点捕捉。
单击拉伸按钮，拉伸图形。

```
命令：_stretch
以交叉窗口或交叉多边形选择要拉伸的对象...
选择对象：指定对角点：找到 39 个  //从右向左框选如图 3-93 左图所示的范围
选择对象：//按 Enter 键
指定基点或 [位移(D)] <位移>：//选择交点 A，位置如图 3-93 右图所示
指定第二个点或 <使用第一个点作为位移>：100  //输入拉伸距离
```

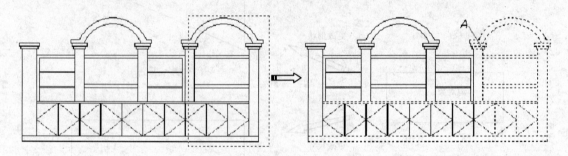

图 3-93　拉伸范围和基点位置

[2]　结果如图 3-94 所示。

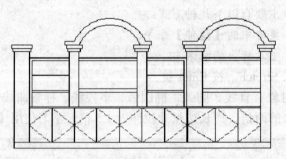

图 3-94　拉伸结果

[3]　重复拉伸命令，框选如图 3-95 左图所示的范围，以交点 B 为基点向右拉伸 650，结果如图 3-95 右图所示。

[4]　重复拉伸命令，框选如图 3-96 左图所示的范围，以交点 C 为基点，位置如图 3-96 右

图所示，向右拉伸100，结果如图3-97所示。

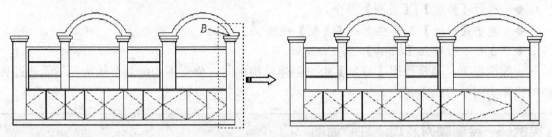

图3-95 拉伸右侧图形

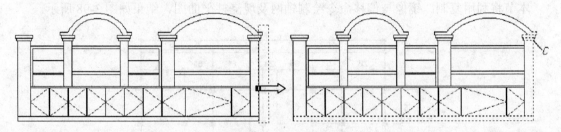

图3-96 拉伸范围及基点

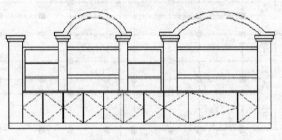

图3-97 拉伸结果

> **操作技巧**
>
> 框选拉伸范围时，不要碰到圆弧线型，否则圆弧也跟着拉伸，导致图线变形。

[5] 删除多余线条，并利用修剪和延伸工具修改图形，完成作图。

3.4 复制、镜像、阵列和偏移对象

在AutoCAD中，单纯地使用绘图命令或绘图工具只能绘制一些基本的图形对象。为了绘制复杂图形，很多情况下都必须借助于图形编辑命令。AutoCAD 2015提供了众多的图形编辑命令，使用这些命令，可以修改已有图形或通过已有图形构造新的复杂图形。

3.4.1 复制对象（CO）

【复制】命令用于对已有的对象复制出副本，并放置到指定的位置。复制出的图形尺寸、形状等保持不变，唯一发生改变的就是图形的位置。

执行【复制】命令主要有以下几种方式：
- 执行【修改】|【复制】命令。
- 单击【修改】工具栏上的【复制】按钮。
- 在命令行输入【Copy】，按 Enter 键。

一般情况下，通常使用【复制】命令创建结构相同。位置不同的复合结构，下面通过典型的操作实例学习此命令。

实例——绘制轴网及现浇柱平面图

本节将利用复制、镜像与偏移命令绘制轴网及现浇柱平面图，结果如图 3-98 所示。

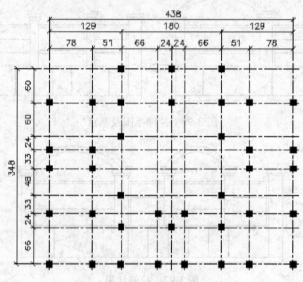

图 3-98 轴网及现浇柱平面图

[1] 打开极轴追踪、对象捕捉和对象追踪，将捕捉方式设置为端点、交点和中点捕捉。
[2] 单击【直线】按钮，画一根长为 368 的竖直线段，作为轴线。
[3] 单击【偏移】按钮，偏移线段，此时竖直轴线向右侧进行了偏移复制。

```
命令: _offset
当前设置: 删除源=否  图层=源  OFFSETGAPTYPE=0
指定偏移距离或 [通过(T)/删除(E)/图层(L)] <通过>: 78   //输入偏移距离
选择要偏移的对象，或 [退出(E)/放弃(U)] <退出>:     //选择竖直轴线
指定要偏移的那一侧上的点，或[退出(E)/多个(M)/放弃(U)]<退出>:
//在竖直轴线的右侧单击
选择要偏移的对象，或 [退出(E)/放弃(U)] <退出>:    //按 Enter 键
```

操作技巧

偏移命令与其他的编辑命令不同，只能用直接拾取的方式一次选择一个对象进行偏移复制。

[4] 利用【偏移】命令，将竖直轴线分别向右依次偏移 51、66、24，结果如图 3-99 所示。
[5] 单击【镜像】按钮，镜像轴线，此时轴线镜像结果如图 3-100（b）所示。

```
命令：mirror
选择对象：指定对角点：找到 4 个 //选择除右边的所有竖直轴线，如图 3-100(a)所示
选择对象：//按 Enter 键
指定镜像线的第一点：指定镜像线的第二点：//捕捉右边轴线的两个端点
要删除源对象吗？[是(Y)/否(N)] <N>：//按 Enter 键
```

（a）

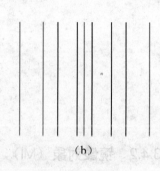

（b）

图 3-99 偏移复制后的竖直轴线　　　　图 3-100 选择需要镜像的对象及镜像后的结果

[6] 单击【直线】按钮，绘制水平轴线，结果如图 3-101 所示。

```
命令：_line 指定第一点：_from 基点：//单击捕捉自按钮
<偏移>：@-10,-10 //捕捉 A 点，输入偏移距离
指定下一点或 [放弃(U)]：458 //向右水平追踪，输入追踪距离
指定下一点或 [放弃(U)]：//按 Enter 键
```

[7] 利用【偏移】命令，将水平轴线分别向下依次偏移 60、60、24、33、48、33、24、66，结果如图 3-102 所示。

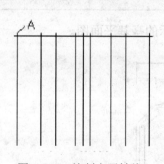

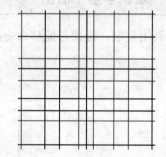

图 3-101 绘制水平轴线　　　　图 3-102 水平轴线偏移后的结果

[8] 单击【矩形】按钮，在屏幕适当位置创建一个边长为 10 的正方形。
[9] 单击【图案填充】命令，选择【SOLID】对图案进行填充，结果如图 3-103 图所示。
[10] 单击【复制】按钮，利用对象捕捉和对象追踪功能选择现浇柱的中心点，位置如图 3-104 所示。

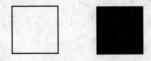
图 3-103 填充效果

图 3-104 选择现浇柱的中心点

[11] 关闭端点捕捉和中点捕捉后，捕捉轴线上的各交点进行复制，结果如图 3-105 所示。

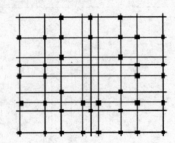

图 3-105 现浇柱复制后的结果

3.4.2 镜像对象（MI）

【镜像】命令用于将选择的图形以镜像线对称复制。在镜像过程中，源对象可以保留，也可以删除。

执行【镜像】命令主要有以下几种方式：

- ◆ 执行【修改】|【镜像】命令。
- ◆ 单击【修改】工具栏上的【镜像】按钮。
- ◆ 在命令行输入【Mirror】，按 Enter 键。

【镜像】命令通常用于创建一些结构对称的图形，下面通过实例学习使用【镜像】命令，操作如下：

实例——绘制亭基平面图

下面利用复制、镜像与偏移命令绘制如图 3-106 所示的亭基平面图。

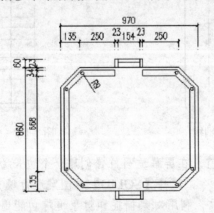

图 3-106 亭基平面图

78

[1] 打开极轴追踪、对象捕捉、对象追踪,设置捕捉方式为端点、中点捕捉。
[2] 单击【矩形】按钮,绘制长为970,宽为860的矩形,其倒角距离为135。
[3] 单击【偏移】按钮,将矩形向内进行偏移,结果如图3-107所示。
[4] 利用【直线】按钮／和【偏移】按钮,绘制图形A,如图3-108所示,然后将其进行上下镜像,结果如图3-109所示。

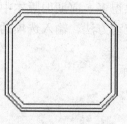 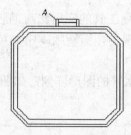 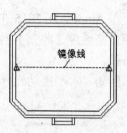

图 3-107 偏移矩形　　　图 3-108 绘制台阶图形　　　图 3-109 镜像图形

[5] 修剪并补充线型,如图3-110所示。

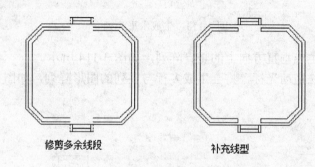

图 3-110 修改线型

[6] 绘制连线并捕捉连线中点画圆,如图3-111所示。

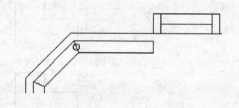

图 3-111 绘制圆

[7] 复制圆形并左右镜像,如图3-112所示。

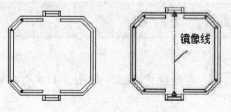

图 3-112 复制并镜像圆形

3.4.3 阵列工具

对象的阵列也是一个对象复制过程，它可以在圆形或矩形阵列上创建出多个副本。阵列分矩形阵列、路径阵列和环形阵列。

1. 矩形阵列

在 AutoCAD 2015 中，矩形阵列工具的应用比前期版本要成熟得多。前期旧版本中的阵列操作是通过【阵列】对话框来实现的，而新版本中则可以通过拖动方法、输入选项的方法来操作。

例如，水平拖动光标，会生成水平的图形阵列，如图 3-113 所示。

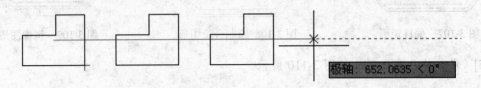

图 3-113 生成水平阵列

垂直拖动光标则生成垂直方向上的竖直阵列，如图 3-114 所示。

若以对角点的方法拖动光标，将会生成多行与多列的图形阵列，如图 3-115 所示。

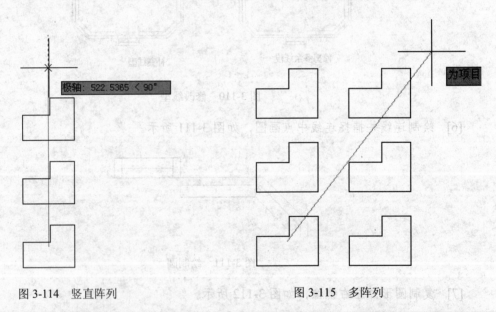

图 3-114 竖直阵列　　　　　　图 3-115 多阵列

实例——绘制栅栏正立面图

[1] 打开素材文件。

[2] 单击【阵列】按钮 ，选择栏杆图形，如图 3-116 所示。

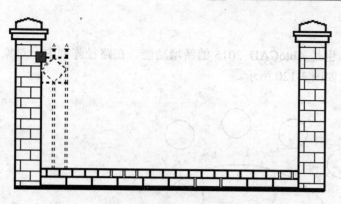

图 3-116 选择阵列图形

[3] 弹出【阵列创建】选项卡,设置阵列参数如图 3-117 所示。

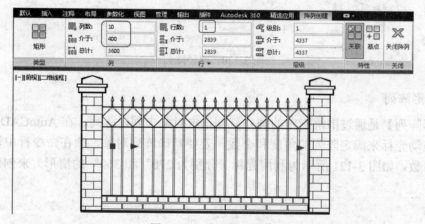

图 3-117 设置阵列参数

[4] 选择最右侧的栏杆图形,如图 3-118 所示。单击【分解】按钮 ,分解图形,然后删除多余线条,结果如图 3-119 所示,完成作图。

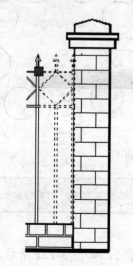

图 3-118 选择分解的图形

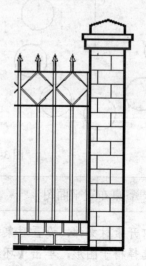

图 3-119 删除多余线条

2. 路径阵列

【路径阵列】也是 AutoCAD 2015 的新增功能。在路径阵列中，对象可以均匀地沿路径或部分路径分布，如图 3-120 所示。

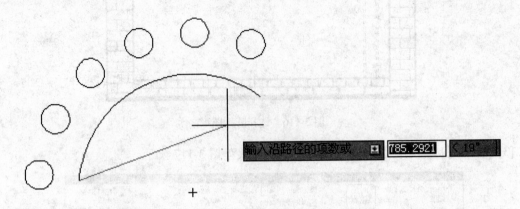

图 3-120　路径阵列

3. 环形阵列

【环形阵列】是通过围绕指定的圆心复制选定对象来创建阵列。在 AutoCAD 2015 中，可以通过拖动光标来确定阵列的角度和个数，若要精确阵列对象，须在命令行中输入填充角度值和项目数。如图 3-121 所示为利用光标（分别为 270°和 360°的情形）来创建环形阵列的示意图。

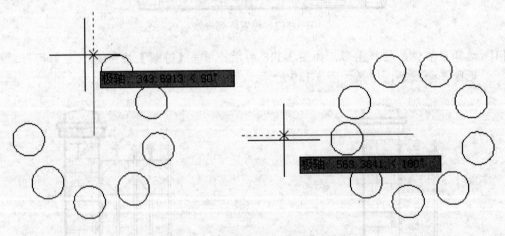

图 3-121　利用拖动来创建环形阵列

实例——餐桌布置平面图

[1] 打开素材文件，设置对象捕捉方式为圆心捕捉。

[2] 选择椅子图形，单击【环形阵列】按钮，捕捉圆心，如图 3-122 所示。

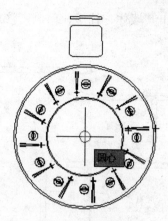

图 3-122 选择圆心

[3] 在弹出的【阵列创建】选项卡中设置阵列参数，如图 3-123 所示。

图 3-123 设置阵列参数

[4] 关闭【阵列创建】选项卡，创建完成的餐桌如图 3-124 所示。

图 3-124 创建完成的餐桌

3.5 综合训练——房屋横切面

引入光盘：无
结果文件：多媒体\实例\结果文件\Ch03\房屋横切面.dwg
视频文件：多媒体\视频\Ch03\房屋横切面.avi

房屋横切面的绘制主要是画出其墙体、柱子、门洞，注意阵列命令的应用，如图 3-125 所示。

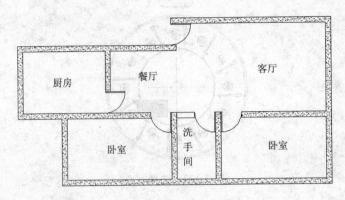

图 3-125　房屋横切面

操作步骤

[1] 选择【文件】|【新建】命令，创建一个新的文件。

[2] 在菜单栏单击【工具】|【绘图设置】，或输入 osnap 命令后按 Enter 键，弹出【草图设置】对话框。在【对象捕捉】选项卡中，选中【端点】和【中点】复选框，使用端点和中点对象捕捉模式，如图 3-126 所示。

[3] 单击【直线】命令，绘制两条正交直线，然后选择【修改】|【偏移】命令，对正交直线进行偏移，其中竖向偏移的值依次为 2000、2000、3000、2000、5000；水平方向偏移的值依次为 3000、3000、1200 轴线网格，如图 3-127 所示。

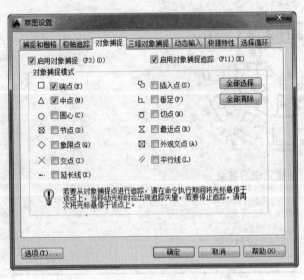

图 3-126　【草图设置】对话框

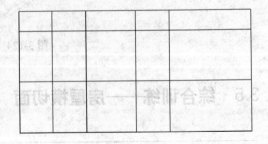

图 3-127　绘制轴网

[4] 选择【格式】|【多线样式】命令，弹出【多线样式】对话框，如图 3-128 所示。单击【新建】按钮，在弹出的【创建新的多线样式】对话框中输入【墙体】名称，然后单击【继续】按钮，如图 3-129 所示。

图 3-128 【多线样式】对话框

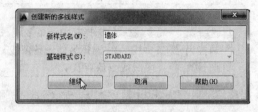

图 3-129 【创建新的多线样式】对话框

[5] 在【新建多线样式-墙体】对话框中,将【偏移】的值都设置 120,如图 3-130 所示。然后单击【确定】按钮,返回【多线样式】对话框,继续单击【确定】按钮即可完成多线样式的设置。

[6] 选择【绘图】|【多线】命令,沿着轴线绘制墙体草图,如图 3-131 所示。

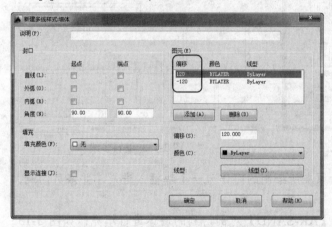

图 3-130 【新建多线样式:墙体】对话框

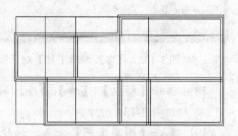

图 3-131 绘制墙体草图

```
命令:_mline
当前设置:对正 = 上,比例 = 20.00,样式 = 墙体
指定起点或 [对正(J)/比例(S)/样式(ST)]: st
输入多线样式名或 [?]: 墙体
当前设置:对正 = 上,比例 = 20.00,样式 = 墙体
指定起点或 [对正(J)/比例(S)/样式(ST)]: s
输入多线比例 <20.00>: 1
当前设置:对正 = 上,比例 = 1.00,样式 = 墙体
指定起点或 [对正(J)/比例(S)/样式(ST)]: j
输入对正类型 [上(T)/无(Z)/下(B)] <上>: z
```

```
当前设置：对正 = 无，比例 = 1.00，样式 = 墙体
指定起点或 [对正(J)/比例(S)/样式(ST)]:
指定下一点:
指定下一点或 [放弃(U)]:
指定下一点或 [闭合(C)/放弃(U)]:
```

[7] 选择【修改】|【对象】|【多线】命令，弹出【多线编辑工具】对话框，如图 3-132 所示。选中其中合适的多线编辑图标，对绘制的多线进行编辑，完成编辑后的图形如图 3-133 所示。

```
命令: _mledit
选择第 1 条多线: //选择其中一条多线
选择第 2 条多线: //选择另外一条多线
选择第 1 条多线或 [放弃(U)]:
```

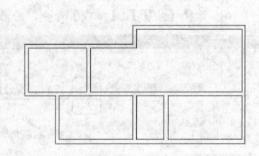

图 3-132 【多线编辑工具】对话框　　　　图 3-133 编辑多线

[8] 选择【插入】|【块】命令，将原来所绘制的门作为一个块插入进来，并修剪门洞，如图 3-134 所示。

[9] 单击【图案填充】命令，选择【AR-SAND】对剖切到的墙体进行填充，如图 3-135 所示。

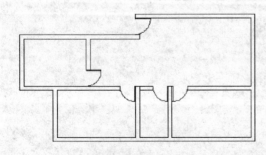
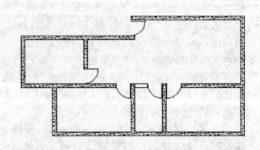

图 3-134　插入门　　　　　　　　　　图 3-135　填充墙体

[10] 选择【绘图】|【文字】|【单行文字】命令，对绘制的墙体横切面进行文字注释，最后绘制的墙体横切面如图 3-136 所示。

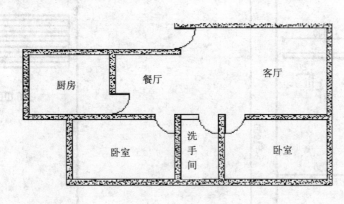

图 3-136　地板图案

> **操作技巧**
>
> 输入文字注释时，必须将输入文字的字体改成能够显示汉字的字体，比如宋体；否则会在屏幕上显示乱码。

3.6　课后练习

1. 绘制天然气灶

通过天然气灶的绘制，学习多段线、修剪、镜像等命令的绘制技巧，如图 3-137 所示。

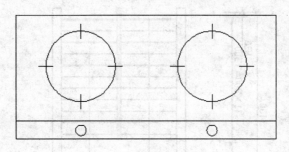

图 3-137　绘制天燃气灶

2. 绘制空调图形

使用直线、矩形命令绘制出如图 3-138 所示的图形，再运用直接复制、镜像复制和阵列复制命令绘制出效果如图 3-139 所示的空调图形。

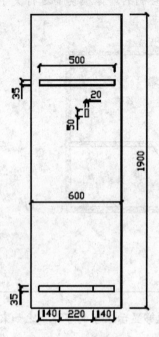
图 3-138 绘制图形

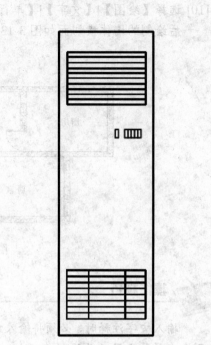
图 3-139 再绘制出空调图形

3. 绘制楼梯

绘制如图 3-140 所示的楼梯平面图形。

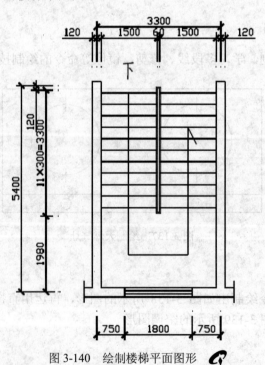
图 3-140 绘制楼梯平面图形

第 4 章
室内施工图图纸标注

尺寸标注能准确无误地反映物体的形状、大小和相互位置关系，是建筑工程图的重要组成部分。AutoCAD 2015 提供许多标注类型及设置标注格式的方法，可以在各个方向上为各类对象创建标注，也可以方便地以一定格式创建符合行业或项目标准的标注。

标注尺寸以后，还要添加说明文字和明细表格，这样才算一副完整的工程图。本章将着重介绍 AotuCAD 2015 文字和表格的添加与编辑，并让读者详细了解文字样式、表格样式的编辑方法。

 知识要点

- ◆ 设置尺寸样式
- ◆ 线性标注、连续标注和基线标注
- ◆ 对齐标注、角度标注和半径标注
- ◆ 文字注释概述
- ◆ 单行文字
- ◆ 多行文字
- ◆ 符号与特殊符号
- ◆ 表格

 **案例解析**

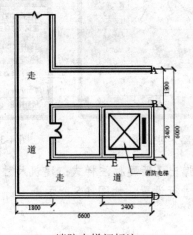

消防电梯间标注

4.1 设置尺寸样式

尺寸样式指的是尺寸的外观形式,它是通过【标注样式管理器】对话框来设置的。各项目所对应的尺寸要素如图 4-1 所示。

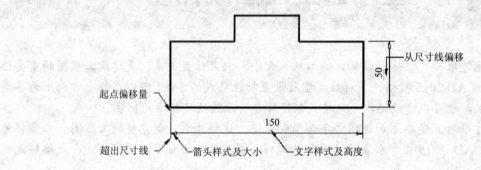

图 4-1　尺寸样式中的部分项目

下面通过一个基本尺寸样式的创建,来熟悉尺寸样式的设置过程。

实例——设置尺寸样式

[1] 在菜单栏选择【格式】|【标注样式】按钮 ,打开【标注样式管理器】对话框,如图 4-2 所示。

[2] 单击【新建】按钮,弹出【创建新标注样式】对话框,在【新样式名】文本框内输入样式名称【建筑尺寸样式】,如图 4-3 所示。

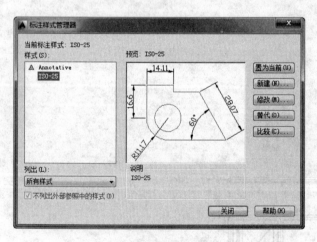

图 4-2　【标注样式管理器】对话框

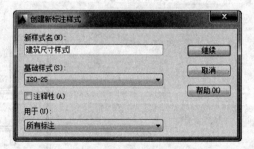

图 4-3　【创建新标注样式】对话框

[3] 单击【继续】按钮,弹出【新建标注样式:建筑尺寸样式】对话框,如图 4-4 所示。

[4] 在【直线】选项卡内进行设置,如图 4-5 所示。

第 4 章 室内施工图图纸标注

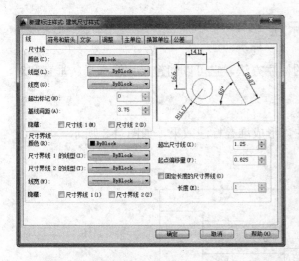

图 4-4 【新建标注样式：建筑尺寸样式】对话框

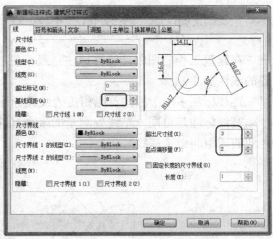

图 4-5 【直线】选项卡设置

[5] 在【符号和箭头】选项卡内进行设置，如图 4-6 所示。

[6] 在【文字】选项卡内的【文字样式】中创建新文本样式为【数字】，字体为【romans.shx】，【宽度比例】为 0.7，【文字高度】为 3，【从尺寸线偏移】为 2，如图 4-7 所示。

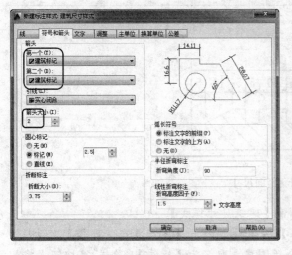

图 4-6 【符号和箭头】选项卡设置

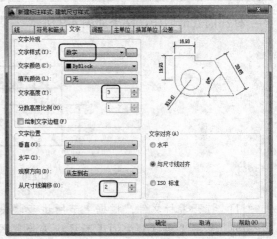

图 4-7 【文字】选项卡设置

[7] 单击【确定】按钮，返回【标注样式管理器】对话框，单击【关闭】按钮，关闭此对话框，完成【建筑尺寸样式】设置。

操作技巧

本例所列出的尺寸是最终打印尺寸，一般在绘图时各尺寸要素值需要乘上出图比例才能获得最终打印效果。例如最终出图比例为 1：100，可以将所有的要素值扩大 100 倍，也可以将【调整】选项卡内的【使用全局比例】值设为【100】。

4.2 线性标注、连续标注和基线标注

在建筑工程制图中，线性标注是最常见的标注方法，它可以创建尺寸线水平、垂直和对齐的线性标注。

连续标注多用于标注首尾相接的线性标注。

基线标注是自同一基线处测量的多个标注，形成堆叠标注效果，如图 4-8 所示，尺寸线之间的间距叫做【基线间距】。

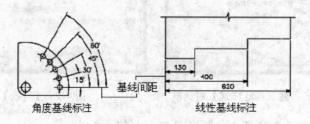

图 4-8 基线标注

实例——标注门套剖面图

标注门套剖面图，结果如图 4-9 所示。

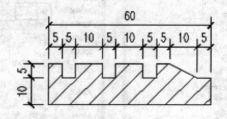

图 4-9 门套剖面尺寸

[1] 打开素材文件，根据上节所讲步骤设置【建筑尺寸样式】。

[2] 单击【图层】中的【图层状态管理器】按钮 ，打开【图层状态管理器】对话框。

[3] 单击【新建图层】按钮 ，创建一个新图层，取名为【标注】，单击 ✔ 按钮，将此层置为当前层。

[4] 单击【确定】按钮，关闭【图层特性管理器】对话框。

 操作技巧

在标注尺寸前一般都要为尺寸标注设置一个单独的图层，这样做的目的是为了将尺寸标注与图形的其他对象区分开来，以便修改。

[5] 打开对象捕捉，设置捕捉方式为端点、中点捕捉。

[6] 单击【注释】工具栏中的【线性】标注按钮 ，标注尺寸，结果如图 4-10 所示。

第4章 室内施工图图纸标注

```
命令: _dimlinear
指定第一条尺寸界线原点或 <选择对象>:            //捕捉A点
指定第二条尺寸界线原点: //捕捉B点
指定尺寸线位置或                               //向上移动光标指定尺寸线位置
```

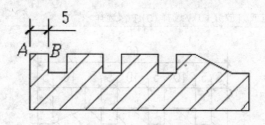

图4-10 标注尺寸

[7] 在菜单栏选择【标注】|【连续】标注按钮，标注水平方向连接的尺寸，结果如图4-11所示。

```
命令: _dimcontinue
指定第二条尺寸界线原点或 [放弃(U)/选择(S)] <选择>:      //捕捉C点
标注文字 = 5
指定第二条尺寸界线原点或 [放弃(U)/选择(S)] <选择>:      //捕捉D点
标注文字 = 10
指定第二条尺寸界线原点或 [放弃(U)/选择(S)] <选择>:      //捕捉E点
标注文字 = 5
指定第二条尺寸界线原点或 [放弃(U)/选择(S)] <选择>:      //捕捉F点
标注文字 = 10
指定第二条尺寸界线原点或 [放弃(U)/选择(S)] <选择>:      //捕捉I点
标注文字 = 5
指定第二条尺寸界线原点或 [放弃(U)/选择(S)] <选择>:      //捕捉H点
标注文字 = 5
指定第二条尺寸界线原点或 [放弃(U)/选择(S)] <选择>:      //捕捉G点
标注文字 = 10
指定第二条尺寸界线原点或 [放弃(U)/选择(S)] <选择>:      //捕捉J点
```

[8] 用关键点编辑方式调整各尺寸文本的位置，结果如图4-12所示。

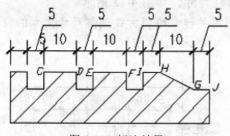
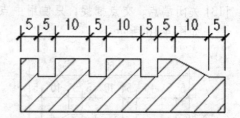

图4-11 标注结果　　　　　　　　　图4-12 调整尺寸文本的位置

[9] 在菜单栏选择【标注】|【基线】标注按钮，标注尺寸 L，标注结果如图4-13所示。

```
命令: _dimbaseline
指定第二条尺寸界线原点或 [放弃(U)/选择(S)] <选择>: s    //调用【选择(S)】选项
选择基准标注: //选择基线 K
指定第二条尺寸界线原点或 [放弃(U)/选择(S)] <选择>:        //捕捉 J 点
标注文字 = 60
指定第二条尺寸界线原点或 [放弃(U)/选择(S)] <选择>:        //按 Enter 键
```

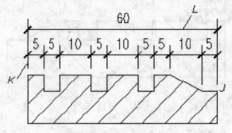

图 4-13　基线标注结果

[10] 设置捕捉方式为端点、交点捕捉。

[11] 单击【线性】标注按钮，标注左侧尺寸，结果如图 4-14 右图所示。

```
命令: _dimlinear
指定第一条尺寸界线原点或 <选择对象>:                //捕捉 A 点
指定第二条尺寸界线原点:                            //自 M 点向左追踪，捕捉交点，如图 4-14 左图所示
指定尺寸线位置或[多行文字(M)/文字(T)/角度(A)/水平(H)/垂直(V)/旋转(R)]:    //向左移动光标指定尺寸线位置
```

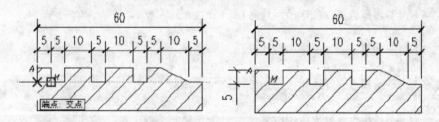

图 4-14　标注左侧尺寸

[12] 单击【连续】标注按钮，捕捉 N 点，标注尺寸，如图 4-15 所示。

[13] 关闭端点、交点捕捉，只使用中点捕捉，利用关键点编辑方式调整尺寸文本的位置，如图 4-16 所示。

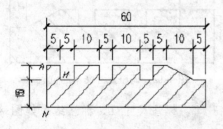

图 4-15　标注尺寸

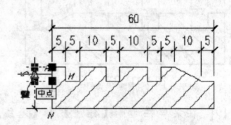

图 4-16　调整尺寸文本的位置

实例——标注楼梯间平面图

利用线性标注、连续标注及基线标注等,标注楼梯间平面图尺寸,如图4-17所示。

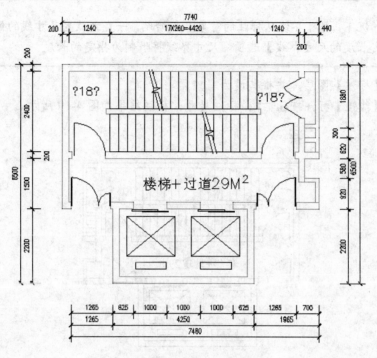

图 4-17 楼梯间平面图尺寸

[1] 打开素材文件,打开对象捕捉和对象追踪,设置捕捉方式为端点、交点捕捉。
[2] 新建【建筑尺寸样式】,其中【基线间距】为【7】,【使用全局比例】为【50】。
[3] 在【直线】选项卡内勾选【固定长度的尺寸界线】,并设置【长度】值为【5】,如图4-18所示。

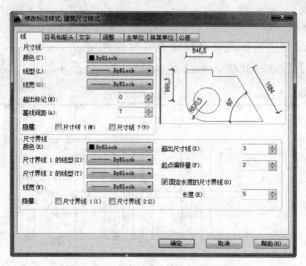

图 4-18 【直线】选项卡内的设置

[4] 在【调整】选项卡内勾选【调整选项】|【文字始终保持在尺寸界线之间】选项和【文字位置】|【尺寸线上方,不带引线】选项,然后将【使用全局比例】值设为【50】。

> **操作技巧**
>
> 默认情况下,尺寸界线从标注的对象开始绘制,一直到放置尺寸线的位置,如果勾选了【固定长度的尺寸界线】选项,尺寸界线将限制为指定的长度。

[5] 新建【标注】图层,并将其设为当前层。
[6] 单击【线性】标注按钮,标注尺寸,标注结果如图4-19所示。

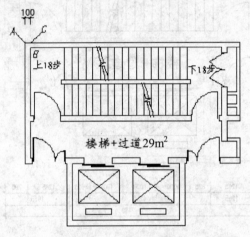

图 4-19 线性标注结果

```
命令: _dimlinear
指定第一条尺寸界线原点或 <选择对象>: //捕捉 A 点
指定第二条尺寸界线原点: //捕捉 B 点向上追踪交点 C
指定尺寸线位置或[多行文字(M)/文字(T)/角度(A)/水平(H)/垂直(V)/旋转(R)]: 900
//沿 A 点向上追踪 900
标注文字 = 200
```

[7] 利用夹点移动方式将标注文字移动至尺寸线外侧。
[8] 单击【连续】标注按钮,标注第一排尺寸,如图4-20所示。

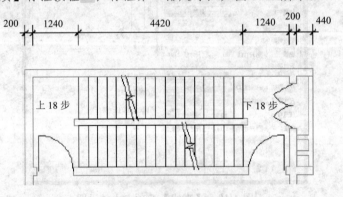

图 4-20 标注尺寸

[9] 右键选择标注文字【4420】,然后在弹出的右键菜单中选择【快捷特性】命令,打开特性面板,在【文字替代】栏内输入"17×260=<>",如图4-21所示。

[10] 单击【基线】标注按钮 ,选择左端尺寸为基准标注,标注基线尺寸。

[11] 标注其余方向上的尺寸。

图4-21 【特性】对话框形态

4.3 对齐标注、角度标注和半径标注

在工程制图中,经常要对斜面或斜线进行尺寸标注,这时就可以使用对齐标注方式,对齐标注的尺寸线平行于倾斜的标注对象,如图4-22所示。点1表示对象的选择点,点2表示对齐标注的位置。

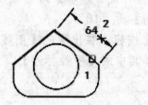
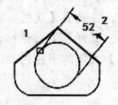

图4-22 对齐标注

角度标注可以测量圆、圆弧的角度,两条直线或三个点之间的角度,如图4-23所示。角度标注可以根据标注放置的位置来确定所标注的角度是内角还是外角。

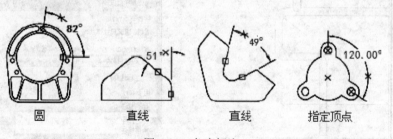

图4-23 角度标注

径向标注是工程制图中另一种比较常见的尺寸,包括半径标注和直径标注,如图4-24和图4-25所示。

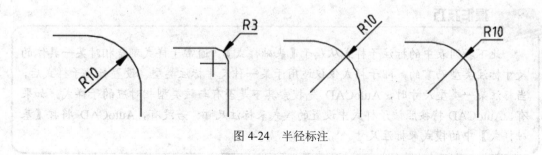

图4-24 半径标注

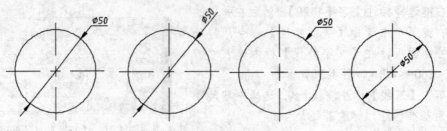

图 4-25 直径标注

实例——标注安全抓杆侧立面图

标注安全抓杆侧立面图,结果如图 4-26 所示。

[1] 打开素材文件,打开极轴、对象捕捉和对象追踪,设置捕捉方式为端点、最近点捕捉。

[2] 新建【标注】层,将其置为当前层。

[3] 单击【标注样式】按钮，打开【标注样式管理器】对话框,将【建筑尺寸样式】置为当前样式,并设置【使用全局比例】为"10"。

[4] 返回【标注样式管理器】对话框,单击按钮,在出现的【创建新标注样式】对话框中打开【用于】右侧的下拉列表,选择其中的【半径标注】,如图 4-27 所示。

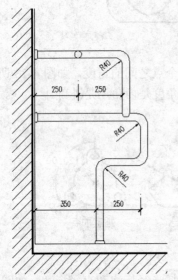

图 4-26 安全抓杆侧立面图

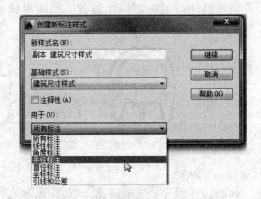

图 4-27 半径标注的位置

操作技巧

此下拉列表中的标注子样式从属于【基础样式】。通常子样式都是相对某一具体的尺寸标注类型而言的,即子样式仅仅适用于某一种尺寸标注类型。设置标注子样式后,当标注某一类型尺寸时,AutoCAD 先搜索其下是否有与该类型相对应的子样式。如果有,AutoCAD 将按照该子样式中设置的模式来标注尺寸;若没有,AutoCAD 将按【基础样式】中的模式来标注尺寸。

[5] 单击【继续】按钮,在【新建标注样式】对话框中设置,如图 4-28 所示。

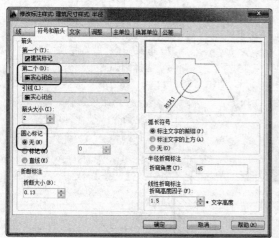 

图 4-28 设置标注样式

[6] 依次单击【确定】按钮和【关闭】按钮,关闭【标注样式管理器】对话框。
[7] 单击【线性】标注按钮 ⊢⊣,标注尺寸,结果如图 4-29 所示。

```
命令:_dimlinear
指定第一条尺寸界线原点或 <选择对象>:                    //在 A 点附近单击
指定第二条尺寸界线原点:_cen 于                         //捕捉圆心 B
指定尺寸线位置或[多行文字(M)/文字(T)/角度(A)/水平(H)/垂直(V)/旋转(R)]:   //向下移
动鼠标指定尺寸线位置
命令:_dimcontinue   //连续标注
指定第二条尺寸界线原点或 [放弃(U)/选择(S)] <选择>:           //捕捉端点 C
```

[8] 利用关键点编辑方式调整尺寸线的位置,如图 4-30 所示。

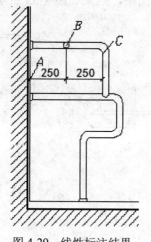 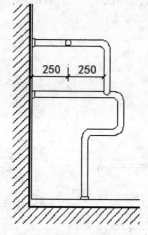

图 4-29 线性标注结果　　　　　　　　图 4-30 调整尺寸线位置

[9] 利用【线性】标注和【连续】标注,标注如图 4-31 所示的尺寸。
[10] 单击【半径】标注按钮 ,标注圆弧半径,结果如图 4-32 所示。

```
命令: _dimradius
选择圆弧或圆:                                          //选择圆弧 D
标注文字 = 40
指定尺寸线位置或 [多行文字(M)/文字(T)/角度(A)]:          //指定位置
命令:DIMRADIUS                                         //重复命令
选择圆弧或圆:                                          //选择圆弧 E
标注文字 = 40
指定尺寸线位置或 [多行文字(M)/文字(T)/角度(A)]:          //指定位置
命令:DIMRADIUS                                         //重复命令
选择圆弧或圆:                                          //选择圆弧 F
标注文字 = 40
指定尺寸线位置或 [多行文字(M)/文字(T)/角度(A)]:          //指定位置
```

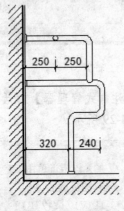

图 4-30　标注线性尺寸

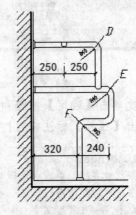

图 4-32　标注半径

实例——标注大厅天花剖面图

利用对齐标注、半径标注和角度标注方法标注天花剖面图，结果如图 4-33 所示。

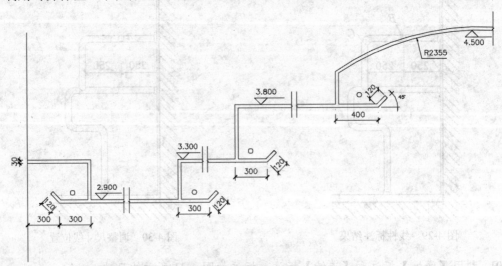

图 4-33　大厅天花剖面图尺寸

[1] 打开素材文件。
[2] 单击【标注样式】按钮，在【标注样式管理器】对话框中将【建筑尺寸样式】置为当前样式。
[3] 单击【新建】按钮，在【创建新标注样式】对话框【用于】下拉列表中选择【角度标注】。
[4] 单击【继续】按钮，在【新建标注样式】对话框中设置如图4-34所示的标注样式。

 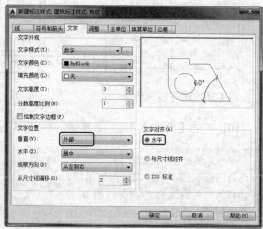

图 4-34 设置角度标注样式

[5] 完成设置后单击【确定】按钮返回到【标注样式管理器】对话框，并按相同操作新建【半径】标注样式。新建的半径标注样式设置如图4-35所示。

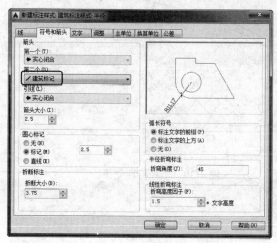 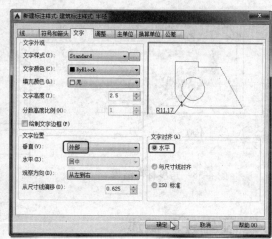

图 4-35 设置半径标注样式

[6] 依次单击【确定】按钮和【关闭】按钮，关闭【标注样式管理器】对话框。
[7] 将【标注】层设为当前层。
[8] 单击【对齐】标注按钮，分别捕捉图形左下角的 A、B 两个端点，标注尺寸，并利用关键点编辑方式调整标注文字的位置，结果如图4-36所示。
[9] 利用相同方法标出其他倾斜位置的尺寸，如图4-37所示。

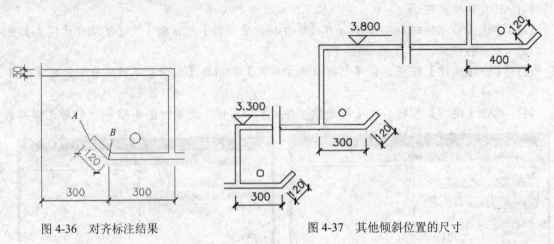

图 4-36 对齐标注结果　　　　　　　　图 4-37 其他倾斜位置的尺寸

[10] 单击【角度】标注按钮，标注如图 4-38 所示的角度尺寸。

```
命令：_dimangular
选择圆弧、圆、直线或 <指定顶点>：                    //选择线段 C
选择第二条直线：//选择线段 D
指定标注弧线位置或 [多行文字(M)/文字(T)/角度(A)]：    //在适当位置单击
标注文字 =45
```

[11] 单击【半径】标注按钮，选择右边内侧圆弧，标注结果如图 4-39 所示。

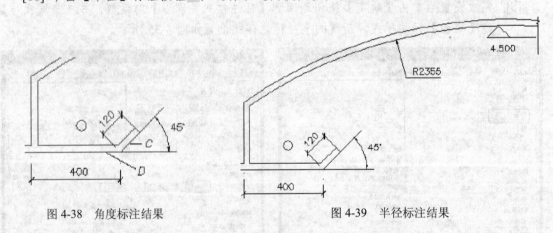

图 4-38 角度标注结果　　　　　　　　图 4-39 半径标注结果

4.4 文字注释概述

　　文字注释是 AutoCAD 图形中很重要的图形元素，也是机械制图、建筑工程图等制图中不可或缺的重要组成部分。在一个完整的图样中，都包括一些文字注释来标注图样中的一些非图形信息。例如，机械图形中的技术要求、装配说明、标题栏信息、选项卡，以及建筑工程图中的材料说明、施工要求等。

　　文字注释功能可通过【文字】面板、【文字】工具条中选择相应命令进行调用，也可通过在菜单栏选择【绘图】|【文字】命令，在弹出的【文字】菜单中选择。【文字】面板如图

第4章 室内施工图图纸标注

4-40所示。【文字】工具条如图4-41所示。

图4-40 【文字】面板

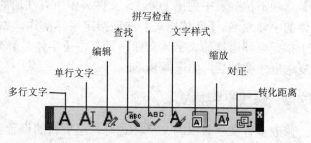

图4-41 【文字】工具条

图形注释文字包括单行文字或多行文字。对于不需要多种字体或多行的简短项，可以创建单行文字。对于较长、较为复杂的内容，可以创建多行或段落文字。

在创建单行或多行文字前，要指定文字样式并设置对齐方式，文字样式设置文字对象的默认特征。

在AutoCAD中，所有文字都有与之相关联的文字样式。文字样式包括文字【字体】、【字型】、【高度】、【宽度系数】、【倾斜角】、【反向】、【倒置】以及【垂直】等参数。

在图形中输入文字时，当前的文字样式决定输入文字的字体、字号、角度、方向和其他文字特征。

4.4.1 创建文字样式

在创建文字注释和尺寸标注时，AutoCAD通常使用当前的文字样式，用户也可根据具体要求重新设置文字样式或创建新的样式。文字样式的新建、修改是通过【文字样式】对话框来设置的，如图4-42所示。

图4-42 【文字样式】对话框

用户可通过以下命令方式来打开【文字样式】对话框：
- ◆ 菜单栏：选择【格式】|【文字样式】命令。
- ◆ 工具条：单击【文字样式】按钮。
- ◆ 面板：【默认】选项卡【注释】面板单击【文字样式】按钮。
- ◆ 命令行：输入STYLE。

【字体】选项卡：该选项卡用于设置字体名、字体格式及字体样式等属性。其中，【字体名】选项下拉列表中列出 FONTS 文件夹中所有注册的 TrueType 字体和所有编译的（SHX）字体的字体族名。【字体样式】选项指定字体格式，如粗体、斜体等。【使用大字体】复选框用于指定亚洲语言的大字体文件，只有在【字体名】列表下选择带有 SHX 后缀的字体文件，该复选框才被激活，如选择 iso.shx。

4.4.2 修改文字样式

修改多行文字对象的文字样式时，已更新的设置将应用到整个对象中，单个字符的某些格式可能不会被保留，或者会保留。例如，颜色、堆叠和下画线等格式将继续使用原格式，而粗体、字体、高度及斜体等格式，将随着修改的格式而发生改变。

通过修改设置，可以在【文字样式】对话框中修改现有的样式；也可以更新使用该文字样式的现有文字来反映修改的效果。

> **操作技巧**
>
> 某些样式设置对多行文字和单行文字对象的影响不同。例如，修改【颠倒】和【反向】选项对多行文字对象无影响。修改【宽度因子】和【倾斜角度】对单行文字无影响。

4.5 单行文字

单行文字可输入单行文本，也可输入多行文本。在文字创建过程中，在图形窗口中选择一个点作为文字的起点，并输入文本文字，通过按 Enter 键来结束每一行，若要停止命令，则按 Esc 键。单行文字的每行文字都是独立的对象，可以重新定位、调整格式或进行其他修改。

4.5.1 创建单行文字

用户可通过以下命令方式来执行此操作：
- 菜单栏：选择【绘图】|【文字】|【单行文字】命令。
- 工具条：单击【单行文字】按钮 A。
- 面板：【注释】选项卡【文字】面板单击【单行文字】按钮 A。
- 命令行：输入 TEXT。

执行 TEXT 命令，命令行将显示如下操作提示：

```
命令：text
当前文字样式：【Standard】    文字高度：2.5000    注释性：否        //文字样式设置
指定文字的起点或 [对正(J)/样式(S)]:                              //文字选项
```

上述操作提示中的选项含义下：
- 文字的起点：指定文字对象的起点。当指定文字起点后，命令行再显示【指定高度<2.5000>:】，若要另行输入高度值，直接输入即可创建指定高度的文字。若使用默认高度值，按 Enter 键即可。
- 对正：控制文字的对正方式。

第4章 室内施工图图纸标注

- 样式：指定文字样式，文字样式决定文字字符的外观。使用此选项，需要在【文字样式】对话框中新建文字样式。

在操作提示中若选择【对正】选项，接着命令行会显示如下提示：

> 输入选项
> [对齐(A)/布满(F)/居中(C)/中间(M)/右对齐(R)/左上(TL)/中上(TC)/右上(TR)/左中(ML)/正中(MC)/右中(MR)/左下(BL)/中下(BC)/右下(BR)]:

此操作提示下的各选项含义如下：

- 对齐：通过指定基线端点来指定文字的高度和方向，如图4-43所示。
- 布满：指定文字按照由两点定义的方向和一个高度值布满一个区域。此选项只适用于水平方向的文字，如图4-44所示。

图4-43 对齐文字

图4-44 布满文字

 操作技巧

对于对齐文字，字符的大小根据其高度按比例调整。文字字符串越长，字符越矮。

- 居中：从基线的水平中心对齐文字，此基线是由用户给出的点指定的，另外居中文字还可以调整其角度，如图4-45所示。
- 中间：文字在基线的水平中点和指定高度的垂直中点上对齐，中间对齐的文字不保持在基线上，如图4-46所示。（【中间】选项也可使文字旋转）

图4-45 居中文字

图4-46 中间文字

其余选项所表示的文字对正方式如图4-47所示。

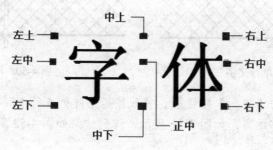

图4-47 文字的对正方式

实例——标注雨篷钢结构图

用单行文字标注雨篷钢结构图，结果如图 4-48 所示。

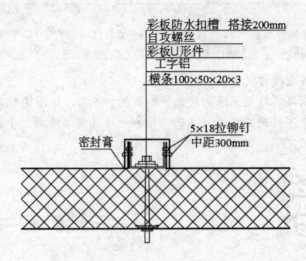

图 4-48　雨篷钢结构图

[1] 打开素材文件"雨篷钢结构图.DWG"。打开正交、对象捕捉、对象追踪，设置捕捉方式为插入点捕捉。

[2] 选择菜单栏中的【绘图】|【文字】|【单行文字】命令，书写文字，文字样式为【文字】，高度为【300】，结果如图 4-49 所示。

[3] 打开正交，单击【直线】按钮，在第一行文字下方绘制一条水平线，如图 4-50 所示。

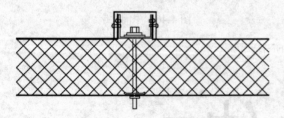

图 4-49　书写单行文字

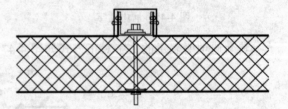

图 4-50　绘制水平线

[4] 选择直线，单击【阵列】按钮，将线段矩形阵列 5 行 1 列，捕捉相邻两行文字的插入点为行偏移距离，如图 4-51 所示，阵列结果如图 4-52 所示。

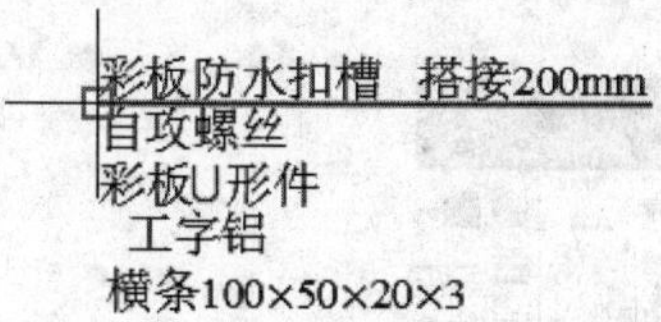

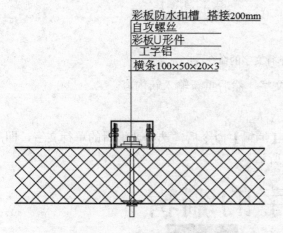

图 4-51 捕捉插入点

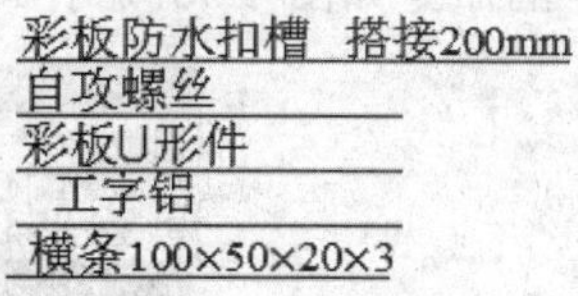

图 4-52 阵列结果

[5] 选择所有的文字，并适当向下移动，使其更靠近直线。

[6] 将插入点捕捉改为端点捕捉。单击【直线】按钮 ，捕捉最上层线段的端点，绘制一条垂直线段，结果如图 4-53 所示。

[7] 关闭正交。利用对象追踪绘制折线，如图 4-54 所示。

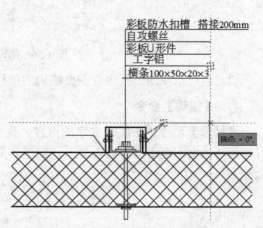

图 4-53 绘制垂直直线

图 4-54 定位折线的端点

[8] 书写单行文字，结果如图 4-55 所示。

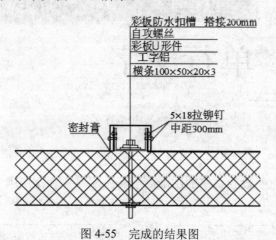

图 4-55 完成的结果图

4.5.2 编辑单行文字

编辑单行文字包括编辑文字的内容、对正方式及缩放比例。用户可通过在菜单栏中选择【修改】|【对象】|【文字】命令，在弹出的下拉子菜单中选择相应命令来编辑单行文字。编

辑单行文字的命令如图 4-56 所示。

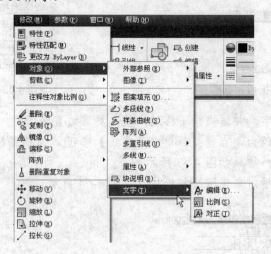

图 4-56　编辑单行文字的命令

用户也可以在图形区中双击要编辑的单行文字，然后重新输入新内容。

1. 【编辑】命令

【编辑】命令用于编辑文字的内容。执行【编辑】命令后，选择要编辑的单行文字，即可在激活的文本框中重新输入文字，如图 4-57 所示。

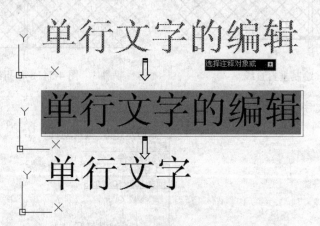

图 4-57　编辑单行文字

2. 【比例】命令

【比例】命令用于重新设置文字的图纸高度、匹配对象和比例因子，如图 4-58 所示。
命令行提示如下：

```
SCALETEXT
选择对象：找到 1 个
选择对象：找到 1 个 (1 个重复)，总计 1 个
选择对象：
输入缩放的基点选项
[现有(E)/左对齐(L)/居中(C)/中间(M)/右对齐(R)/左上(TL)/中上(TC)/右上(TR)/左中(ML)/
```

正中(MC)/右中(MR)/左下(BL)/中下(BC)/右下(BR)] <现有>: C
指定新模型高度或 [图纸高度(P)/匹配对象(M)/比例因子(S)] <1856.7662>:
1 个对象已更改

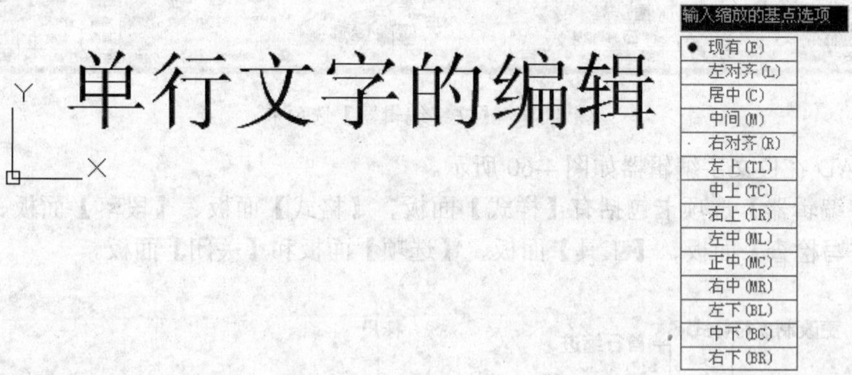

图 4-58　设置单行文字的比例

3. 【对正】命令

【对正】命令用于更改文字的对正方式。执行【对正】命令，选择要编辑的单行文字后，图形区显示对齐菜单。命令行中的提示如下。

```
命令: _justifytext
选择对象: 找到 1 个
选择对象:
输入对正选项
[左对齐(L)/对齐(A)/布满(F)/居中(C)/中间(M)/右对齐(R)/左上(TL)/中上(TC)/右上(TR)/左中(ML)/正中(MC)/右中(MR)/左下(BL)/中下(BC)/右下(BR)] <居中>:
```

4.6　多行文字

【多行文字】又称为段落文字，是一种更易于管理的文字对象，可以由两行以上的文字组成，而且各行文字都是作为一个整体处理的。在机械制图中，常使用多行文字功能创建较为复杂的文字说明，如图样的技术要求等。

4.6.1　创建多行文字

在 AotuCAD 2015 中，多行文字创建与编辑功能得到了增强。用户可通过以下命令方式来执行此操作：

- 菜单栏：选择【绘图】|【文字】|【单行文字】命令。
- 工具条：单击【单行文字】按钮。
- 面板：【注释】选项卡【文字】面板单击【单行文字】按钮。
- 命令行：输入 MTEXT。

执行 MTEXT 命令，命令行显示的操作信息，提示用户需要在图形窗口中指定两点作为多行文字的输入起点与段落对角点。指定点后，程序会自动打开【文字编辑器】选项卡和【在位文字编辑器】，【文字编辑器】选项卡如图 4-59 所示。

图 4-59　【文字编辑器】选项卡

AotuCAD 在位文字编辑器如图 4-60 所示。

【文字编辑器】选项卡包括有【样式】面板、【格式】面板、【段落】面板、【插入】面板、【拼写检查】面板、【工具】面板、【选项】面板和【关闭】面板。

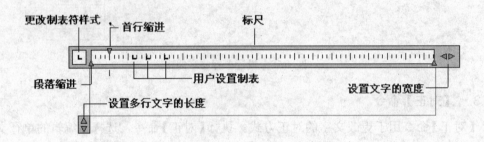

图 4-60　文字编辑器

1.【样式】面板

【样式】面板用于设置当前多行文字样式、注释性和文字高度。面板中包含有 3 个命令：选择文字样式、注释性、选择和输入文字高度，如图 4-61 所示。

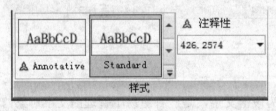

图 4-61　【样式】面板

面板中各命令含义如下：

- 文字样式：向多行文字对象应用文字样式。如果用户没有新建文字样式，单击【展开】按钮，在弹出的样式列表中选择可用的文字样式。
- 注释性：单击【注释性】按钮，打开或关闭当前多行文字对象的注释性。
- 功能区组合框-文字高度：按图形单位设置新文字的字符高度或修改选定文字的高度。用户可在文本框内输入新的文字高度来替代当前文本高度。

1.【格式】面板

【格式】面板用于字体的大小、粗细、颜色、下画线、倾斜、宽度等格式设置，面板中的命令如图 4-62 所示。

图 4-62 【格式】面板

面板中各命令的含义如下：

- 粗体：打开和关闭新文字或选定文字的粗体格式。此选项仅适用于使用 TrueType 字体的字符。
- 斜体：打开和关闭新文字或选定文字的斜体格式。此选项仅适用于使用 TrueType 字体的字符。
- 下画线：打开和关闭新文字或选定文字的下画线。
- 上画线：打开和关闭新文字或选定文字的上画线。
- 选择文字的字体：为新输入的文字指定字体或改变选定文字的字体。单击下拉三角按钮，弹出文字字体列表，如图 4-63 所示。
- 选择文字的颜色：指定新文字的颜色或更改选定文字的颜色。单击下拉三角按钮，弹出字体颜色下拉列表，如图 4-64 所示。

图 4-63 选择文字字体

图 4-64 选择文字颜色

- 倾斜角度：确定文字是向前倾斜还是向后倾斜。倾斜角度表示的是相对于 90°角方向的偏移角度。输入一个 -85 到 85 之间的数值使文字倾斜。倾斜角度的值为正时文字向右倾斜，倾斜角度的值为负时文字向左倾斜。
- 追踪：增大或减小选定字符之间的空间。1.0 设置是常规间距。设置为大于 1.0 可增大间距，设置为小于 1.0 可减小间距。
- 宽度因子：扩展或收缩选定字符。1.0 设置代表此字体中字母的常规宽度。

2. 【段落】面板

【段落】面板包含有段落的对正、行距的设置、段落格式设置、段落对齐,以及段落的分布、编号等功能。在【段落】面板右下角单击 按钮,会弹出【段落】对话框,如图 4-65 所示。【段落】对话框可以为段落和段落的第一行设置缩进。指定制表位和缩进,控制段落对齐方式、段落间距和段落行距等。

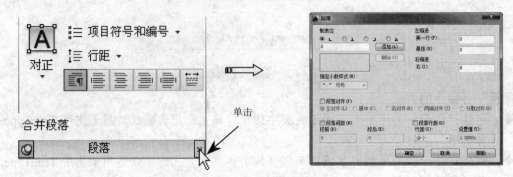

图 4-65　【段落】面板与【段落】对话框

【段落】面板中各命令的含义如下:

- ◆ 对正:单击【对正】按钮,弹出文字对正方式菜单,如图 4-66 所示。
- ◆ 行距:单击此按钮,显示程序提供的默认间距值菜单,如图 4-67 所示。选择菜单上的【其他】命令,则弹出【段落】对话框,在该对话框中设置段落行距。

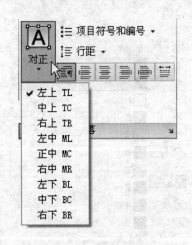

图 4-66　【对正】菜单

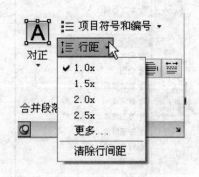

图 4-67　【行距】菜单

操作技巧

行距是多行段落中文字的上一行底部和下一行顶部之间的距离。在 AutoCAD 2015 及早期版本中,并不是所有针对段落和段落行距的新选项都受支持。

- ◆ 项目符号和编号:单击此按钮,显示用于创建列表的选项菜单,如图 4-68 所示。
- ◆ 左对齐、居中、右对齐、分布对齐:设置当前段落或选定段落的左、中或右文字边界的对正和对齐方式。包含在一行的末尾输入的空格,并且这些空格会影响行的对正。
- 合并段落:当创建多行的文字段落时,选择要合并的段落,此命令被激活,然后选择此命令,多段落文字变成只有一个段落的文字,如图4-69所示。

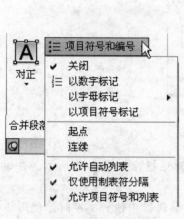

图4-68 【编号】菜单

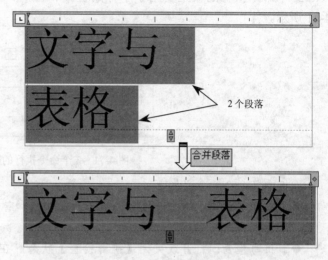

图4-69 合并段落

3. 【插入】面板

【插入】面板主要用于插入字符、列、字段的设置。【插入点】面板如图4-70所示。

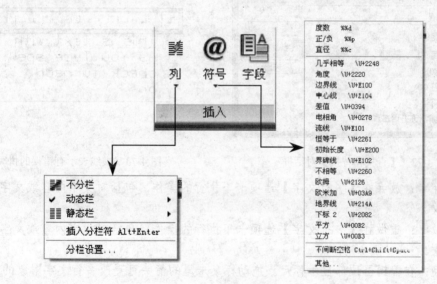

图4-70 【插入】面板

面板中的命令含义如下:
- 符号:在光标位置插入符号或不间断空格,也可以手动插入符号。单击此按钮,弹出符号菜单。
- 字段:单击此按钮,打开【字段】对话框,从中可以选择要插入到文字中的字段。

◆ 列：单击此按钮，显示命令选项菜单，该菜单提供三个栏选项:【不分栏】、【静态栏】和【动态栏】。

4.【拼写检查】、【工具】和【选项】面板

3 个命令执行面板主要用于字体的查找和替换、拼写检查，以及文字的编辑等，如图 4-71 所示。

图 4-71　3 个命令执行的面板

面板中各命令的含义如下。

- 查找和替换：单击此按钮，可弹出【查找和替换】对话框，如图 4-72 所示。在该对话框中输入字体以查找并替换。
- 拼写检查：打开或关闭【拼写检查】状态。在文字编辑器中输入文字时，使用该功能可以检查拼写错误。例如，在输入有拼写错误的文字时，该段文字下将以红色虚线标记，如图 4-73 所示。

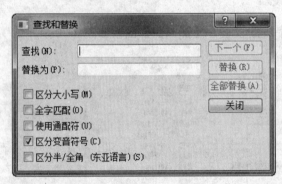

图 4-72　【查找和替换】对话框

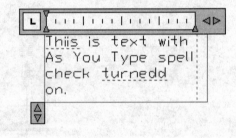

图 4-73　虚线表示有错误的拼写

- 放弃 ：放弃在【多行文字】选项卡下执行的操作，包括对文字内容或文字格式的更改。
- 重做 ：重做在【多行文字】选项卡下执行的操作，包括对文字内容或文字格式的更改。
- 标尺：在编辑器顶部显示标尺。拖动标尺末尾的箭头可更改多行文字对象的宽度。
- 选项：单击此按钮，显示其他文字选项列表。

5.【关闭】面板

【关闭】面板上只有一个选项命令，即【关闭文字编辑器】命令，执行该命令，将关闭在位文字编辑器。

实例——输入楼板说明文字

利用多行文字书写图4-74所示的内容。

说明：1.材料为混凝土C20，楼梯栏板底另加12；
2钢筋保护层为15mm；
3.楼梯钢筋长度待模板完成核对后再下料。

图4-74　输入的文字

[1] 单击【多行文字】按钮 **A**，在绘图区的适当位置单击，确定A角点，向右下方移动鼠标，AutoCAD将显示一个随鼠标光标移动的方框，到合适位置以后单击，确定B角点，如图4-75所示。此时会弹出【文字格式】工具栏及写字板，如图4-76所示。

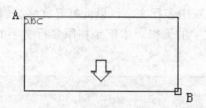

图4-75　多行文字定位框

图4-76　【文字格式】工具栏及写字板

[2] 选择字体【楷体_GB2312】，然后输入文字。如果写字板内以竖排形式罗列文字，可调整写字板区域，如图4-77所示，使整篇文字均显示出来。

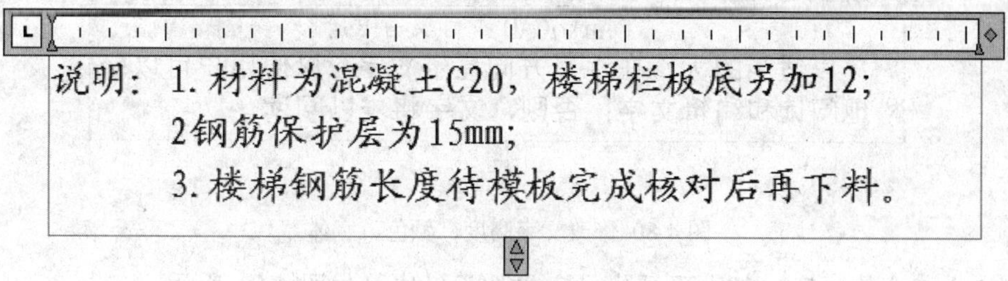

图4-77　调整写字板范围

[3] 单击【文字编辑器】选项卡中的【关闭文字编辑器】按钮,完成输入后的文字如图 4-78 所示。

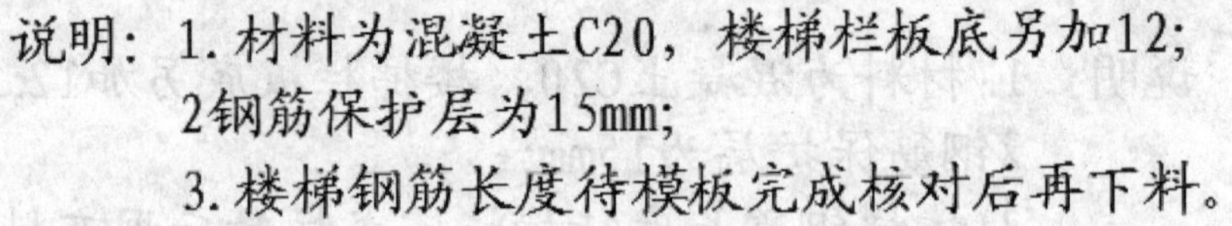

说明: 1. 材料为混凝土C20,楼梯栏板底另加12;
2 钢筋保护层为15mm;
3. 楼梯钢筋长度待模板完成核对后再下料。

图 4-78 输入完成的文字

4.6.2 编辑多行文字

多行文字的编辑,可通过在菜单栏选择【修改】|【对象】|【文字】|【编辑】命令,或者在命令行输入 DDEDIT,并选择创建的多行文字,打开多行文字编辑器,然后修改并编辑文字的内容、格式、颜色等特性。

用户也可以在图形窗口中双击多行文字,以此打开文字编辑器。

下面以实例来说明多行文字的编辑。本例是在原多行文字的基础之上再添加文字,并改变文字高度和颜色。

实例——编辑多行文字

[1] 新建文件。
[2] 在图形窗口中双击多行文字,程序则打开文字编辑器,如图 4-79 所示。

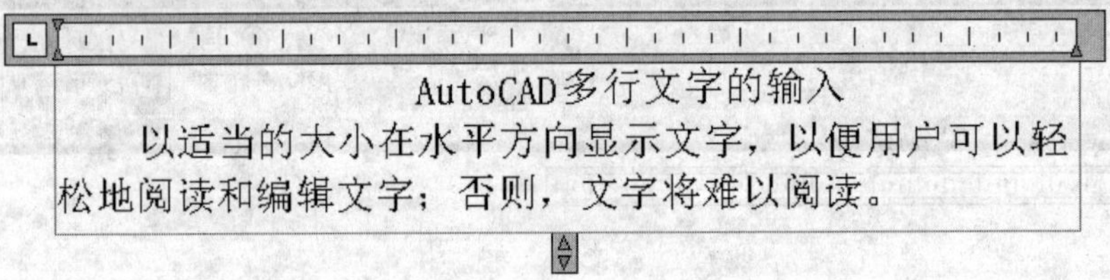

AutoCAD多行文字的输入
以适当的大小在水平方向显示文字,以便用户可以轻松地阅读和编辑文字;否则,文字将难以阅读。

图 4-79 打开文字编辑器

[3] 选择多行文字中的【AutoCAD 多行文字的输入】字段,将其高度设为【4】,颜色设为红色,字体设为【粗体】,如图 4-80 所示。

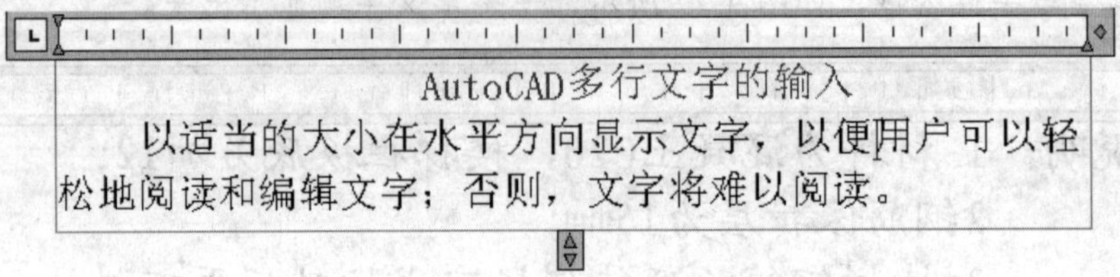

AutoCAD多行文字的输入
以适当的大小在水平方向显示文字,以便用户可以轻松地阅读和编辑文字;否则,文字将难以阅读。

图 4-80 修改文字高度、颜色、字体

[4] 选择其余的文字,加上下画线,字体设为斜体,如图 4-81 所示。

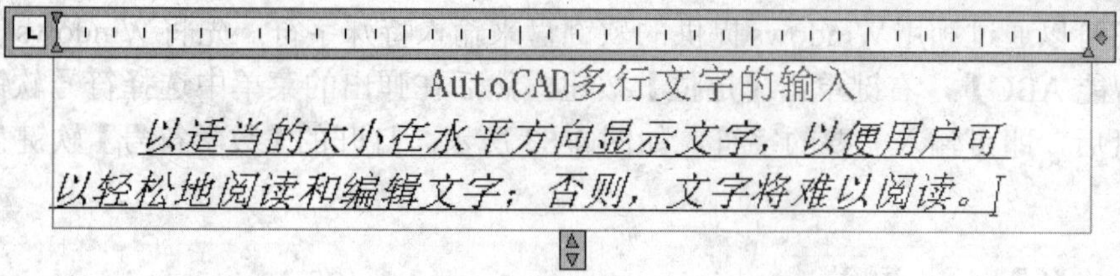

第 4 章 室内施工图图纸标注

AutoCAD多行文字的输入
以适当的大小在水平方向显示文字，以便用户可以轻松地阅读和编辑文字；否则，文字将难以阅读。

图 4-81 修改文字高度、颜色、字体

[5] 单击【关闭】面板中的【关闭文字编辑器】按钮，退出文字编辑器。创建的多行文字如图 4-82 所示。

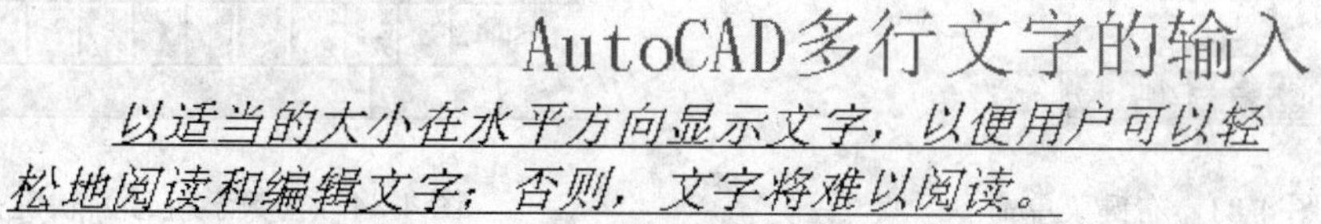

AutoCAD多行文字的输入
以适当的大小在水平方向显示文字，以便用户可以轻松地阅读和编辑文字；否则，文字将难以阅读。

图 4-82 创建、编辑的多行文字

[6] 将创建的多行文字另存为【编辑多行文字】。

4.7 符号与特殊字符

在工程图标注中，往往需要标注一些特殊的符号和字符。例如度的符号°、公差符号±或直径符号⌀，从键盘上不能直接输入。因此，AutoCAD 通过输入控制代码或 Unicode 字符串可以输入这些特殊字符或符号。

AutoCAD 常用标注符号的控制代码、字符串及符号如表 4-1 所示。

表 4-1 AutoCAD 常用标注符号

控制代码	字 符 串	符 号
%%C	\U+2205	直径（⌀）
%%D	\U+00B0	度（°）
%%P	\U+00B1	公差（±）

若要插入其他的数学、数字符号，可在展开的【插入】面板上单击【符号】按钮，或在右键菜单中选择【符号】命令，或在文本编辑器中输入适当的 Unicode 字符串。如表 4-2 所示为其他常见的数学、数字符号及字符串。

表 4-2 数学、数字符号及字符串

名 称	符 号	Unicode 字符串	名 称	符 号	Unicode 字符串
约等于	≈	\U+2248	界碑线	⚑	\U+E102
角度	∠	\U+2220	不相等	≠	\U+2260
边界线	℔	\U+E100	欧姆	Ω	\U+2126
中心线	℄	\U+2104	欧米加	Ω	\U+03A9
增量	△	\U+0394	地界线	℞	\U+214A
电相位	Φ	\U+0278	下标 2	5₂	\U+2082
流线	℔	\U+E101	平方	5²	\U+00B2
恒等于	≌	\U+2261	立方	5³	\U+00B3
初始长度	⌀	\U+E200			

用户还可以通过利用Windows提供的软键盘来输入特殊字符，先将Windows的文字输入法设为【智能ABC】，右键单击【定位】按钮，然后在弹出的菜单中选择符号软键盘命令，打开软键盘后，即可输入需要的字符，如图4-83所示。打开的【数学符号】软键盘如图4-84所示。

图4-83　右键菜单命令　　　　　　　　　　图4-84　【数学符号】软键盘

4.8　表格

表格是由包含注释（以文字为主，也包含多个块）的单元构成的矩形阵列。在AutoCAD 2015中，可以使用【表格】命令建立表格，还可以从其他应用软件Microsoft Excel中直接复制表格，并将其作为AutoCAD表格对象粘贴到图形中。此外，还可以输出来自AutoCAD的表格数据，以供在Microsoft Excel或其他应用程序中使用。

4.8.1　新建表格样式

表格样式控制一个表格的外观，用于保证标准的字体、颜色、文本、高度和行距。可以使用默认的表格样式，也可以根据需要自定义表格样式。

创建新的表格样式时，可以指定一个起始表格。起始表格是图形中用做设置新表格样式格式的样例的表格。一旦选定表格，用户即可指定要从此表格复制到表格样式的结构和内容。表格样式是在【表格样式】对话框中来创建的，如图4-85所示。

用户可通过以下命令方式来打开此对话框：

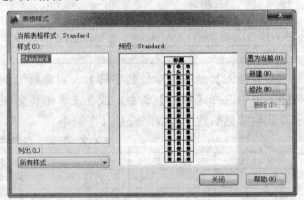

- ◆ 菜单栏：选择【格式】|【表格样式】命令。

图4-85　【表格样式】对话框

- ◆ 面板：【注释】选项卡【表格】面板单击【表格样式】按钮。
- ◆ 命令行：输入 TABLESTYLE。

执行TABLESTYLE命令，程序弹出【表格样式】对话框。单击该对话框的【新建】按钮，弹出【创建新的表格样式】对话框，如图4-86所示。

输入新的表格样式名后，单击【继续】按钮，即可在随后弹出的【新建表格样式】对话框中设置相关选项,以此创建新表格样式,如图 4-87 所示。

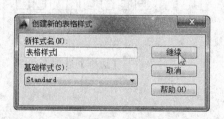

图 4-86 【创建新的表格样式】对话框

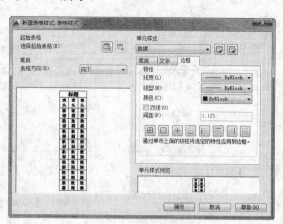

图 4-87 【新建表格样式】对话框

【新建表格样式】对话框包含有 4 个功能选项卡和一个预览区域。接下来将各选项卡作如下介绍。

1. 【起始表格】选项

该选项使用户可以在图形中指定一个表格用做样例来设置此表格样式的格式。选择表格后,可以指定要从该表格复制到表格样式的结构和内容。

单击【选择一个表格用做此表格样式的起始表格】按钮,程序暂时关闭对话框,用户在图形窗口中选择表格后,会再次弹出【新建表格样式】对话框。单击【从此表格样式中删除起始表格】按钮,可以将表格从当前指定的表格样式中删除。

2. 【常规】选项

该选项用于更改表格的方向。在选项卡的【表格方向】下拉列表框中,包括【向上】和【向下】两个方向选项,如图 4-88 所示。

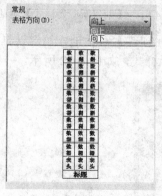

表格方向向上

表格方向向下

图 4-88 【常规】选项卡

3. 【单元样式】选项

该选项可定义新的单元样式或修改现有单元样式,也可以创建任意数量的单元样式。选项卡中包含有 3 个小的选项卡：常规、文字、边框，如图 4-89 所示。

【常规】选项卡

【文字】选项卡

【边框】选项卡

图 4-89　【单元格式】选项卡

【常规】选项卡主要设置表格的背景颜色、对齐方式、表格的格式、类型，以及页边距的设置等。【文字】选项卡主要设置表格中文字的高度、样式、颜色、角度等特性。【边框】选项卡主要设置表格的线宽、线型、颜色以及间距等特性。

在【单元样式】下拉列表框中，列出了多个表格样式，以便用户自行选择合适的表格样式，如图 4-90 所示。

单击【创建新单元样式】按钮，可在弹出的【创建新单元样式】对话框中输入新名称，以创建新样式，如图 4-91 所示。

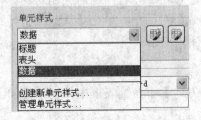
图 4-90　【单元样式】列表框

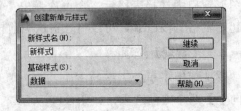
图 4-91　【创建新单元样式】对话框

若单击【管理单元样式】按钮，则弹出【管理单元样式】对话框，该对话框显示当前表格样式中的所有单元样式并使用户可以创建或删除单元样式，如图 4-92 所示。

图 4-92　【管理单元样式】对话框

4. 【单元样式预览】选项

该选项显示当前表格样式设置效果的样例。

4.8.2 创建表格

表格是在行和列中包含数据的对象。创建表格对象，首先要创建一个空表格，然后在其中添加要说明的内容。

用户可通过以下命令方式来执行此操作：

- ◆ 菜单栏：选择【绘图】|【表格】命令。
- ◆ 面板：【注释】选项卡【表格】面板单击【表格】按钮。
- ◆ 命令行：输入 TABLE。

执行 TABLE 命令，程序弹出【插入表格】对话框，如图 4-93 所示。该对话框包括【表格样式】选项卡、【插入选项】选项卡、【预览】选项卡、【插入方式】选项卡、【列和行设置】选项卡和【设置单元样式】选项卡，各选项卡所配合的内容及含义如下。

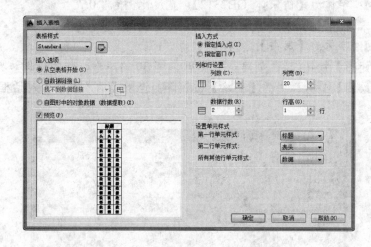

图 4-93 【插入表格】对话框

- ◆ 表格样式：在要从中创建表格的当前图形中选择表格样式。通过单击下拉列表旁边的按钮，用户可以创建新的表格样式。
- ◆ 插入选项：指定插入选项的方式。包括【从空表格开始】、【自数据连接】和【自图形中的对象数据】方式。
- ◆ 预览：显示当前表格样式的样例。
- ◆ 插入方式：指定表格位置。包括有【指定插入点】和【指定窗口】方式。
- ◆ 列和行设置：设置列和行的数目和大小。
- ◆ 设置单元样式：对于那些不包含起始表格的表格样式，需要指定新表格中行的单元格式。

 操作技巧

表格样式的设置尽量按照 ISO 国际标准或国家标准。

实例——表格的创建

一个表格包含数据、列标题和标题,创建表格就是要确定这些元素的基本设置,以及设置表格的行数和列数。表格形式如图 4-94 所示。

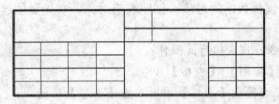

图 4-94　表格形式

[1] 选择菜单栏中的【格式】|【文字样式】命令,创建如下 3 种文字样式,其中【仿宋】为当前文字样式。
- 【仿宋】:字体为【仿宋体_GB2312】、宽度比例为"0.7"。
- 【窄仿宋】:字体为【仿宋体_GB2312】、宽度比例为"0.5"。
- 【隶书】:字体为【隶书】、宽度比例为"1"。

[2] 单击【矩形】按钮,创建一个长 90,宽 30 的矩形,作为辅助边界。

[3] 单击【绘图】工具栏中的【表格】按钮,弹出【插入表格】对话框,如图 4-95 所示。

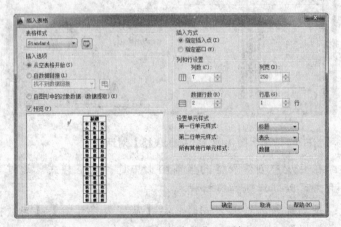

图 4-95　【插入表格】对话框

[4] 单击【表格样式名】下方的按钮,弹出【表格样式】对话框,如图 4-96 所示。

[5] 单击【新建】按钮,在弹出的【创建新的表格样式】对话框中将新样式取名为【表格1】,然后单击【继续】按钮,出现【新建表格样式】设置对话框,其中包含【数据】、【列标题】和【标题】选项卡,如图 4-97 所示。

> **操作技巧**
>
> 也可以单击【修改】按钮,修改当前表格样式。

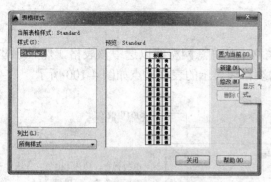

图 4-96 【表格样式】对话框

图 4-97 【新建表格样式】对话框

[6] 在【数据】|【常规】选项卡内设置【对齐】方式为【正中】。

[7] 在【文字】选项卡内设置【文字样式】为【仿宋】,【文字高度】值为【2.5】,在【边框】选项卡内设置【线宽】为【0.30】,选择【外边框】,如图 4-98 所示。

图 4-98 【数据】选项卡内的设置

[8] 在【列标题】选项卡中将【单元特性】|【包含页眉行】的勾选取消,使本表格不带页眉。

[9] 在【标题】选项卡中将【单元特性】|【包含标题行】的勾选取消,使本表格不含标题。

[10] 单击【确定】按钮,返回【表格样式】对话框。

[11] 单击【置为当前】按钮,将【表格 1】置为当前表格样式,再单击【关闭】按钮,关闭【表格样式】对话框。

[12] 在【插入表格】对话框中设置表格为 9 列 6 行,其余参数设置如图 4-99 所示。

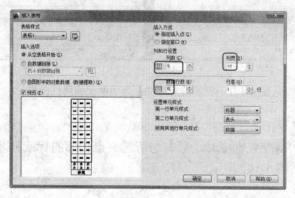

图 4-99 【插入表格】对话框中的设置

[13] 单击【确定】按钮，捕捉矩形的左上端点，插入表格。

4.8.3 修改表格

表格创建完成后，用户可以单击或双击该表格上的任意网格线以选中该表格，然后通过使用【特性】选项板或夹点来修改该表格。单击表格线显示的表格夹点如图4-100所示。

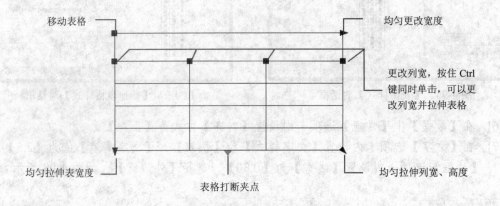

图 4-100　使用夹点修改表格

双击表格线显示的【特性】选项面板和属性面板，如图4-101所示。

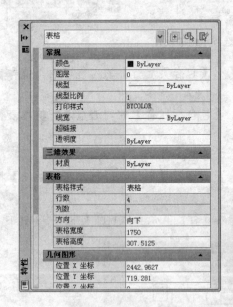

图 4-101　表格的【特性】选项面板和属性面板

1. 修改表格行与列

用户在更改表格的高度或宽度时，只有与所选夹点相邻的行或列才会更改，表格的高度或宽度均保持不变，如图4-102所示。

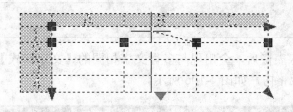

图 4-102　更改列宽、表格大小不变

使用列夹点时按 Ctrl 键可根据行或列的大小按比例来编辑表格的大小，如图 4-103 所示。

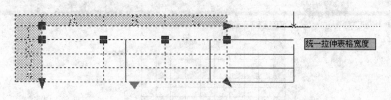

图 4-103　按 Ctrl 键同时拉伸列宽

2. 修改单元表格

用户若要修改单元表格，可在单元表格内单击以选中，单元边框的中央将显示夹点。拖动单元上的夹点可以使单元及其列或行更宽或更小，如图 4-104 所示。

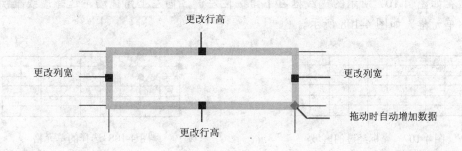

图 4-104　编辑单元格

操作技巧

选择一个单元，再按 F2 键可以编辑该单元格内的文字。

若要选择多个单元，单击第一个单元格后，然后在多个单元上拖动。或者按住 Shift 键并在另一个单元内单击，也可以同时选中这两个单元以及它们之间的所有单元，如图 4-105 所示。

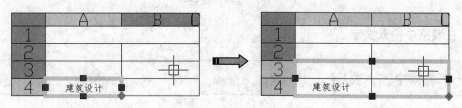

图 4-105　选择多个单元格

实例——修改表格

继续上例。当插入表格后，会出现与多行文字相同的【文字格式】工具栏，光标会停留在需要输入数据的单元格内，如图 4-106 所示。

图 4-106　插入表格时的状态

[1]　单击【关闭文字编辑器】按钮。

[2]　单击表格，选择表格的右下夹点，将其移动至矩形框的右下角点处，然后删除矩形。

[3]　在如图 4-107 所示的虚线框右下角按住左键，向左上角拖动，选择虚线框所经过的单元格，如图 4-108 所示。

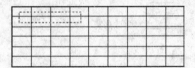

图 4-107　光标经过的区域

图 4-108　选择的单元格

[4]　右击，在弹出的快捷菜单中选择【合并单元】/【全部】命令，将选择的单元格合并起来。

[5]　利用相同方法，将其他单元格合并为如图 4-109 所示的形态。

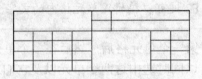

图 4-109　表格修改结果

3. 在表格中输入文字

实例——表格中输入文字

[1]　接上例。选择左上角的第一个单元格并双击，打开【文字格式】工具栏后，输入文

字【XXX设计院】,字高为4。

[2] 按键盘上的向下箭头键,选择下一单元格,输入文字"院　　长"。

 操作技巧

两个字之间加入两个空格。

[3] 利用键盘上的箭头键选择其余单元格。
◆ 选择【窄仿宋】,输入【设计负责人】和【工程负责人】。
◆ 选择【隶书】,输入【总平面布置图】,字高为3。
[4] 单击【线宽】按钮,显示线宽。

在【插入表格】对话框中,常用选项含义如下。
1) 【插入方式】栏:指定表位置。
◆ 【指定插入点】:指定表左上角的位置。如果表样式将表的方向设置为由下而上读取,则插入点位于表的左下角。
◆ 【指定窗口】:指定表的大小和位置。选定此选项时,行数、列数、列宽和行高取决于窗口的大小以及列和行设置。
2) 【列和行设置】栏:设置列和行的数目和大小。
◆ 【列】:指定列数。如果以【指定窗口】选项为插入方式,并且指定【列宽】值,列数就由表的宽度自动控制。
◆ 【列宽】:指定列的宽度。如果以【指定窗口】选项为插入方式,并且指定列数,列宽就由表的宽度自动控制。
◆ 【数据行】:指定行数。如果以【指定窗口】选项为插入方式,则行数由表的高度自动控制。
◆ 【行高】:是单元格内实际字高的倍数,实际字高=【文字高度】×$1\frac{1}{3}$,表格中实际单行高度=【文字高度】×$1\frac{1}{3}$×【行高】+【垂直】单元边距×2。
◆ 实际字高和单行高度的区别如图4-110所示。

图4-110　实际字高和单行高度图示

在【新建表格样式】对话框中,常用选项含义如下。
1) 【单元特性】栏:设置当前选项卡(【数据】、【列标题】或【标题】)的外观。
◆ 【文字样式】:列出图形中的所有文字样式。
◆ 【文字高度】:设置文字高度。数据和列标题的默认文字高度为0.1800,标题的默认文字高度为0.25。

- ◆ 【文字颜色】：指定文字颜色。
- ◆ 【对齐】：设置表中文字的对正和对齐方式。

2）【边框特性】栏：控制单元边界的外观，包括栅格线的线宽和颜色。

3）【基本】栏：更改表方向。

- ◆ 【向下】：创建由上而下读取的表。标题行和列标题行位于表的顶部。
- ◆ 【向上】：创建由下而上读取的表。标题行和列标题行位于表的底部。

4）【单元边距】栏：控制单元边界和单元内容之间的间距。

- ◆ 【水平】：设置单元中的文字或块与左右单元边界之间的距离。
- ◆ 【垂直】：设置单元中的文字或块与上下单元边界之间的距离。

4. 打断表格

当表格太多时，用户可以将包含大量数据的表格打断成主要和次要的表格片断。使用表格底部的表格打断夹点，可以使表格覆盖图形中的多列或操作已创建的不同的表格部分。

4.8.4 功能区【表格单元】选项卡

在功能区处于活动状态时单击某个单元表格，功能区将显示【表格单元】选项卡，如图 4-111 所示。

图 4-111 【表格单元】选项卡

1. 【行数】面板与【列数】面板

【行数】面板与【列数】面板主要是编辑行与列，如插入行、列或删除行与列。【行数】面板与【列数】面板如图 4-112 所示。

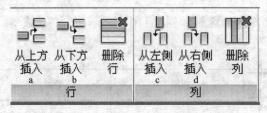

图 4-112 【行】面板与【列】面板

面板中的选项含义如下：

- ◆ 从上方插入：在当前选定单元或行的上方插入行，如图 4-113（a）所示。
- ◆ 从下方插入：在当前选定单元或行的下方插入行，如图 4-113（b）所示。
- ◆ 删除行：删除当前选定行。
- ◆ 从左侧插入：在当前选定单元或行的左侧插入列，如图 4-113（c）所示。
- ◆ 从右侧插入：在当前选定单元或行的右侧插入列，如图 4-113（d）所示。
- ◆ 删除列：删除当前选定列。

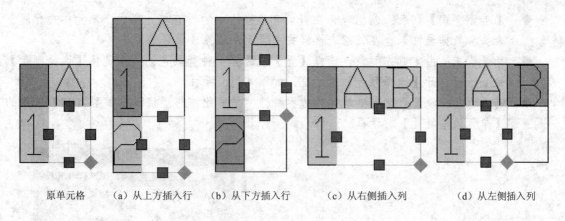

原单元格　　（a）从上方插入行　　（b）从下方插入行　　（c）从右侧插入列　　（d）从左侧插入列

图 4-113　插入行与列

2. 【合并】面板、【单元样式】面板和【单元格式】面板

【合并】面板、【单元样式】面板和【单元格式】面板 3 个面板的主要功能是合并和取消合并单元、编辑数据格式和对齐、改变单元边框的外观、锁定和解锁编辑单元，以及创建和编辑单元样式。3 个面板的工具命令如图 4-114 所示。

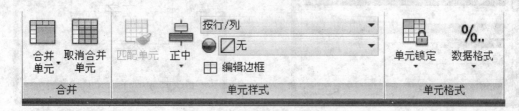

图 4-114　3 个面板的工具命令

面板中的选项含义如下。

- 合并单元：当选择多个单元格后，该命令被激活。执行此命令，将选定单元合并到一个大单元中，如图 4-115 所示。

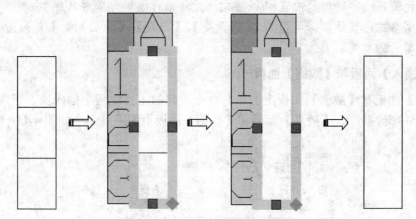

图 4-115　合并单元格的过程

- 取消合并单元：对之前合并的单元取消合并。
- 匹配单元：将选定单元的特性应用到其他单元。

◆ 【单元样式】列表：列出包含在当前表格样式中的所有单元样式。单元样式标题、表头和数据通常包含在任意表格样式中且无法删除或重命名。

◆ 背景填充：指定填充颜色。选择【无】或选择一种背景色，或者选择【选择颜色】命令，以打开【选择颜色】对话框，如图 4-116 所示。

◆ 编辑边框：设置选定表格单元的边界特性。单击此按钮，将弹出如图 4-117 所示的【单元边框特性】对话框。

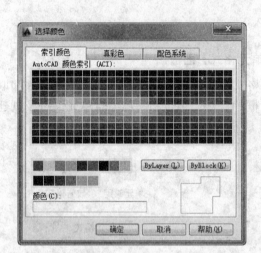

图 4-116 【选择颜色】对话框　　　　图 4-117 【单元边框特性】对话框

◆ 【对齐方式】列表：对单元内的内容指定对齐。内容相对于单元的顶部边框和底部边框进行居中对齐、上对齐或下对齐。内容相对于单元的左侧边框和右侧边框居中对齐、左对齐或右对齐。

◆ 单元锁定：锁定单元内容和/或格式（无法进行编辑）或对其解锁。

◆ 数据格式：显示数据类型列表（【角度】、【日期】、【十进制数】等），从而可以设置表格行的格式。

3. 【插入】面板和【数据】面板

【插入】面板和【数据】面板上的工具命令所起的主要作用是插入块、字段和公式、将表格链接至外部数据等。【插入】面板和【数据】面板上的工具命令如图 4-118 所示。

图 4-118 【插入点】面板和【数据】面板

面板中所包含的工具命令的含义如下。

◆ 块：将块插入当前选定的表格单元中，单击此按钮，将弹出【在表格单元中插入块】对话框，如图 4-119 所示。

◆ 字段：将字段插入当前选定的表格单元中。单击此按钮，将弹出【字段】对话框，如图 4-120 所示。通过单击【浏览】按钮，查找创建的块。单击【确定】按钮即可将块插入到单元格中。

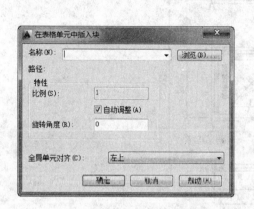
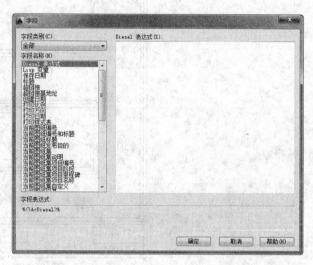

图 4-119　【在表格单元中插入块】对话框　　　　图 4-120　【字段】对话框

◆ 公式：将公式插入当前选定的表格单元中。公式必须以等号（=）开始。用于求和、求平均值和计数的公式将忽略空单元以及未解析为数值的单元。

 操作技巧

如果在算术表达式中的任何单元为空，或者包含非数字数据，则其他公式将显示错误（#）。

◆ 管理单元内容：显示选定单元的内容。可以更改单元内容的次序以及单元内容的显示方向。

◆ 链接单元：将数据从在 Microsoft Excel 中创建的电子表格链接至图形中的表格。

◆ 从源下载：更新由已建立的数据链接中的已更改数据参照的表格单元中的数据。

4.9　综合训练——消防电梯间标注

引入光盘：多媒体\实例\初始文件\Ch04\消防电梯间.dwg
结果文件：多媒体\实例\结果文件\Ch04\消防电梯间.dwg
视频文件：多媒体\视频\Ch04\消防电梯间.avi

在本例中,将对电梯间尺寸进行标注,如图 4-121 所示,主要练习 DIMSTYLE、DIMLINEAR、QLEADER 等标注命令的使用。在进行尺寸标注前,应先设置标注格式,本例中,主要对尺寸线、尺寸箭头、标注文字等对象的格式进行设置;在标注对象时,主要对电梯间过道尺寸、电梯间长、宽尺寸进行标注。

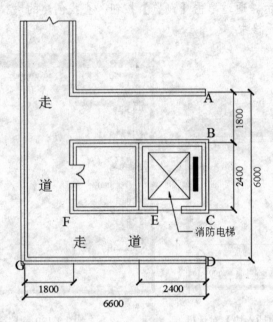

图 4-121　电梯间标注实例

操作步骤

[1] 打开素材文件。
[2] 在命令行中输入 DIMSTYLE 命令,系统打开【标注样式管理器】对话框,单击【新建】按钮,打开【创建新标注样式】对话框,如图 4-122 所示。
[3] 在【创建新标注样式】对话框的【新样式名】文本框中输入【BZ】,单击【继续】按钮,如图 4-123 所示。

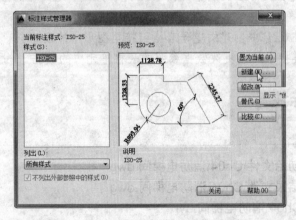

图 4-122　【标注样式管理器】对话框

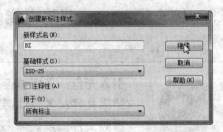

图 4-123　【创建新标注样式】对话框

[4] 打开【新标注样式】对话框，在该对话框中设置标注样式。

[5] 在【直线和箭头】选项卡中，设置标注线及箭头样式，在【箭头】栏中将箭头样式设置为【建筑标记】，在【箭头大小】数值框中输入【3】，如图4-124所示。

[6] 在【文字】选项卡中，设置标注文本的样式，在【文字高度】数值框中输入【5】，如图4-125所示。

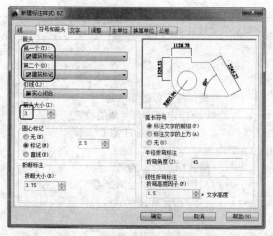

图4-124 【直线和箭头】选项卡

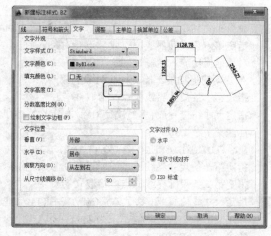

图4-125 【文字】选项卡

[7] 在【调整】选项卡中，设置标注的调整选项，通常情况下默认系统设置，如图4-126所示。

[8] 在【主单位】选项卡中，设置标注的主单位样式，在【线型标注】栏的【单位格式】下拉列表框中选择【小数】选项，在【精度】下拉列表框中选择【0】选项，如图4-127所示。

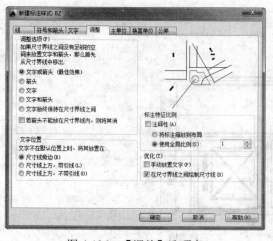

图4-126 【调整】选项卡

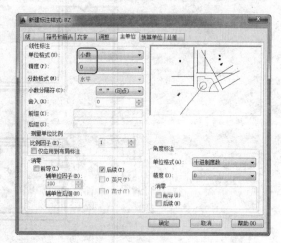

图4-127 【主单位】选项卡

[9] 完成设置后，单击【确定】按钮，返回【标注样式管理器】对话框。

[10] 单击【置为当前】按钮，将所设置的标注样式置为当前标注样式。单击【关闭】按钮结束标注样式设置。

[11] 设置标注样式后，即可对电梯间进行标注，标注结果如图4-128所示。

操作技巧

读者应注意，在标注前应先将所设置的标注样式置为当前，否则标注时还是以系统默认的标注样式进行标注的。

```
命令：DIMALIGNED↵                    //激活 DIMALIGNED 命令标注 AB 间尺寸
指定第一条尺寸界线原点或 <选择对象>：按【F3】键启动
对象捕捉功能，拾取 A 点，如图 4-22 所示
//启动捕捉功能，捕捉标注对象的第一点
指定第二条尺寸界线原点：拾取 B 点         //捕捉标注对象的第二点
指定尺寸线位置或[多行文字(M)/文字(T)/角度(A)]：   //指定标注尺寸线的位置
标注文字= 1800                              //系统显示标注结果
命令：DIMALIGNED↵ //激活 DIMALIGNED 命令标注 BC 间尺寸
指定第一条尺寸界线原点或 <选择对象>：拾取 B 点    //捕捉标注对象的第一点
指定第二条尺寸界线原点：拾取 C 点         //捕捉标注对象的第二点
指定尺寸线位置或[多行文字(M)/文字(T)/角度(A)]：   //指定标注尺寸线的位置
标注文字= 2400  //系统显示标注结果
命令：QLEADER↵                      //激活 QLEADER 命令进行引线标注
指定第一个引线点或 [设置(S)] <设置>：拾取点    //默认引线设置，指定第一个引线点
指定下一点：拾取点                   //指定第二个引线点
指定下一点：拾取点                   //指定第三个引线点
指定文字宽度 <0>：                   //指定文字宽度
输入注释文字的第一行 <多行文字(M)>：消防电梯↵  //输入引线标注文字
输入注释文字的下一行：↵              //按 Enter 键结束引线标注
```

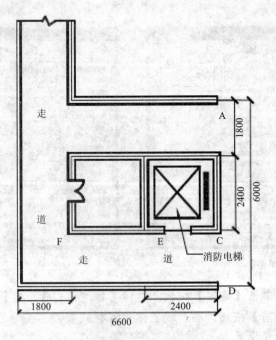

图 4-128　标注结果图

4.10 课后练习

1. 标注沙发背景墙面

我们将使用 DIMALIGNED 命令根据前一个实例所设置的名为"BZ"的标注样式对如图 4-129 所示沙发背景墙面中百叶的长、宽尺寸进行尺寸标注。

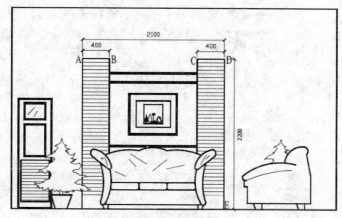

图 4-129 沙发背景墙面标注实例

5. 标注卫生间平面图

新建一种标注样式,然后根据该标注样式,标注如图 4-130 所示某居室卫生间平面图的 1、2 轴开间墙体尺寸及材料说明,然后再用尺寸标注编辑命令对其进行修改。

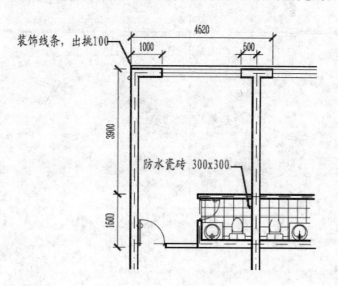

图 4-130 标注卫生间平面图

6. 标注酒店标准层平面图

自定义建筑标注样式,完成如图 4-131 所示的酒店标准层平面图的标注,完成结果如图

4-132 所示。

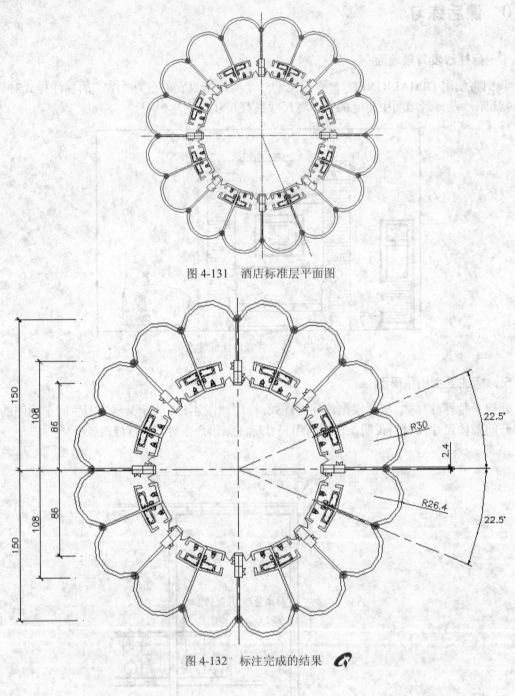

图 4-131 酒店标准层平面图

图 4-132 标注完成的结果

第 5 章
室内布置图块的绘制

在绘制室内设计图纸时,如果图形中有大量相同或相似的内容,或者所绘制的图形与已有的图形文件相同,则可以把要重复绘制的图形创建成块(也称为图块),并根据需要为块创建属性,指定块的名称、用途及设计者等信息,在需要时直接插入它们,从而提高绘图效率。

 知识要点

- 图块概述
- 图块的应用
- 图块编辑
- 图块属性
- 绘制图块

 案例解析

地毯图块

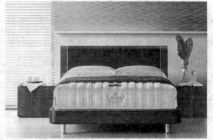

床图块

沙发图块

5.1 图块概述

在实际工程设计中，常常会多次重复绘制一些相同或相似的图形符号（如门、窗、标高符号等），若每个图形都重复绘制，会浪费时间。所以，在绘图以前应将那些常用到的图形制作成图块，以后再用到时，直接将图块插入即可。如图 5-1 所示的图形都是建筑制图中常会用到的图形，可将这些图形分别绘制出来定义为一个单独的图块。

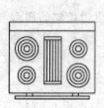  

图 5-1　建筑图中常见图块

图块是由一个或多个图形实体组成的、以一个名称命名的图形单元。要定义一个图块，首先要绘制好组成图块的图形实体，然后再对其进行定义。图块分为内部图块和外部图块两类。因此，图块定义又分为内部图块定义和外部图块定义。

5.1.1　内部块的定义（BLOCK）

- 菜单命令：【绘图】|【块】|【创建】。
- 工具栏：【绘图】|【创建块】。
- 命令行：BLOCK（B）。

内部图块是指只能在定义该图块图形的内部使用，不能应用于其他图形的一个 CAD 内部文件。通常在绘制较复杂的建筑图时，会用到内部图块。使用 BLOCK 命令可以定义内部块，在定义内部图块时，需指定图块的名称、插入点以及插入单位等。

实例——创建块

例如，使用 BLOCK 命令将图 5-2 所示图形定义为一个内部图块。其中，该图块名称为【DBQ】，基点为 A 点，以毫米为单位插入到图形中。

[1]　打开本例素材文件"坐便器.dwg"。
[2]　单击【创建块】命令，或在命令行中输入 BLOCK 命令，系统弹出【块定义】对话框。
[3]　在该对话框的【名称】下拉列表框中输入【DBQ】，指定图块名称。

> **操作技巧**
>
> 在同一图形文件中，不能定义两个相同名称的图块。如果用户输入的图块名是列表框中已有的块名，则在单击【确定】按钮时，系统将提示已定义该图块，并询问是否重新定义。

[4] 在【对象】栏中单击【选择对象】按钮,系统返回绘图区中,选择如图 5-2 所示图形,按 Enter 键返回【块定义】对话框。

[5] 在【对象】栏中选中【转换为块】单选项,将所选图形定义为块。

[6] 在【基点】栏中单击【拾取点】按钮,返回绘图区中,拾取 A 点,系统自动返回【块定义】对话框。

[7] 在【插入单位】下拉列表框中选择图块的插入单位,在此,我们选择【毫米】选项,即以毫米为单位插入图块,如图 5-3 所示,单击【确定】按钮即可。

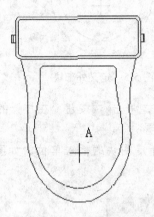

图 5-2 定义内部图块

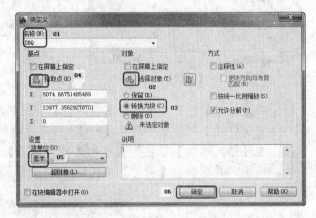

图 5-3 【块定义】对话框

若用户在一个图形中定义的内部图块较多时,可在【块定义】对话框中的【说明】列表框中指定该图块的说明信息,以便于区分。

通过对话框下方的【超链接】按钮可以为图块设置一个超链接。

5.1.2 外部块的定义(WBLOCK)

命令行:WBLOCK(W)

使用 WBLOCK 命令可以将所选实体以图形文件的形式保存在计算机中,即外部图块。用该命令形成的图形文件与其他图形文件一样可以打开、编辑和插入。在建筑制图中,使用外部图块也较为广泛,读者可预先将所要使用的图形绘制出来,然后用 WBLOCK 命令将其定义为外部图块,从而在实际绘图时,快速地插入到图形中。

例如,使用 WBLOCK 命令将图 5-2 所示图形定义为外部图块。其名称仍为【DBQ】,仍以毫米为单位插入到图形中,保存在 E:\盘根目录下。其具体操作如下:

实例——创建外部块

[1] 在命令行中输入 WBLOCK 命令,系统打开如图 5-4 所示的【写块】对话框。

[2] 在【源】栏中选中【对象】单选项,以选择对象的方式指定外部图块。

[3] 在【对象】栏中单击【选择对象】按钮,系统返回绘图区中,以窗选方式选择图 5-5 所示图形,按 Enter 键返回【写块】对话框。

[4] 在【基点】栏中单击【拾取点】按钮,返回绘图区中,单击 A 点,返回【写块】对话框。

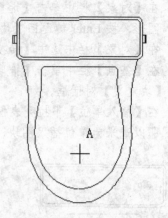

图 5-4 【写块】对话框　　　　　图 5-5 定义外部块

[5] 在【目标】栏中的【文件名和路径】下拉列表框右侧，单击 按钮，在打开的【浏览文件夹】对话框中选择【E:\】，指定图块保存的位置。

[6] 在【插入单位】下拉列表框中选择【毫米】选项，指定图块的插入单位，如图 5-6 所示，最后单击【确定】按钮即可。

图 5-6 设置写块参数

使用 WBLOCK 命令定义的外部块实际上是一个 DWG 图形文件。当用 WBLOCK 命令定义图块时，它不会保留图形中未用的层定义、块定义、线型定义等，因此可以将图形文件中的整个图形定义成外部块，并写入一个新文件。

操作技巧

若用户要将内部图块保存到计算机中供其他图形调用时，也可使用 WBLOCK 命令来完成，在"写块"对话框的"源"栏中选中单选项，在其后的下拉列表框中选择已定义的内部图块名称，然后按照前面介绍的相应的操作方法进行设置即可。

5.2 图块的应用

定义图块的目的是为了在插入相同图形时更加方便、快捷。本节主要讲述图块的各种插入方法。

5.2.1 插入单个图块

- 菜单命令：【插入】|【块】
- 工具栏：【绘图】|【插入块】
- 命令行：INSERT/DDINSERT

使用 INSERT 命令可以将用户所定义的内部或外部图块插入到当前图形中。在插入块时，需确定块的位置、比例因子和旋转角度。可使用不同的 X、Y 和 Z 坐标值指定块参照的比例。

实例——插入单个图块

例如，使用 INSERT 命令将前面定义的【DBQ】外部图块插入如图 5-7 所示的卫生间平面图中。

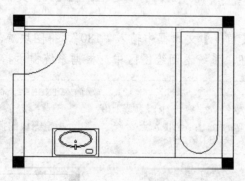

图 5-7　插入外部图块

[1] 打开本例素材源文件"卫生间平面图.dwg"。
[2] 单击【插入】按钮，或在命令行中输入 INSERT 命令，系统打开如图 5-8 所示的【插入】对话框。

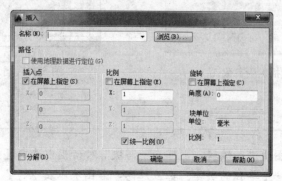

图 5-8　【插入】对话框

[3] 在该对话框中单击【浏览】按钮，系统打开如图 5-9 所示的【选择图形文件】对话框，在该对话框中选择"DBQ.dwg"文件，单击【打开】按钮。

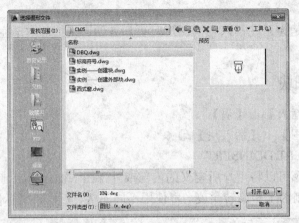

图 5-9　【选择图形文件】对话框

[4] 在【插入点】栏中勾选【在屏幕上指定】单选框，单击【确定】按钮后在绘图区中动态指定图块的插入点。
[5] 在【比例】栏中选中【统一比例】复选框，在【X】文本框中输入"0.5"，指定图块的缩放比例。
[6] 在【旋转】栏的【角度】文本框中输入"180"，将图块旋转 180°，如图 5-10 所示。
[7] 单击【确定】按钮，系统返回绘图区中，根据系统提示指定图块插入位置。

```
命令：INSERT↵                              //输入 INSERT 命令插入图块
指定插入点或 【比例(S)/X/Y/Z/旋转(R)/预览比例
(PS)/PX/PY/PZ/预览旋转(PR)】：点取 A 点          指定图块的插入位置
如图 5-11 所示。
```

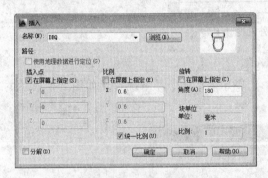

图 5-10　设置插入块参数

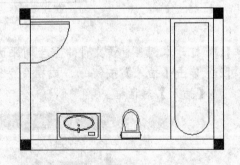

图 5-11　插入块后的图形

操作技巧

若要对插入的图块进行编辑，则可在"写块"对话框中选中【分解】复选框，插入后的图块各部分是一个单独的实体。但应注意，若图块以在 X、Y、Z 方向不同的比例插入，则不能用 EXPLODE 命令分解。

若要插入一个内部图块,则在【写块】对话框的【名称】下拉列表框中选择所需的内部图块即可,其余设置与插入外部图块相同。

用 BLOCK 和 WBLOCK 建立的图块,确定的插入点即为插入时的基点。如果直接插入外部图形文件,系统将以图形文件的原点(0,0,0)作为默认的插入基点。

5.2.2 插入阵列图块

命令行:MINSERT

MINSERT 命令相当于将阵列与插入命令相结合,用于将图块以矩形阵列的方式插入。用 MINSERT 命令插入图块不能够提高工作效率,还可以减少占用的磁盘空间。

实例——插入阵列图块

例如,使用 MINSERT 命令以阵列方式将如图 5-12(a)所示图形插入到图 5-12(b)中,结果如图 5-12(c)所示。其中,图 5-12(a)所示图形是由 BLOCK 命令定义为名为"DA"内部图块。

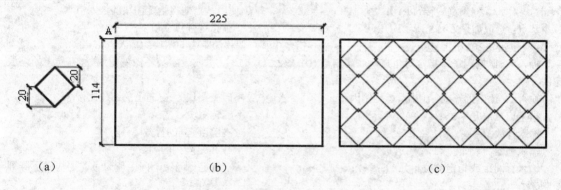

图 5-12 以阵列方式插入图块

[1] 新建文件,绘制如图 5-13 所示的图形。

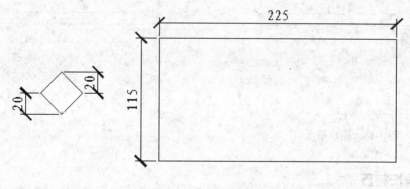

图 5-13 绘制图形

[2] 执行【创建块】命令,打开【块定义】对话框。输入块名 DA,再拾取如图 5-14 所示的 B 点作为基点,选择菱形来创建块。

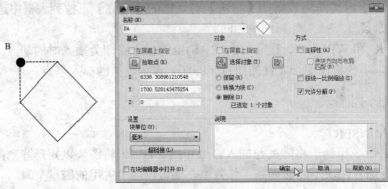

图 5-14 创建块

[3] 执行 MINSERT 命令，然后按下列命令行中的提示进行操作。

```
命令：MINSERT↵                          //输入 MINSERT 命令阵列插入图块
输入块名或【?】<da>：✓                   //默认系统提示的图块名称【DA】
指定插入点或【比例(S)/X/Y/Z/旋转(R)/预览比例(PS)
/PX/PY/PZ/预览旋转(PR)】：FROM           //使用基点捕捉指定图块的插入点
基点：选取如图 5-15 所示的几点            //指定基点
<偏移>：@20,0                           //指定由基点偏移的距离即图块的插入点
输入 X 比例因子，指定对角点，或【角点(C)/XYZ】<1>：   //不改变图块 X 方向上的缩放
比例
输入 Y 比例因子或 <使用 X 比例因子>：     //不改变图块 Y 方向上的缩放比例
指定旋转角度 <0>：                       //不旋转图块
输入行数 (---) <1>：3                   //指定阵列的行数
输入列数 (||||) <1>：6                   //指定阵列的列数
输入行间距或指定单位单元 (---)：-37      //指定行间距，间距值为负，图块向下阵列
复制
指定列间距 (||||)：37                    //指定列间距
```

[4] 阵列结果如图 5-16 所示。

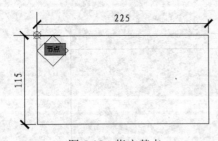

图 5-15 指定基点

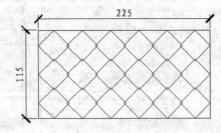

图 5-16 完成阵列

操作技巧

用 MINSERT 命令插入的所有图块是一个单独的整体，而且不能用 EXPLODE 命令炸开，但可以通过 DDMODIFY 命令改变插入块时所设的特性，如插入点、比例因子、旋转角度、行数、列数、行距和列距等参数。

5.3 综合训练

本课主要讲解了 AutoCAD 中内部图块与外部图块的生成、应用以及对图块属性的定义、编辑等。通过本节的练习，读者可以掌握使用 BLOCK 命令生成内部图块以及对图块属性定义的方法，对于没有使用到的命令，读者可以参照课堂讲解的内容自行练习。

5.3.1 定义并插入内部图块

引入光盘：多媒体\实例\初始文件\Ch05\西式窗.dwg
结果文件：多媒体\实例\结果文件\Ch05\西式窗.dwg
视频文件：多媒体\视频\Ch05\西式窗.avi

用内部图块命令 BLOCK 将图 5-17 所示的西式窗立面图定义成一个图块，块名为【西式窗】，以 A 点为插入点，插入单位为毫米，然后将其分别以 1:1 和 1:3 的比例插入到 (0,0) 和 (200,0) 位置。

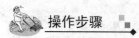

1. 定义内部图块

[1] 打开素材文件。

[2] 单击【创建块】命令，或是在命令行输入 BLOCK 命令将图 5-17 所示西式窗定义为一个内部图块，以 A 点为插入基点。

[3] 在命令行输入 BLOCK 命令并按 Enter 键，打开如图 5-18 所示的【块定义】对话框。

图 5-17 西式窗

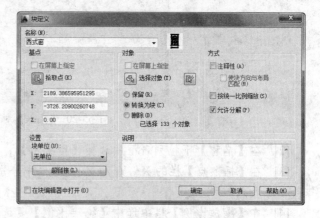

图 5-18 【块定义】对话框

[4] 在【名称】文本框中输入块名【西式窗】。

[5] 单击【选择对象】按钮，系统暂时关闭【块定义】对话框，此时在绘图区，鼠标变成了小方块的形式。

[6] 用窗口选择方式选择整个标高符号，然后按 Enter 键，返回【块定义】对话框，此时在【对象】栏显示已选择 133 年对象。

[7] 单击【拾取点】按钮，系统隐藏【块定义】对话框，捕捉西式窗中的 A 点作为图块插入基点，返回【块定义】对话框，此时在【基点】栏显示 A 点的坐标值。

[8] 单击【确定】按钮，完成块的创建。

1. 插入内部图块

完成内部图块的定义后，即可使用 INSERT 命令将其插入到图形中，在插入图块时，读者应注意图块缩放比例的设置方法，结果如图 5-19 所示。

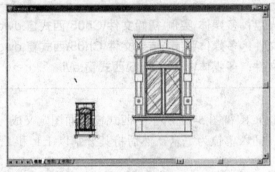

图 5-19 插入内部图块

以 1:1 比例插入【西式窗】图块，其具体操作如下：

[1] 单击【插入】块命令，或在命令行中输入 INSERT 命令，弹出如图 5-20 所示的【插入】对话框。

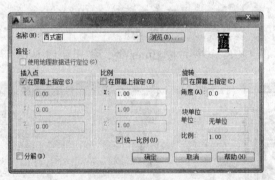

图 5-20 【插入】对话框

[2] 在【名称】下拉列表框中选择【西式窗】。

[3] 在【插入点】栏的 X、Y 和 Z 文本框中分别输入 0，即以 (0,0) 位置作为图块的插入点。

[4] 在【缩放比例】栏中选中【统一比例】复选框，在 X 文本框中输入 1，即以 1:1 的比例插入内部图块。

[5] 在【旋转】栏的【角度】文本框中输入 0，不旋转内部图块。

[6] 单击【确定】按钮。

以 1:3 比例插入【西式窗】图块，其具体操作如下：

[1] 单击【插入】块命令，或在命令行中输入 INSERT 命令，系统打开如图 5-20 所示【插入】对话框。

[2] 在【名称】下拉列表框中选择【西式窗】。

[3] 在【插入点】栏的 X 文本框中输入 200，在 Y 和 Z 文本框中分别输入 0，即以（200,0）位置作为图块的插入点。

[4] 在【缩放比例】栏中选中【统一比例】复选框，在 X 文本框中输入 3，即以 1:3 的比例插入内部图块。

[5] 在【旋转】栏的【角度】文本框中输入 0，不旋转内部图块。

[6] 单击【确定】按钮。

5.3.2 定义图块属性

引入光盘：无
结果文件：多媒体\实例\结果文件\Ch05\标高符号.dwg
视频文件：多媒体\视频\Ch05\标高符号.avi

用 ATTDEF 命令为标高符号定义一个属性值，如图 5-21 所示。再使用 WBLOCK 命令将块属性及标高符号定义成一个以毫米为单位的外部图块，图块名为【标高符号】，保存在根目录下，然后将其插入到（0,0）位置，设定标高值为 3.000。

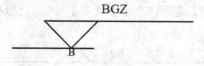

图 5-21 带属性值的标高符号

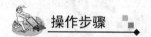

1. 定义图块属性

首先我们应使用 ATTDEF 命令定义图块的属性，然后使用 WBLOCK 命令将属性与图块一同存为一个外部图块。其具体操作如下：

[1] 绘制如图 5-22 所示的标高符号。

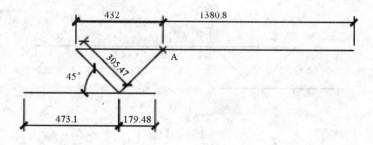

图 5-22 绘制标高符号

[2] 单击【定义属性】命令，或在命令行输入 ATTDEF 命令并按 Enter 键，打开如图 5-23 所示的【属性定义】对话框。

图 5-23 【属性定义】对话框

[3] 在【标记】文本框中输入"BGZ"，在【提示】文本框中输入"请输入标高值"，在【值】文本框中输入"0.000"。
[4] 在【对正】下拉列表框中选择【左下】选项，在【高度】文本框中输入"80"。
[5] 勾选【在屏幕上指定】选项，单击【确定】按钮完成块属性的定义，如图 5-24 所示。

图 5-24 完成块属性的定义

[6] 单击【写块】命令，或在命令行中输入 WBLOCK 命令，弹出【写块】对话框。
[7] 在【对象】栏中单击【选择对象】按钮，在绘图区中选择标高符号及所定义的属性值，按下 Enter 键结束返回【写块】对话框。
[8] 在【基点】栏中单击【拾取点】按钮，返回绘图区中点取 B 点，返回【写块】对话框，如图 5-25 所示。

图 5-25 拾取点

[9] 在【目标】栏中的【文件名和路径】中浏览文件保存路径，下拉列表框中选择【毫

米】,如图 5-26 所示。

[10] 单击【确定】按钮,弹出【编辑属性】对话框。单击【确定】按钮完成图块的属性定义,如图 5-27 所示。

图 5-26 写块

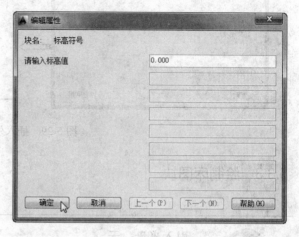

图 5-27 编辑属性

[11] 保存定义的块属性。

2. 插入外部图块

完成图块属性定义并与图形一同存为外部图块后,即可使用 INSERT 命令将图块插入到图形中,读者应注意在插入图块时系统的提示信息。其具体操作如下:

[1] 单击【插入】块命令，或在命令行中输入 INSERT 命令,系统打开如图 5-28 所示的【插入】对话框。

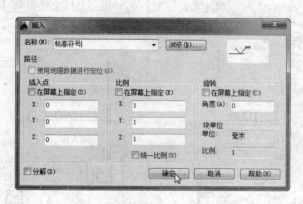

图 5-28 【插入】对话框

[2] 单击【浏览】按钮,打开【标高符号.dwg】图块。

[3] 在【插入点】栏的 X、Y 和 Z 文本框中分别输入 0,即插入到 (0,0) 位置。

[4] 在【缩放比例】栏中设置 X、Y 和 Z 的比例均为 1。

[5] 在【旋转】栏中指定旋转角度为 0。单击【确定】按钮,打开【编辑属性】对话框。

[6] 在对话框的【请输入标高值】文本框中输入 3.000,单击【确定】按钮,插入新块,如图 5-29 所示。

149

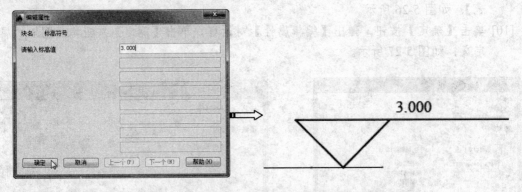

图 5-29　插入外部图块

5.3.3　绘制床图块

引入光盘：无
结果文件：多媒体\实例\结果文件\Ch05\床.dwg
视频文件：多媒体\视频\Ch05\床.avi

1. 绘制床的注意事项

绘制床时须注意（图 5-30 所示，图中单位为 mm）：

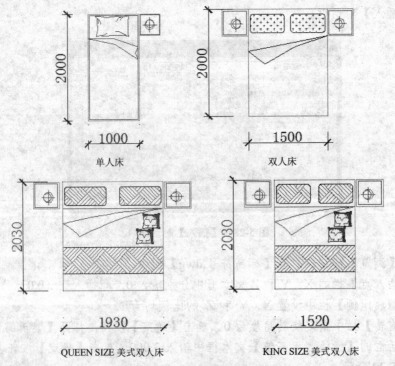

图 5-30　绘制床的参考尺寸

- 单人床参考尺寸——1000 mm×2000 mm。
- 双人床参考尺寸——1500 mm×2000 mm。
- QUEEN SIZE 美式双人床参考尺寸——1930 mm×2030 mm。
- KING SIZE 美式双人床参考尺寸——1520 mm×2030 mm。

3. **绘制双人床平面图块**

室内装饰设计中家具的绘制是一个重要部分，在绘制家具时具体尺寸可以按实际要求确定，并非固定不变的。其中床的图形是在室内装饰图绘制过程中常用的图形，下面来绘制一个双人床的效果，如图 5-31 所示。

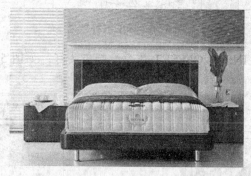

图 5-31 床的实际效果

操作步骤

[1] 调用 RECTANG 命令，绘制一个大小为 2028×1800 的矩形来表示床的大体形状，如图 5-32 所示。

[2] 调用 EXPLODE 命令，将矩形分解成多个物体。

[3] 调用 OFFSET 命令将矩形最上边向下偏移 280 用于制作床头，如图 5-33 所示。

[4] 调用 LINE 和 ARC 命令制作被面的折角效果，如图 5-34 所示。

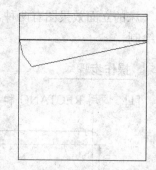

图 5-32 矩形的绘制　　　　图 5-33 线的偏移　　　　图 5-34 背面折角

[5] 调用 ARC 和 CIRCLE 命令制作被面装饰效果，如图 5-35 所示。

[6] 调用 INSERT 命令插入枕头完善床的绘制，如图 5-36 所示。

[7] 调用 RECTANG 命令绘制 450×400 的矩形。

[8] 调用 OFFSET 命令将矩形向内偏移 18，如图 5-37 所示。

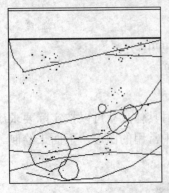
图 5-35 增加装饰图案

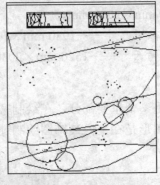
图 5-36 床的最终效果

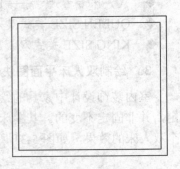
图 5-37 矩形的绘制

[9] 调用 CIRCLE，LINE 和 OFFSET 命令绘制床头灯，如图 5-38 和图 5-39 所示。

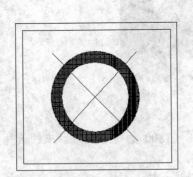
图 5-38 圆的绘制

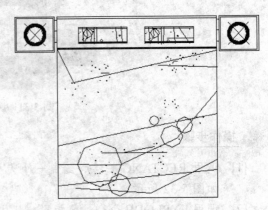
图 5-39 床头柜与床的组合效果

3. 绘制双人床立面图块

床的立面效果图有两种，主要取决于观看角度，下面介绍另一观察角度下的床的立面图的绘制。

操作步骤

[1] 调用 RECTANG 和 LINE 命令绘制床的主体和床腿，如图 5-40 所示。

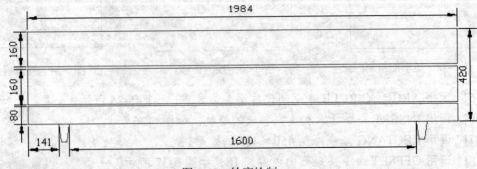
图 5-40 轮廓绘制

[2] 调用 ARC，LINE 和 OFFSET 命令绘制床头，如图 5-41 所示。

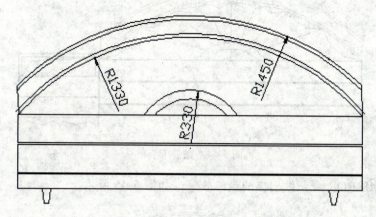

图 5-41 增加床头

[3] 调用 ARC，LINE 和 MIRROR 命令完善床头的绘制，如图 5-42 所示。

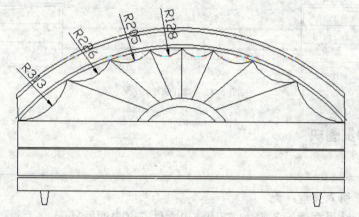

图 5-42 完善床头

[4] 调用 RECTANG 命令在床的一侧绘制床头柜，如图 5-43 所示。

图 5-43 增加床头柜

[5] 调用 SPLINE，CIRCLE，PLINE 和 TRIM 命令绘制出床头柜的装饰效果，如图 5-44 所示。

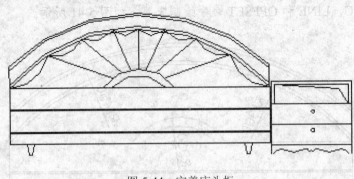

图 5-44 完善床头柜

[6] 调用 MIRROR 命令做出床的最终效果，如图 5-45 所示。

图 5-45 床的最终效果

5.3.4 绘制沙发图块

引入光盘：无
结果文件：多媒体\实例\结果文件\Ch05\沙发.dwg
视频文件：多媒体\视频\Ch05\沙发.avi

1. 绘制沙发注意事项

沙发是客厅里的重要家具，不仅可以会客、喝茶还具有极强的装饰性，是装饰风格的极强体现，种类繁多如单人和多人沙发，中式和西式沙发等，如图 5-46 所示则是一组中式沙发的组合。

图 5-46 沙发的效果图

绘制沙发形状及尺寸时需注意（如图5-47所示）：

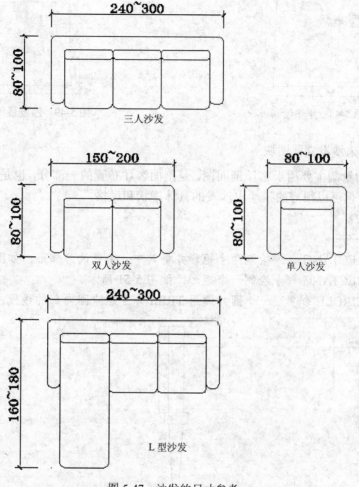

图5-47 沙发的尺寸参考

- 一般沙发深度为±80～100cm，而深度超过100cm多为进口沙发，并不适合东方人体型。
- 单人沙发参考尺寸宽度为±80～100cm。
- 双人沙发参考尺寸宽度为±150～200cm。
- 三人沙发参考尺寸宽度为±240～300cm。
- L型沙发——单座延长深度为±160～180cm。

4. 绘制单人沙发平面图块

平面单人沙发的绘制比较简单，主要是坐垫和扶手的绘制。

操作步骤

[1] 调用 RECTANG 命令绘制一个600×540的矩形并将其更改为梯形。
[2] 调用 OFFSET 命令将矩形向内偏移50并倒角，如图5-48所示。
[3] 调用 PLINE，OFFSET 和 MIRROR 命令做出沙发的效果，如图5-49所示。

图 5-48 坐垫绘制

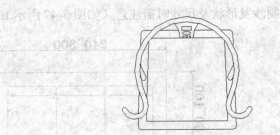
图 5-49 沙发最终效果

5. 绘制单人沙发立面图块

沙发立面的绘制主要用于客厅剖面图,是剖面客厅布置的一部分,也是非常重要的部分,过程相对复杂,但可以很好的描绘出沙发的具体形状和风格。

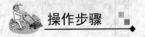

[1] 调用 RECTANG 命令绘制两个矩形并将其中一个更改为梯形,如图 5-50 所示。
[2] 调用 RECTANG 命令绘制一个矩形,如图 5-51 所示。
[3] 调用 CIRCLE 命令画一个圆并调用 TRIM 命令删除圆内部的线段,如图 5-52 所示。

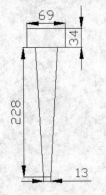
图 5-50 绘制沙发腿

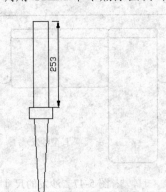
图 5-51 沙发腿

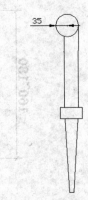
图 5-52 绘制扶手

[4] 调用 ARC 命令绘制出一侧扶手和靠背,如图 5-53 和图 5-54 所示。

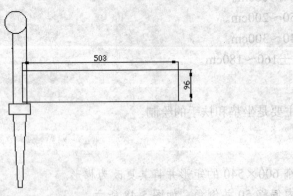
图 5-53 沙发坐垫

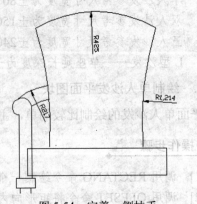
图 5-54 完善一侧扶手

[5] 调用 MIRROR 命令绘制出另一侧扶手，如图 5-55 所示。调用 SPLINE 命令绘制出座垫具体形状并调用 TRIM 命令剪掉多余部分，如图 5-56 所示。

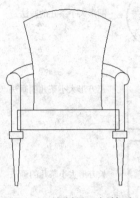

图 5-55 绘制另一侧扶手

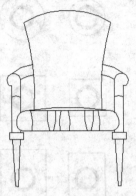

图 5-56 修改座垫

[6] 调用 OFFSET 和 LINE 命令做出沙发的最终效果，如图 5-57 所示。

图 5-57 最终效果

5.3.5 绘制茶几图块

引入光盘：无
结果文件：多媒体\实例结果文件\Ch05\茶几..dwg
视频文件：多媒体\视频\Ch05\茶几.avi

1. 绘制茶几注意事项

茶几的尺寸有很多，例如有 450 mm×600 mm、500 mm×500 mm、900 mm×900 mm、1200 mm×1200 mm 等。当客厅的沙发配置确定后，才把茶几图块按照空间比例大小来调整尺寸及决定形状，这样不会让茶几在配置图上的比例过于失真。

如图 5-58 所示为茶几的几种形状画法。

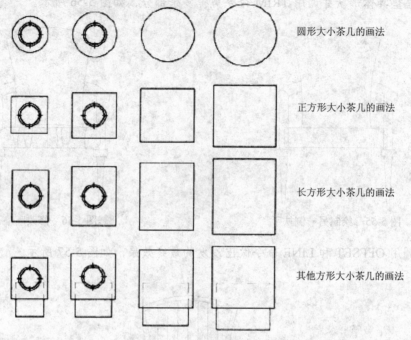

图 5-58　茶几的形状画法

茶几主要放置在客厅里两个相近的单人沙发之间及多人沙发前面，中式茶几多为木质的，不透明的；西式的多为玻璃面材质的，透光性较好。如图 5-59 所示为常见茶几在客厅中与沙发的配置关系。

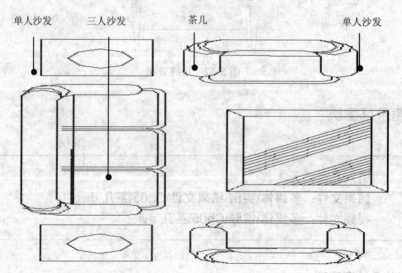

图 5-59　茶几与沙发在客厅中的配置关系

2. 绘制茶几平面图块

茶几的平面绘制主要用到矩形和线及倒角命令，相对简单。

操作步骤

[1] 调用 RECTANG 命令绘制 600×600 的正方形。
[2] 调用 OFFSETt 命令向内偏移 114 和 12，如图 5-60 所示。
[3] 在内部矩形四角绘制四个半径为 30 的圆，如图 5-61 所示。
[4] 调用 TRIM 命令将圆内部多余线段删除，如图 5-62 所示。

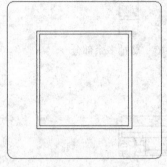
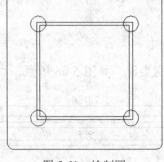
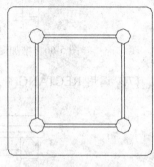

图 5-60　矩形　　　　　图 5-61　绘制圆　　　　　图 5-62　最终效果

3. 茶几立面图块的绘制

茶几立面的绘制重点在桌腿部分，中式和西式各有不同，中式的可能有雕花和镂空，西式多为规则多面体，下面以一个简单的中式茶几为例。

操作步骤

[1] 调用 RECTANG 和 FILRT 命令绘制一个矩形并调整为梯形然后倒角，如图 5-63 所示。
[2] 调用 LINE 命令绘制出桌腿的装饰线。
[3] 调用 LINE 和 FILLET 命令绘制出桌腿的装饰线，如图 5-64 所示。
[4] 调用 CIRCLE 命令在梯形上部绘制一个圆，如图 5-65 所示。

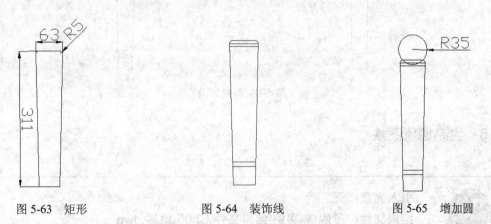

图 5-63　矩形　　　　　图 5-64　装饰线　　　　　图 5-65　增加圆

[5] 调用 RECTANG 和 CIRCLE 命令在圆上部绘制梯形和圆，如图 5-66 所示。
[6] 调用 FILLET 和 TRIM 命令做出桌腿的最终效果，如图 5-67 所示。

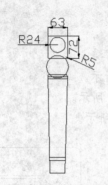
图 5-66 增加矩形

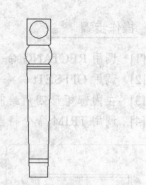
图 5-67 剪掉多余部分

[7] 调用 RECTANG 命令绘制桌面，如图 5-68 所示。

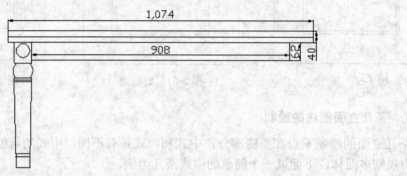
图 5-68 绘制桌面

[8] 调用 MIRROR 命令绘制出另一侧桌腿完成茶几立面的绘制，如图 5-69 所示。

图 5-69 最终效果

5.3.6 绘制地毯图块

引入光盘：无
结果文件：多媒体\实例\结果文件\Ch05\地毯.dwg
视频文件：多媒体\视频\Ch05\地毯.avi

地毯使用范围较广，卧室和客厅都可以使用，客厅使用的地毯材质较高档，有规则和不规则图案，多布置在沙发中间的茶几下面，如图 5-70 所示。

图 5-70　沙发的效果图

1. 简单地毯图块的绘制

简单地毯的绘制多使用矩形命令，过程较简单，主要是矩形命令的应用。

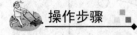

[1]　调用 LINE 命令用虚线绘制 1028×1107 的矩形。

[2]　调用 OFFSET 命令将矩形向内偏移 30，如图 5-71 所示。

[3]　调用 INSERT 命令在矩形内插入一个多边形，如图 5-72 所示。

[4]　调用 MIRROR 命令在矩形中绘制其他多边形，如图 5-73 所示。

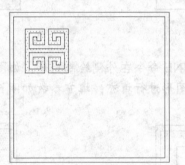

图 5-71　绘制矩形　　　　　图 5-72　插入多边形　　　　　图 5-73　最终效果

6. 复杂地毯图块的绘制

复杂地毯的绘制主要繁琐在其图案的绘制和边角的绘制，其他部分绘制方法与简单地毯的绘制方法相同。下面以一个中间有花，边角有毛边的地毯为例，讲述复杂地毯的绘制。

操作步骤

[1]　调用 CIRCLE 命令绘制一个半径为 50 的圆。

[2]　调用 PLINE 命令由圆心向外画出几片花瓣形状图形，如图 5-74 所示。

[3]　调用 ARRAY 命令绘出花朵效果，如图 5-75 所示。

图 5-74 圆和花瓣　　　　　　　　　　图 5-75 花朵图案

[4] 调用 RECTANG 命令绘制 1800×1800 的矩形，如图 5-76 所示。
[5] 调用 SPLINE 和 CIRCLE 命令绘制出矩形内的装饰效果，如图 5-77 所示。

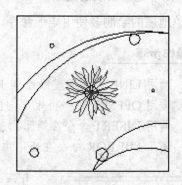

图 5-76 绘制矩形　　　　　　　　　　图 5-77 绘制装饰线

[6] 调用 RECTANG 和 LINE 命令在外侧绘制矩形，如图 5-78 所示。
[7] 调用 HATCH 命令对图形进行填充，填充参数如图 5-79 所示，效果如图 5-80 所示。

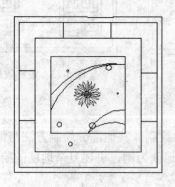
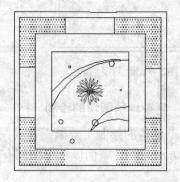

图 5-78 绘制外轮廓　　　　　　　　　图 5-79 填充

[8] 调用 LINE 和 MIRROR 命令做出周边装饰效果，如图 5-81 所示。

图 5-80　参数设置

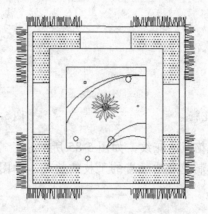

图 5-81　最终效果

5.3.7　绘制装饰性植物图块

引入光盘：无
结果文件：多媒体\实例\结果文件\Ch05\干枝.dwg
视频文件：多媒体\视频\Ch05\干枝.avi

装饰性植物的添加可以使房间充满活力和生机而不显单调，其绘制也较为简单，一般主要由植物和花瓶或花盆构成，绘制主要调用多段线命令，如图5-82所示。

图 5-82　干枝装饰物

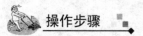

[1] 调用 SPLINE 命令绘制花瓶的一半，如图 5-83 所示。

[2] 调用 MIRROR 命令绘制出花瓶的另一半，如图 5-84 所示。

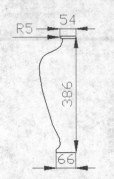

图 5-83 绘制半个花瓶

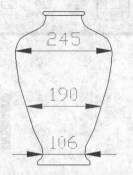

图 5-84 复制成整个花瓶

[3] 调用 LINE 命令绘制花瓶的花纹，如图 5-85 所示。
[4] 调用 SPLINE 命令绘制花瓶内插着的干枝的效果，如图 5-86 所示。

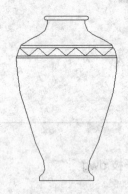

图 5-85 绘制花瓶花纹

图 5-86 绘制干枝

5.4 课后练习

1. 创建图块

用前面所掌握的绘图方法绘制图 5-87 所示的推式门的平面图，并利用 ATTDEF 命令定义块的属性，最后用 WBLOCK 命令将其定义为外部图块，图块名为"推式门"。

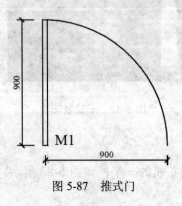

图 5-87 推式门

7. 定义图块属性

打开文件"房屋立面图.dwg",画标高符号,将标高符号定义为图块,插入标高符号,如图 5-88 所示。

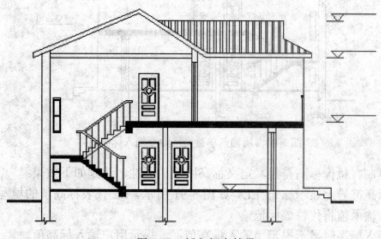

图 5-88 插入标高符号

> **提示**
>
> 标高符号为等腰直角三角形,高度约为 3 mm,考虑到建筑图多按 1∶100 的比例打印出图,可以画一个高为 300 mm 的标高符号。

作图步骤:

[1] 使"细实线"层为当前层,先利用正交工具和端点捕捉画图 5-155(a),直角边的长度等于 300。

[2] 用镜像命令将图 5-89(a)画为图 5-89(b)。

[3] 利用对象捕捉和正交工具将图 5-155(b)画为图 5-155(c),删除多余的铅垂线。

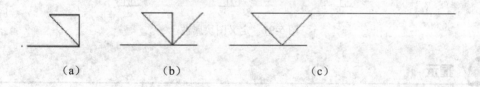

图 5-89 画标高符号

> **提示**
>
> 也可以通过输入点的相对坐标值画出三角形,然后按上述方法绘制其他线段。

[4] 用追踪确定插入点,插入一个标高符号,复制生成其他标高符号。

[5] 用输入单行文字命令输入标高值,如图 5-90 所示。

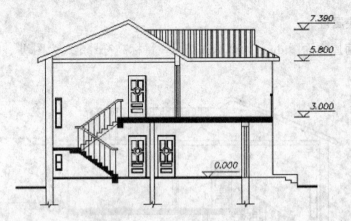

图 5-90 用输入单行文字命令输入标高值

从上图中复制、镜像标高符号,定义标高图块的属性,达到如下效果:

(1) 在标高符号上显示标记 EL,如图 5-91 所示。EL 代表标高值的填写位置,插入带属性的图块时,输入值将代替该标记。

(2) 在插入标高时显示提示"输入标高值:",提示用户输入标高值。

(3) 标高的默认值为 0.000。

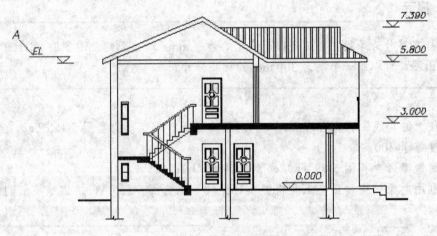

图 5-91 定义图块属性

 提示

这 3 项分别对应于图块的 3 个属性:标记、提示和值。

操作要点:

[1] 从【对正】下拉列表中选择属性文字相对于插入点的排列方式,本例保留默认方式"左"。

[2] 在 高度(H) 按钮右边的文本框中输入文字高度 300。

[3] 使 旋转(R) 按钮右边的文本框中保持"0"。

[4] 单击 拾取点(P) 按钮,在 A 点处单击,选择 A 点为属性文字插入点。

第 6 章
图层与设计中心

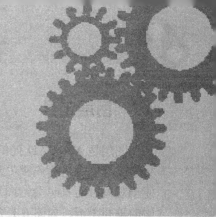

本章将详细介绍 AutoCAD 2015 图层管理及设计中心的基本功能操作。

设计中心是可以管理块参照、外部参照和其他内容（例如图层定义、布局和文字样式）的功能选项板。

 知识要点

- 图层特效管理器
- 图层工具
- AutoCAD 设计中心

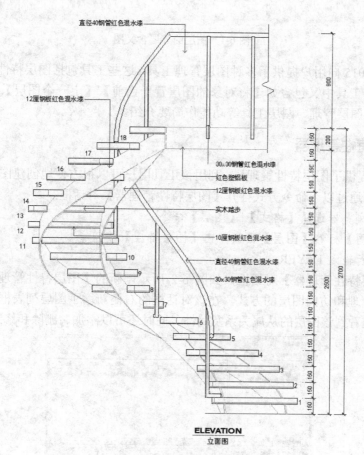

利用图层绘制楼梯立面图

6.1 图层工具

图层是 AutoCAD 提供的一个管理图形对象的工具。用户可以根据图层对图形几何对象、文字、标注等进行归类处理，使用图层来管理它们，不仅能使图形的各种信息清晰、有序，便于观察，而且也会给图形的编辑、修改和输出带来很大的方便。图层相当于图纸绘图中使用的重叠图纸，如图 6-1 所示。

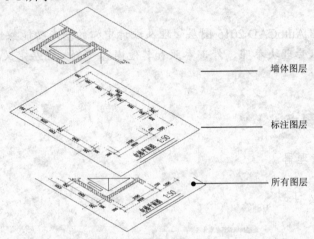

图 6-1　图层的分层含义图

AutoCAD 2015 向用户提供了多种图层管理工具，这些工具包括图层特性管理器、图层工具等，其中图层工具中又包含如【将对象的图层置于当前】、【上一个图层】、【图层漫游】等功能。接下来将图层管理、图层工具等功能作简要介绍。

6.1.1 图层特性管理器

AutoCAD 提供了图层特性管理器，利用该工具用户可以很方便地创建图层以及设置其基本属性。用户可通过以下命令方式打开【图层特性管理器】对话框：

◆ 在菜单浏览器选择【格式】|【图层】命令。
◆ 在【常用】标签【图层】面板单击【图层特性】按钮。
◆ 在命令行输入 LAYER。

打开【图层特性管理器】对话框，如图 6-2 所示。新的【图层特性管理器】对话框提供了更加直观的管理和访问图层的方式。在该对话框的右侧新增了图层列表框，用户在创建图层时可以清楚地看到该图层的从属关系及属性，同时还可以添加、删除和修改图层。

图 6-2　【图层特性管理器】对话框

【图层特性管理器】对话框中所包含的按钮、选项的功能介绍如下。

1. 新建特性过滤器

【新建特性过滤器】的主要功能是根据图层的一个或多个特性创建图层过滤器。单击【新建特性过滤器器】按钮，程序弹出【图层过滤器特性】对话框，如图 6-3 所示。

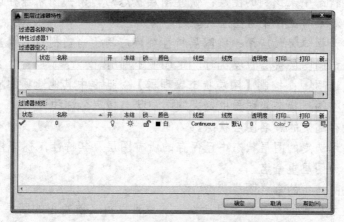

图 6-3　【图层管理器特性】对话框

在【图层特性管理器】对话框的树状图选定图层过滤器后，将在列表视图中显示符合过滤条件的图层。

2. 新建组过滤器

【新建组过滤器】的主要功能是创建图层过滤器，其中包含选择并添加到该过滤器的图层。

3. 图层状态管理器

【图层状态管理器】的主要功能是显示图形中已保存的图层状态列表。单击【图层状态管理器】按钮，弹出【图层状态管理器】对话框（也可在菜单浏览器选择【格式】|【图层状态管理器】命令），如图 6-4 所示。用户通过该对话框可以创建、重命名、编辑和删除图层状态。

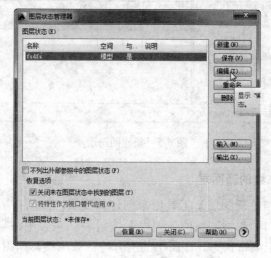

图 6-4　【图层状态管理器】对话框

【图层状态管理器】对话框的选项、功能按钮含义如下：

- 图层状态：列出已保存在图形中的命名图层状态、保存它们的空间（模型空间、布局或外部参照）、图层列表是否与图形中的图层列表相同以及可选说明。
- 不列出外部参照中的图层状态：控制是否显示外部参照中的图层状态。
- 关闭图层状态中未找到的图层：恢复图层状态后，请关闭未保存设置的新图层，以使图形看起来与保存命名图层状态时一样。
- 将特性作为视口替代应用：将图层特性替代应用于当前视口。仅当布局视口处于活动状态并访问图层状态管理器时，此选项才可用。
- 更多恢复选项 ⊙；控制【图层状态管理器】对话框中其他选项的显示。
- 新建：为在图层状态管理器中定义的图层状态指定名称和说明。
- 保存：保存选定的命名图层状态。
- 编辑：显示选定的图层状态中已保存的所有图层及其特性，视口替代特性除外。
- 重命名：为图层重命名。
- 删除：删除选定的命名图层状态。
- 输入：显示标准的文件选择对话框，从中可以将之前输出的图层状态（LAS）文件加载到当前图形。
- 输出：显示标准的文件选择对话框，从中可以将选定的命名图层状态保存到图层状态（LAS）文件中。
- 恢复：将图形中所有图层的状态和特性设置恢复为之前保存的设置（仅恢复使用复选框指定的图层状态和特性设置）。

4. 新建图层

【新建图层】工具用来创建新图层。单击【新建图层】按钮，列表中将显示名为【图层 1】的新图层，图层名文本框处于编辑状态。新图层将继承图层列表中当前选定图层的特性（颜色、开或关状态等），如图 6-5 所示。

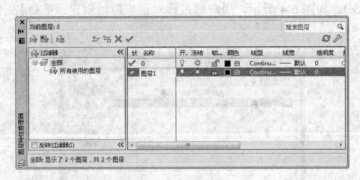

图 6-5 新建的图层

5. 所有视口中已冻结的新图层

【所有视口中已冻结的新图层】工具用来创建新图层，然后在所有现有布局视口中将其冻结。单击【在所有视口中都被冻结的新图层】按钮，列表中将显示名为【图层 2】的新图层，图层名文本框处于编辑状态。该图层的所有特性被冻结，如图 6-6 所示。

图 6-6　新建图层的所有特征被冻结

6. 删除图层

【删除图层】工具只能删除未被参照的图层。图层 0 和 DEFPOINTS、包含对象（包括块定义中的对象）的图层、当前图层，以及依赖外部参照的图层是不能被删除的。

7. 设为当前

【设为当前】工具是将选定图层设置为当前图层。将某一图层设置为当前图层后，在列表中该图层的状态呈"√"显示，然后用户就可在图层中创建图形对象了。

8. 树状图

在【图层特性管理器】对话框中的树状图窗格，以显示图形中图层和过滤器的层次结构列表，如图 6-7 所示。顶层节点（全部）显示图形中的所有图层。单击窗格中的【收拢图层过滤器】按钮《，即可将树状图窗格收拢，再单击此按钮，则展开树状图窗格。

9. 列表视图

列表视图显示了图层和图层过滤器及其特性和说明。如果在树状图中选定了一个图层过滤器，则列表视图将仅显示该图层过滤器中的图层。树状图中的【全部】过滤器将显示图形中的所有图层和图层过滤器。当选定某一个图层特性过滤器并且没有符合其定义的图层时，列表视图将为空。要修改选定过滤器中某一个选定图层或所有图层的特性，请单击该特性的图标。当图层过滤器中显示了混合图标或【多种】时，表明在过滤器的所有图层中，该特性互不相同。

【图层特性管理器】对话框的列表视图如图 6-8 所示。

图 6-7　树状图

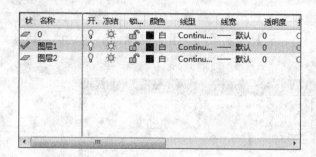

图 6-8　列表视图

列表视图中各项目含义如下：

- 状态：指示项目的类型（包括图层过滤器、正在使用的图层、空图层或当前图层）。
- 名称：显示图层或过滤器的名称。当选择一个图层名称后，再按 F2 键即可编辑图层名。

- 开：打开和关闭选定图层。单击【电灯泡】形状的符号按钮，即可将选定图层打开或关闭。当 符号呈亮色时，图层已打开；当 符号呈暗灰色时，图层已关闭。
- 冻结：冻结所有视口中选定的图层，包括【模型】选项卡。单击 符号按钮，可冻结或解冻图层，图层冻结后将不会显示、打印、消隐、渲染或重生成冻结图层上的对象。当 符号呈亮色时，图层已解冻；当 符号呈暗灰色时，图层已冻结。
- 锁定：锁定和解锁选定图层。图层被锁定后，将无法更改图层中的对象。单击 符号按钮（此符号表示为锁已打开），图层被锁定，单击 符号按钮（此符号表示为锁已关闭），图层被解除锁定。
- 颜色：更改与选定图层关联的颜色。默认状态下，图层中对象的颜色呈黑色，单击【颜色】按钮，弹出【选择颜色】对话框，如图6-9所示。在此对话框中用户可选择任意颜色来显示图层中的对象元素。
- 线型：更改与选定图层关联的线型。选择线型名称（如 Continuous），则会弹出【选择线型】对话框，如图6-10所示。单击【选择线型】对话框的【加载】按钮，再弹出【加载或重载线型】对话框，如图6-11所示。在此对话框中，用户可选择任意线型来加载，使图层中的对象线型为加载的线型。

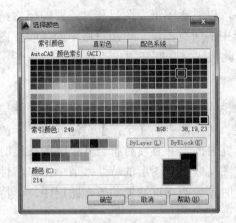

图6-9 【选择颜色】对话框

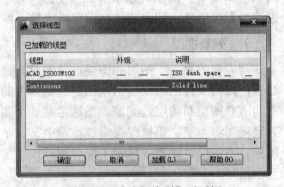

图6-10 【选择线型】对话框

- 线宽：更改与选定图层关联的线宽。选择线宽的名称后（如【—默认】），弹出【线宽】对话框，如图6-12所示。通过该对话框，来选择适合图形对象的线宽值。

图6-11 【加载或重载线型】对话框

图6-12 【线宽】对话框

- ◆ 打印样式：更改与选定图层关联的打印样式。
- ◆ 打印：控制是否打印选定图层中的对象。
- ◆ 新视口冻结：在新布局视口中冻结选定图层。
- ◆ 说明：描述图层或图层过滤器。

6.1.2 图层工具

图层工具是 AutoCAD 向用户提供的图层创建、编辑的管理工具。在菜单浏览器选择【格式】|【图层工具】命令，即可打开图层工具菜单，如图 6-13 所示。

图 6-13　图层工具菜单命令

图层工具菜单上的工具命令除在【图层特性管理器】对话框中已介绍的打开或关闭图层、冻结或解冻图层、锁定或解锁图层、删除图层外，还包括上一个图层、图层漫游、图层匹配、更改为当前图层、将对象复制到新图层、图层隔离、将图层隔离到当前视口、取消图层隔离及图层合并等工具，接着就将这些图层工具一一作简要介绍。

1. 上一个图层

【上一个图层】工具是用来放弃对图层设置所做的更改，并返回到上一个图层状态。用户可通过以下命令方式来执行此操作：

- ◆ 菜单浏览器：选择【格式】|【图层工具】|【上一个图层】命令。
- ◆ 面板：在【常用】标签【图层】面板单击【上一个】按钮。
- ◆ 命令行：输入 LAYERP。

2. 图层漫游

【图层漫游】工具的作用是显示选定图层上的对象并隐藏所有其他图层上的对象。用户可通过以下命令方式来执行此操作：

- ◆ 菜单浏览器：选择【格式】|【图层工具】|【图层漫游】命令。

- 面板：在【常用】标签【图层】面板单击【图层漫游】按钮 。
- 命令行：输入 LAYWALK。

在【常用】标签【图层】面板单击【图层漫游】按钮 后，则弹出【图层漫游】对话框，如图 6-14 所示。通过该对话框，用户可在图形窗口中选择对象或选择图层来显示、隐藏。

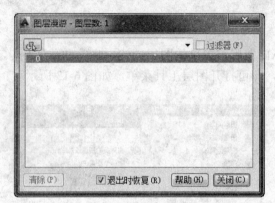

图 6-14 【图层漫游】对话框

3. 图层匹配

【图层匹配】工具的作用是更改选定对象所在的图层，使之与目标图层相匹配。用户可通过以下命令方式来执行此操作：

- 菜单浏览器：选择【格式】|【图层工具】|【图层匹配】命令。
- 面板：在【常用】标签【图层】面板单击【图层匹配】按钮 。
- 命令行：输入 LAYMCH。

4. 更改为当前图层

【更改为当前图层】工具的作用是将选定对象所在的图层更改为当前图层。用户可通过以下命令方式来执行此操作：

- 菜单浏览器：选择【格式】|【图层工具】|【更改为当前图层】命令。
- 面板：在【常用】标签【图层】面板单击【更改为当前图层】按钮 。
- 命令行：输入 LAYCUR。

5. 将对象复制到新图层

【将对象复制到新图层】工具的作用是将一个或多个对象复制到其他图层。用户可通过以下命令方式来执行此操作：

- 菜单浏览器：选择【格式】|【图层工具】|【将对象复制到新图层】命令。
- 面板：在【常用】标签【图层】面板单击【将对象复制到新图层】按钮 。
- 命令行：输入 COPYTOLAYER。

6. 图层隔离

【图层隔离】工具的作用是隐藏或锁定除选定对象所在图层外的所有图层。用户可通过以下命令方式来执行此操作：

- 在菜单浏览器选择【格式】|【图层工具】|【图层隔离】命令。
- 在【常用】标签【图层】面板单击【图层隔离】按钮 。

第6章 图层与设计中心

◆ 在命令行输入 LAYISO。

7. 将图层隔离到当前窗口

【将图层隔离到当前窗口】工具的作用是冻结除当前视口以外的所有布局视口中的选定图层。用户可通过以下命令方式来执行此操作:

◆ 菜单浏览器:选择【格式】|【图层工具】|【将图层隔离到当前窗口】命令。
◆ 面板:在【常用】标签【图层】面板单击【将图层隔离到当前窗口】按钮 。
◆ 命令行:输入 LAYVPI。

8. 取消图层隔离

【取消图层隔离】工具的作用是恢复使用 LAYISO(图层隔离)命令隐藏或锁定的所有图层。用户可通过以下命令方式来执行此操作:

◆ 菜单浏览器:选择【格式】|【图层工具】|【取消图层隔离】命令。
◆ 面板:在【常用】标签【图层】面板单击【取消图层隔离】按钮。
◆ 命令行:输入 LAYUNISO。

9. 图层合并

【图层合并】工具的作用是将选定图层合并到目标图层中,并将以前的图层从图形中删除。用户可通过以下命令方式来执行此操作:

◆ 菜单浏览器:选择【格式】|【图层工具】|【图层合并】命令。
◆ 面板:在【常用】标签【图层】面板单击【图层合并】按钮。
◆ 命令行:输入 LAYMRG。

实例——利用图层绘制楼梯间平面图

[1] 选择【文件】|【新建】菜单命令,弹出【启动】对话框,单击【使用向导】按钮并选择【快速设置】选项,如图 6-15 所示。

[2] 单击【确定】按钮,关闭对话框,弹出【快速设置】对话框,选择【建筑】单选项,如图 6-16 所示。

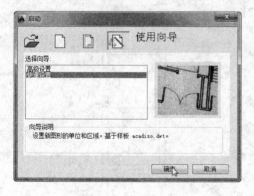

图 6-15 【启动】对话框

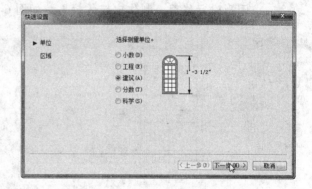

图 6-16 【快速设置】对话框

[3] 单击【下一步】按钮,设置图形界限,如图 6-17 所示,单击【完成】按钮,创建新的图形文件。

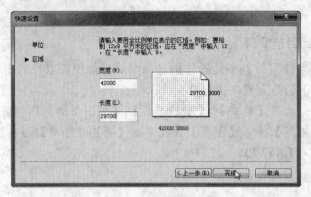

图 6-17 设置图形界限

[4] 使用【视图】命令调整绘图窗口显示的范围，使图形能够被完全显示。

[5] 选择【格式】|【图层】菜单命令，弹出【图层特性管理器】对话框，单击【新建图层】按钮 创建所需要的新图层，并输入图层的名称、颜色等，双击墙体图层，将图层设置为当前图层，如图 6-18 所示。

[6] 选择【直线】工具 ，按键盘上的 F8 键，打开【正交】模式，绘制一条垂直方向和一条水平方向的线段，效果如图 6-19 所示。

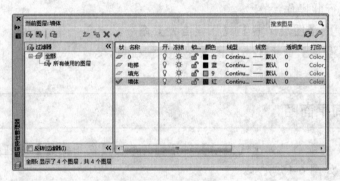

图 6-18 置为图层

图 6-19 绘制线段

[7] 选择【偏移】工具 偏移线段图形，如图 6-20 所示；选择【修剪】工具 将线段图形进行修剪，制作出墙体效果，如图 6-21 所示。

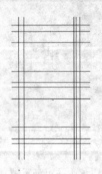

图 6-20 偏移线段

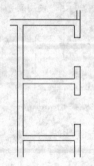

图 6-21 墙体效果

[8] 在【图层】工具栏的图层列表中选择电梯图层，设置电梯图层为当前图层。用【直

线】工具 / 在电梯门口位置绘制一条线段，将图形连接起来，如图 6-22 所示；再使用与前面相同的偏移复制和修剪方法，绘制出一部电梯的图形效果，如图 6-23 所示。

[9] 用【直线】工具 / 捕捉矩形的端点，在图形内部绘制交叉线标记电梯图形，如图 6-24 所示。

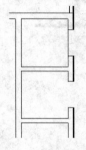
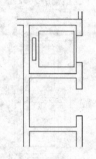
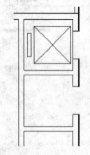

图 6-22　绘制直线　　　　　图 6-23　绘制电梯图　　　　　图 6-24　标记电梯图形

[10] 选择【复制】工具 ❀ 选择所绘制的电梯图形，复制到下面的电梯井空间中，效果如图 6-25 所示。用【直线】工具 / 绘制线段将墙体图形封闭，如图 6-26 所示。

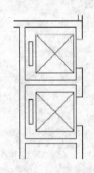
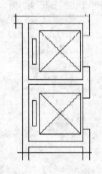

图 6-25　复制图形　　　　　　　　　　　图 6-26　封闭图形

[11] 在【图层】工具栏的图层列表中选择填充图层，设置填充图层为当前图层。

[12] 选择【图案填充】工具 ▨，弹出【填充图案创建】选项卡，选择【AR-CONC】图案，并对图形填充进行设置，如图 6-27 所示。

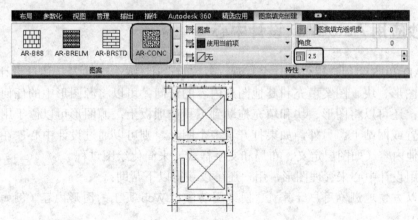

图 6-27　对图形进行填充

[13] 重新调用【图案填充】命令，选择【ANSI31】图案，并对图形填充进行设置，如图 6-28 所示。

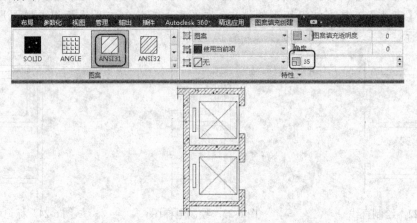

图 6-28　对图形进行填充

[14] 选择之前绘制用来封闭选择区域的线段，按键盘上的 Delete 键，将线段删除，完成电梯间平面图的绘制，如图 6-29 所示。

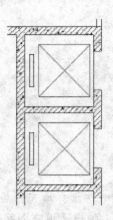

图 6-29　绘制完成的电梯间

6.2　巧妙应用 AutoCAD 设计中心

　　AutoCAD 2015 为用户提供了一个直观、高效的设计中心控制面板。通过设计中心，用户可以组织对图形、块、图案填充和其他图形内容的访问；可以将源图形中的任何内容拖动到当前图形中；还可以将图形、块和填充拖动到工具选项板上；源图形可以位于用户的计算机上、网络位置或网站上。另外，如果打开了多个图形，则可以通过设计中心，在图形之间复制和粘贴其他内容（如图层定义、布局和文字样式）来简化绘图过程。

　　通过使用设计中心来管理图形，用户还可以获得以下帮助：
- 可以方便地浏览用户计算机、网络驱动器和 Web 页上的图形内容（例如图形或符号库）。
- 在定义表中查看块或图层对象的定义，然后将定义插入、附着、复制和粘贴到当前图形中。
- 重定义块。
- 可以创建常用图形、文件夹和 Internet 网址的快捷方式。
- 向图形中添加外部参照、块和填充等内容。
- 在新窗口中打开图形文件。
- 将图形、块和填充拖动到工具选项板上以便于访问。

如果在绘制复杂的图形时，所有绘图人员遵循一个共同的标准，那么绘图时的协调工作将变得十分容易。CAD 标准就是为命名对象（例如图层和文本样式）定义的一个公共特性集。定义一个标准后，可以用样板文件的形式存储这个标准。创建样板文件后，还可以将该样板文件与图形文件相关联，借助该样板文件检查图形文件是否符合标准。

6.2.1 设计中心主界面

通过设计中心窗口，用户可以控制设计中心的大小、位置和外观。用户可通过以下命令方式来打开设计中心窗口：
- 菜单栏：选择【工具】|【选项板】|【设计中心】命令。
- 面板：【视图】标签【选项】面板单击【设计中心】按钮。
- 命令行：输入 ADCENTER。

通过执行 ADCENTER 命令，打开如图 6-30 所示的设计中心界面。

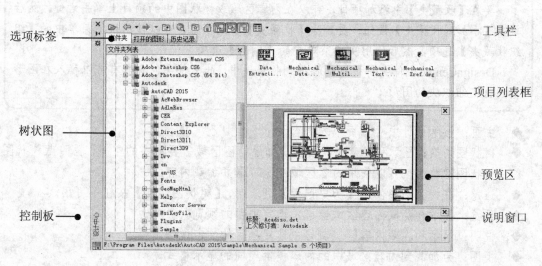

图 6-30 【设计中心】界面

默认情况下，AutoCAD 设计中心固定在绘图区的左边，主要由控制板、树状图、项目列表框、预览区和说明区组成。

10. 工具栏

工具栏中包含有常用的工具命令按钮，如图 6-31 所示。

图 6-31 工具栏

工具栏中各按钮含义如下:

◆ 加载:单击此按钮,将打开【加载】对话框,通过【加载】对话框浏览本地和网络驱动器或 Web 上的文件,然后选择内容加载到内容区域。
◆ 上一页:返回到历史记录列表中最近一次的位置。
◆ 下一页:返回到历史记录列表中下一次的位置。
◆ 上一极:显示当前容器的上一级容器的内容。
◆ 搜索:单击此按钮,将打开【搜索】对话框,用户从中可以指定搜索条件以便在图形中查找图形、块和非图形对象。
◆ 收藏夹:在内容区域中显示【收藏夹】文件夹的内容。

操作技巧

要在【收藏夹】中添加项目,可以在内容区域或树状图中的项目上单击右键,然后单击【添加到收藏夹】按钮。要删除【收藏夹】中的项目,可以使用快捷菜单中的【组织收藏夹】选项,然后使用快捷菜单中的【刷新】选项。

DesignCenter 文件夹将被自动添加到收藏夹中。此文件夹包含具有可以插入在图形中的特定组织块的图形。

◆ 主页:显示设计中心主页中的内容。
◆ 树状图切换:显示和隐藏树状视图。如果绘图区域需要更多的空间,需隐藏树状图,树状图隐藏后,可以使用内容区域浏览容器并加载内容。
◆ 注意:在树状图中使用【历史记录】列表时,【树状图切换】按钮不可用。
◆ 预览:显示和隐藏内容区域窗格中选定项目的预览。
◆ 说明:显示和隐藏内容区域窗格中选定项目的文字说明。
◆ 视图:为加载到内容区域中的内容提供不同的显示格式。

1. 选项标签

设计中心面板上有 4 个选项标签,【文件夹】、【打开的图形】、【历史记录】和【联机设计中心】。

◆ 【文件夹】标签:显示计算机或网络驱动器(包括【我的电脑】和【网上邻居】)中文件和文件夹的层次结构。
◆ 【打开的图形】标签:显示当前工作任务中打开的所有图形,包括最小化的图形。
◆ 【历史记录】标签:显示最近在设计中心打开的文件的列表。
◆ 【联机设计中心】标签:访问联机设计中心网页。

2. 树状图

树状图显示用户计算机和网络驱动器上的文件与文件夹的层次结构、打开图形的列表、自定义内容以及上次访问过的位置的历史记录，如图6-32所示。选择树状图中的项目以便在内容区域中显示其内容。

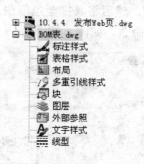

图6-32 树状图结构

操作技巧

sample\designcenter 文件夹中的图形包含可插入在图形中的特定组织块，这些图形称为符号库图形。使用设计中心顶部的工具栏按钮可以访问树状图选项。

3. 控制板

设计中心上的控制板包括有3个控制按钮：【特性】、【自动隐藏】和【关闭】。

- ◆ 特性：单击此按钮，弹出设计中心【特性】菜单，如图6-33所示。可以进行移动、缩放、隐藏设计中心选项板。
- ◆ 自动隐藏：单击此按钮，可以控制设计中心选项板的显示或隐藏。
- ◆ 关闭：单击此按钮，将关闭设计中心选项板。

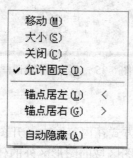

图6-33 【特性】菜单

6.2.2 利用设计中心制图

在设计中心选项板中，可以将项目列表框或者【查找】对话框中的内容直接拖放到打开的图形中，还可以将内容复制到剪贴板上，然后再粘贴到图形中。根据插入内容的类型，还可以选择不同的方法。

1. 以块形式插入图形文件

在设计中心选项板中，可以将一个图形文件以块形式插入到当前已打开的图形中。首先在项目列表框中找到要插入的图形文件，然后选中它，并将其拖至当前图形中。此时系统将按照所选图形文件的单位与当前图形文件图形单位的比例缩放图形。

也可以右击要插入的图形文件，然后将其拖至当前图形。释放鼠标后，系统将弹出一个快捷菜单，从中选择【插入为块】命令，如图6-34所示。

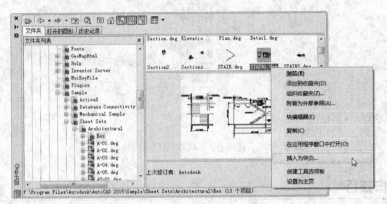

图 6-34 右键拖移图形文件

随后程序将打开【插入】对话框。用户可以利用该对话框，设置块的插入点坐标、缩放比例和旋转角度，如图6-35所示。

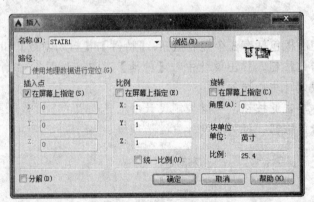

图 6-35 【插入】对话框

2. 附着为外部参照

在设计中心中，可以通过以下方式在内容区中打开图形：使用快捷菜单、拖动图形同时按住 Ctrl 键，或将图形图标拖至绘图区域的图形区外的任意位置。图形名被添加到设计中心历史记录表中，以便在将来的任务中快速访问。

使用快捷菜单时，可以将图形文件以外部参照形式在当前图形中插入，即如图6-34所示的快捷菜单中，选择【附着为外部参照】命令即可，此时程序将打开【附着外部参照】对话框，用户可以通过该对话框设置参照类型、插入点坐标、缩放比例与旋转角度等，如图6-36所示。

第 6 章 图层与设计中心

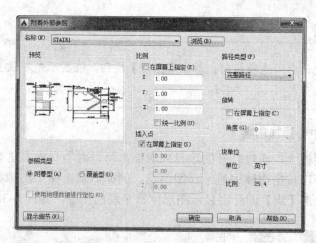

图 6-36 【附着外部参照】对话框

6.2.3 使用设计中心访问、添加内容

用户可通过 AutoCAD 设计中心来访问图形文件并打开图形文件,还可以通过设计中心向加载的当前图形添加内容。在【设计中心】窗口中,左侧的树状图和四个设计中心选项卡可以帮助用户查找内容并将内容加载到内容区中,用户也可在内容区中添加所需的新内容。

1. 通过设计中心访问内容

设计中心窗口左侧的树状图和四个设计中心选项标签可以帮助用户查找内容并将内容显示在项目列表框中。通过设计中心来访问内容,用户可以执行以下操作:

- 修改设计中心显示的内容的源。
- 在设计中心更改【主页】按钮的文件夹。
- 在设计中心中向收藏夹文件夹添加项目。
- 在设计中心中显示收藏夹文件夹内容。
- 组织设计中心收藏夹文件夹。

例如,在设计中心树状图中选择一个图形文件,并选择右键菜单【设为主页】命令,然后在工具栏单击【主页】按钮,在项目列表框中将显示该图形文件的所有 AutoCAD 设计内容,如图 6-37 所示。

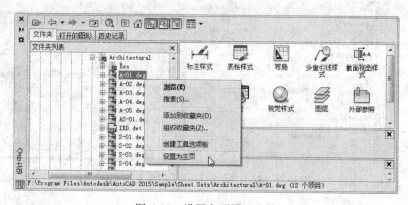

图 6-37 设置主页图形文件

> **操作技巧**
>
> 每次打开设计中心选项板时，单击【主页】按钮，将显示先前设置的主页图形文件或文件夹。

10. 通过设计中心添加内容

在设计中心选项板上，通过打开的项目列表框，可以对项目内容进行操作。双击项目列表框上、中的项目可以按层次顺序显示详细信息。例如，双击图形图像将显示若干图标，包括代表块的图标，双击【块】图标将显示图形中每个块的图像，如图6-38所示。

图6-38 双击图标以显示其内容

通过设计中心，用户可以向图形添加内容，可以更新块定义，还可以将设计中心中的项目添加到工具选项板中。

1）向图形添加内容

用户可以使用以下方法在项目列表框区中向当前图形添加内容：

◆ 将某个项目拖动到某个图形的图形区，按照默认设置（如果有）将其插入。

◆ 在内容区中的某个项目上单击鼠标右键，将显示包含若干选项的快捷菜单。

双击块图标将显示【插入】对话框，双击图案填充将显示【边界图案填充】对话框，如图6-39所示。

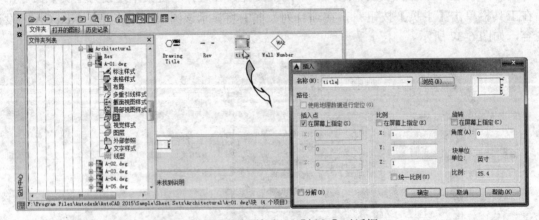

图6-39 双击块图标打开【插入】对话框

2）更新块定义

与外部参照不同,当更改块定义的源文件时,包含此块的图形的块定义并不会自动更新。通过设计中心,可以决定是否更新当前图形中的块定义。

操作技巧

块定义的源文件可以是图形文件或符号库图形文件中的嵌套块。

在项目列表框中的块或图形文件上单击鼠标右键,然后选择快捷菜单中的【仅重定义】或【插入并重定义】命令,可以更新选定的块,如图6-40所示。

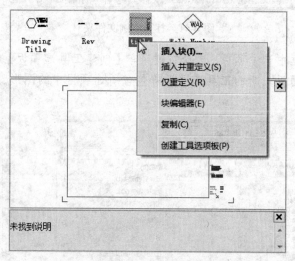

图6-40 更新块定义的右键菜单命令

3）将设计中心内容添加到工具选项板

可以将设计中心中的图形、块和图案填充添加到当前的工具选项板中。向工具选项板中添加图形时,如果将它们拖动到当前图形中,那么被拖动的图形将作为块被插入。

操作技巧

可以从内容区中选择多个块或图案填充并将它们添加到工具选项板中。

下面以实例来说明操作步骤。

实例——设计中心内容添加到工具选项板

[1] 在AutoCAD的菜单栏中,选择【工具】|【选项板】|【设计中心】命令,打开【设计中心】选项板。

[2] 在【文件夹】标签的树状图中,选中您要打开的图形文件的文件夹,在项目列表框中显示该文件夹中的所有图形文件,如图6-41所示。

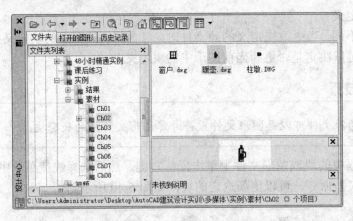

图 6-41 打开实例文件夹

[3] 在项目列表框中选中项目,选择右键菜单【创建工具选项板】命令,程序则弹出【工具选项板】面板,新的工具选项板将包含所选项目中的图形、块或图案填充,如图 6-42 所示。

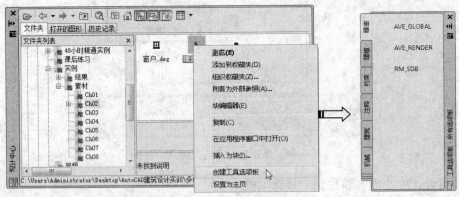

图 6-42 创建工具选项板

[4] 新建的工具选项板中没有暖壶块,可以在设计中心拖动弹簧图形文件到新建的工具选项板中,如图 6-43 所示。

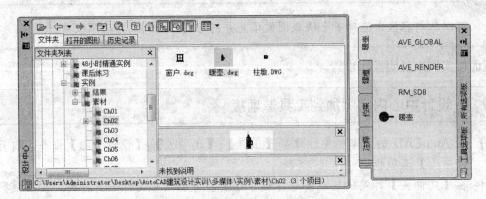

图 6-43 拖移图形文件到工具选项板中

3. 搜索指定内容

【设计中心】选项板工具栏中的【搜索】工具，可以指定搜索条件以便在图形中查找图形、块和非图形对象，以及搜索保存在桌面上的自定义内容。

单击【搜索】按钮，程序弹出【搜索】对话框，如图6-44所示。

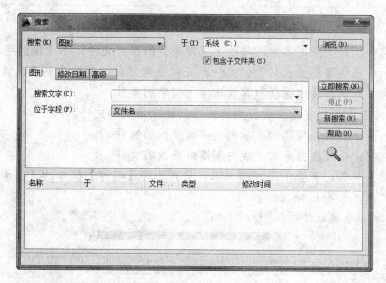

图6-44 【搜索】对话框

该对话框中各选项含义如下：

- 搜索：指定搜索路径名。若要输入多个路径，需用分号隔开，或者在下拉列表框选择路径。
- 于：搜索范围包括搜索路径中的子文件夹。
- 【浏览】按钮：单击此按钮，在【浏览文件夹】对话框中显示树状图，从中可以指定要搜索的驱动器和文件夹。
- 包含子文件夹：搜索范围包括搜索路径中的子文件夹。
- 【图形】标签：显示与【搜索】列表中指定的内容类型相对应的搜索字段。可以使用通配符来扩展或限制搜索范围。
- 搜索文字：指定要在指定字段中搜索的字符串。使用星号和问号通配符可扩大搜索范围。
- 位于字段：指定要搜索的特性字段。对于图形，除【文件名】外的所有字段均来自【图形特性】对话框中输入的信息。

操作技巧

此选项可在【图形】和【自定义内容】选项卡上找到。由第三方应用程序开发的自定义内容可能不为使用【搜索】对话框的搜索提供字段。

- 【修改日期】标签：查找在一段特定时间内创建或修改的内容，如图6-45所示。

图 6-45 【修改日期】标签

- 所有文件：查找满足其他选项卡上指定条件的所有文件，不考虑创建或修改日期。
- 找出所有已创建的或已修改的文件：查找在特定时间范围内创建或修改的文件。查找的文件同时满足该选项和其他选项上指定的条件。
- 介于...和...：查找在指定的日期范围内创建或修改的文件。
- 在前...月：查找在指定的月数内创建或修改的文件。
- 在前...日：查找在指定的天数内创建或修改的文件。
- 【高级】标签：查找图形中的内容；只有选定【名称】框中的【图形】以后，该选项才可用，如图 6-46 所示。

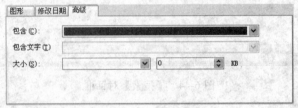

图 6-46 【高级】标签

- 包含：指定要在图形中搜索的文字类型。
- 包含文字：指定要搜索的文字。
- 大小：指定文件大小的最小值或最大值。

在【搜索】对话框的【搜索】列表框中选择一个类型【图形】，并在【于】列表中选择一个包含有 AutoCAD 图形的文件夹，再单击【立即搜索】按钮，程序自动将该文件夹下的所有图形文件都列在下方的搜索结果列表中，如图 6-47 所示。通过鼠标拖动搜索结果列表中的图形文件，可将其拖动到设计中心的项目列表框中。

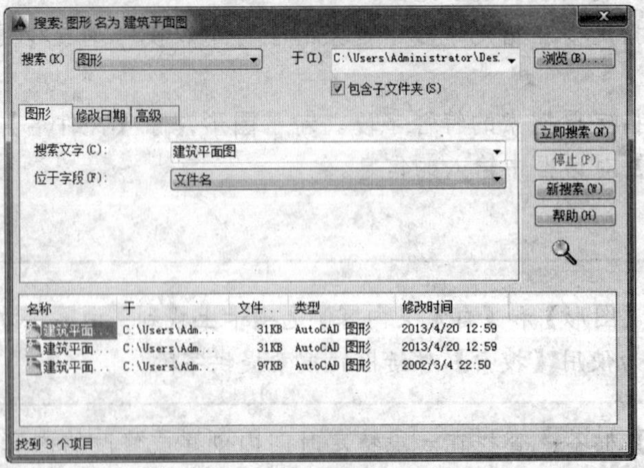

图 6-47 搜索指定内容

6.3 课后练习

1. 绘制客厅立面图

新建样板文件。设置图限、图形单位、文字样式、尺寸标注样式、线型及打印样式等，然后绘制出如图 6-48 所示的客厅立面图。

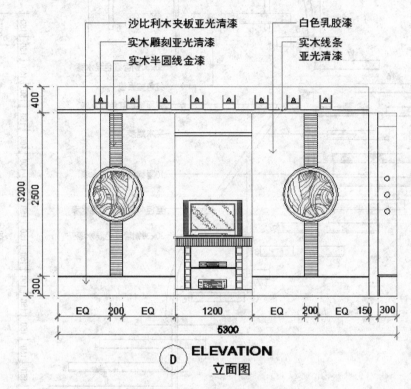

图 6-48 绘制客厅立面图

11. 绘制楼梯立面图

新建样板文件。设置图限、图形单位、文字样式、尺寸标注样式、线型及打印样式等，然后绘制出如图 6-49 所示的楼梯立面图。

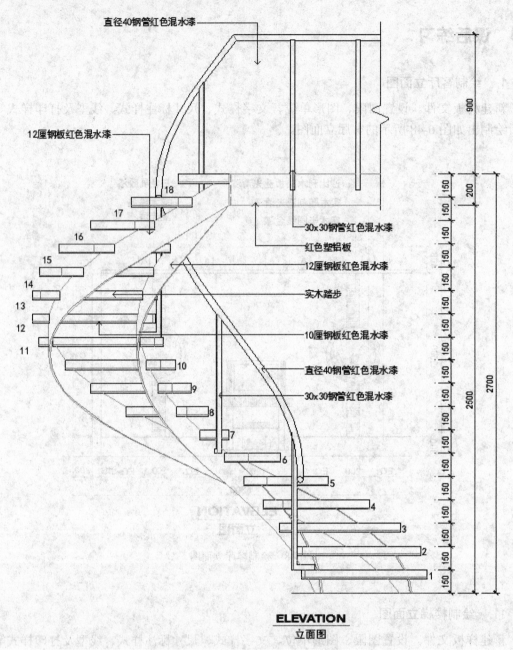

图 6-49　绘制楼梯立面图

第 7 章
室内户型平面图设计

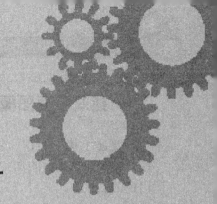

室内户型平面图是表示建筑物在水平方向房屋各部分的组合关系,对于单独的室内建筑设计而言,其设计的好坏取决于平面图设计。户型平面图一般由墙体、柱、门、窗、楼梯、阳台、室内布置以及尺寸标注、轴线和说明文字等辅助图组成。

 知识要点

- ◆ 建筑平面图的形成
- ◆ 建筑平面图的内容和作用
- ◆ 平面图的绘制规范
- ◆ 三室两厅居室平面图绘制案例

案例解析

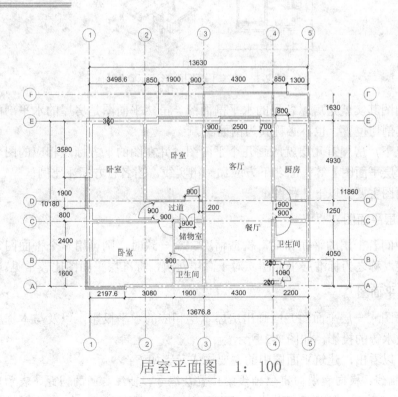

居室平面图 1：100

商品房平面图

7.1 建筑平面图概述

要进行室内设计，必须先懂得建筑剖面图（户型平面图）的形成及绘制方法。建筑平面图是整个建筑平面的真实写照，用于表现建筑物的平面形状、布局、墙体、柱子、楼梯以及门窗的位置等。

7.1.1 建筑平面图的形成与内容

为了便于理解，建筑平面图可用另一方式表达：用一假想水平剖切平面经过房屋的门窗洞口之间把房屋剖切开，剖切面剖切房屋实体部分为房屋截面，将此截面位置向房屋底平面作正投影，所得到的水平剖面图即为建筑平面图，如图7-1所示。

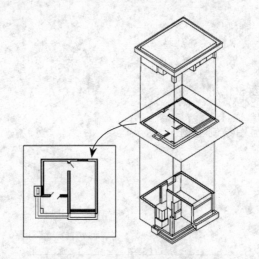

图7-1 建筑平面图的形成示意图

建筑平面图其实就是房屋各层的水平剖面图。虽然平面图是房屋的水平剖面图，但按习惯不必标注其剖切位置，也不必称其为剖面图。

一般情况下，房屋有几层就应画几个平面图，并在图的下方标注相应的图名，如【底层平面图】、【二层平面图】等。图名下方应加一粗实线，图名右方标注比例。

建筑平面图主要分以下几种图纸。

1. **标准层平面图**

当房屋中间若干层的平面布局，构造情况完全一致时，则可用一个平面图来表达这相同布局的若干层，称之为标准层平面图。对于高层建筑，标准层平面图比较常见。

2. **底层平面图**

底层平面图（一层平面图）应画出房屋本层相应的水平投影，以及与本栋房屋有关的台阶、花池、散水等的投影，如图7-2所示。

从上图可以看出，建筑平面图中的主要构成元素如下：

- 定位轴线：横向和纵向定位轴线的位置及编号，轴线之间的间距（表示出房间的开间和进深）。定位轴线用细单点画线表示。

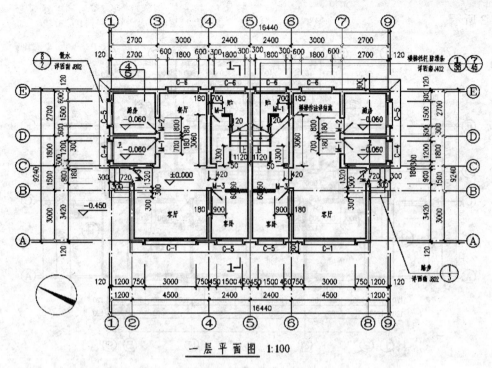

图 7-2 底层平面图

- 墙体、柱：表示出各承重构件的位置。剖到的墙、柱断面轮廓用粗实线，并画图例，如钢筋混凝土用涂黑表示；未剖到的墙用中实线。
- 内外门窗：门的代号用 M 表示：木门—MM；钢门—GM；塑钢门—SGM；铝合金门—LM；卷帘门—JM；防盗门—FDM；防火门—FM。窗的代号用 C 表示：木窗—MC；钢窗—GC；铝合金窗—LC；木百叶窗—MBC。在门窗的代号后面写上编号，如 M1、M2 和 C1、C2 等，同一编号表示同一类型的门窗，它们的构造与尺寸都一样，从图中可表示门窗洞的位置及尺寸。剖到的门扇用中实线（单线）或用细实线（双线）剖到的窗扇用细实用（双线）。
- 标注的三道尺寸：第一道为总体尺寸，表示房屋的总长、总宽；第二道为轴线尺寸，表示定位轴线之间的距离；第三道为细部尺寸，表示外部门窗洞口的宽度和定位尺寸。建筑平面图的内部尺寸表示内墙上门窗洞口和某些构配件的尺寸和定位。
- 标注：建筑平面图常以一层主要房间的室内地坪为零点（标记为±0.000），分别标注出各房间楼地面的标高。
- 其他设备位置及尺寸：表示楼梯位置及楼梯上下方向、踏步数及主要尺寸。表示阳台、雨蓬、窗台、通风道、烟道、管道井、雨水管、坡道、散水、排水沟、花池等位置及尺寸。
- 画出相关符号：剖面图的剖切符号位置及指北针、标注详图的索引符号。
- 文字标注说明：注写施工图说明、图名和比例。

3. **二层平面图**

二层平面图除画出房屋二层范围的投影内容之外，还应画出底层平面图无法表达的雨篷、阳台、窗眉等内容，而对于底层平面图上已表达清楚的台阶、花池、散水等内容就不再画出，如图 7-3 所示。

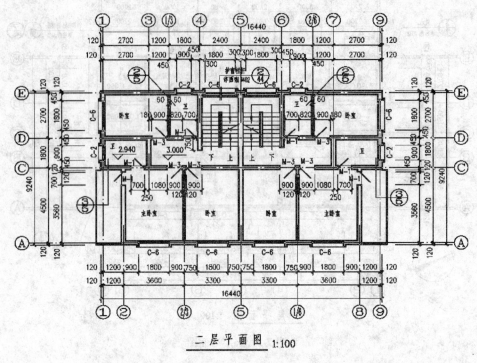

图 7-3　二层平面图

4. 三层及三层以上平面图

三层以上的平面图则只需画出本层的投影内容及下一层的窗眉、雨蓬等这些下一层无法表达的内容，如图 7-4 所示。

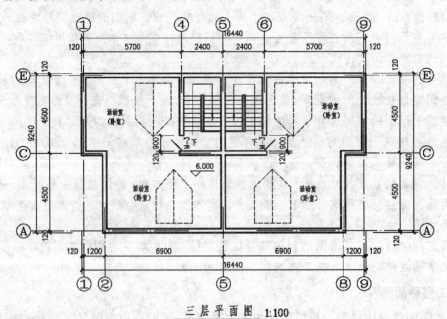

图 7-4　三层平面图

5. 屋顶平面图

屋顶平面图主要是用来表达房屋屋顶的形状、女儿墙位置、屋面排水方向及坡度、檐沟、水箱位置等的图形，如图 7-5 所示。

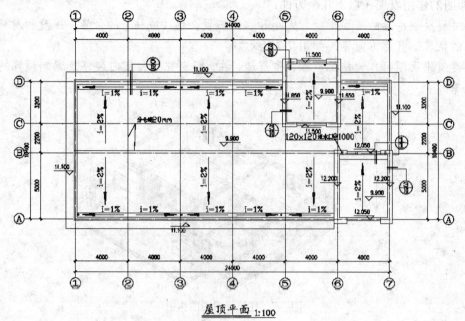

图 7-5　屋顶平面图

6. 局部平面图

当某些楼层的平面布置图基本相同仅局部不同时，则这些不同部分可用局部平面图表示。常见的局部平面图有厕所间、盥洗室、楼梯间平面图等，如图 7-6 所示。

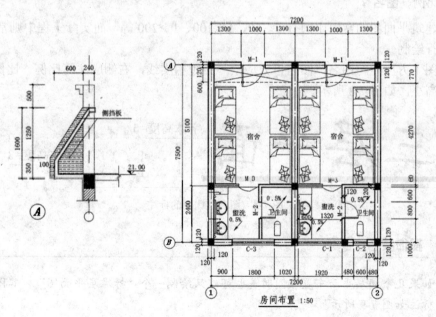

图 7-6　局部平面图

7.1.2 建筑平面图的表现

建筑平面图简称"平面图"。

平面图的作用表现在以下几个方面：
- ◆ 主要反映房屋的平面形状、大小和房间布置，墙（或柱）的位置、厚度和材料，门窗的位置、开启方向等，如图 7-7 所示。
- ◆ 建筑平面图可作为施工放线，砌筑墙、柱，门窗安装和室内装修及编制预算的重要依据。

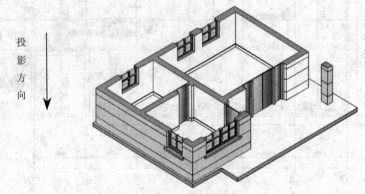

图 7-7 建筑平面图的作用

7.1.3 建筑平面图绘制规范

用户在绘制建筑平面图时，无论是绘制底层平面图、楼层平面图、大详平面图、屋顶平面图等时，应遵循国家制定的相关规定，使绘制的图形更加符合规范。

1. 比例、图名

绘制建筑平面图的常用比例有 1∶50、1∶100、1∶200 等，而实际工程中则常用 1∶100 的比例进行绘制。

平面图下方应注写图名，图名下方应绘一条短粗实线，右侧应注写比例，比例字高宜比图名的字高小，如图 7-8 所示。

图 7-8 图名及比例的标注

> **操作技巧**
>
> 如果几个楼层平面布置相同时，也可以只绘制一个"标准层平面图"，其图名及比例的标注如图 7-9 所示。

2. 图例

建筑平面图由于比例小，各层平面图中的卫生间、楼梯间、门窗等投影难以详尽表示，便采用国标规定的图例来表达，而相应的详尽情况则另用较大比例的详图来表达。

图 7-9 相同楼层的图名标注

建筑平面图的常见图例如图 7-10 所示。

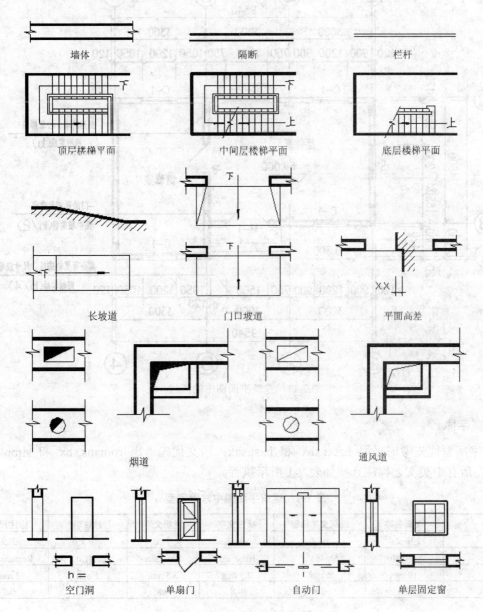

图 7-10 建筑平面图常见图例

3. 图线

线型比例大致取出图比例倒数的一半左右（在 AutoCAD 的模型空间中应按 1∶1 进行绘图）。

用粗实线绘制被剖切到的墙、柱断面轮廓线。

用中实线或细实线绘制没有剖切到的可见轮廓线（如窗台、梯段等）。

尺寸线、尺寸界线、索引符号、高程符号等用细实线绘制。

轴线用细单点长画线绘制。

如图 7-11 所示为建筑平面图中的图线表示。

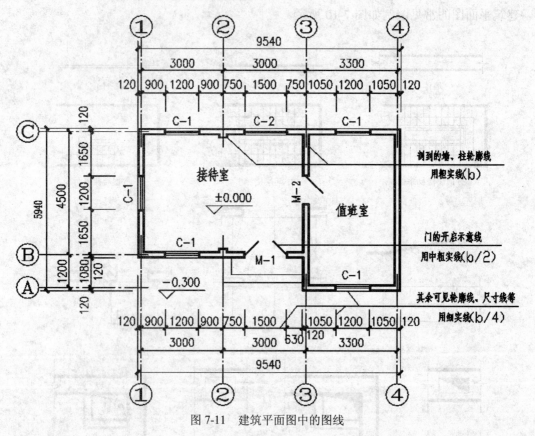

图 7-11　建筑平面图中的图线

4. 字体

汉字字型优先考虑采用 hztxt.shx 和 hzst.shx；西文优先考虑 romans.shx 和 simplex 或 txt.shx。所有中英文之标注宜按如表 7-1 所示执行。

表 7-1　建筑平面图中常用字型

用　途	图纸名称	说明文字标题	标注文字	说明文字	总说明	标注尺寸
	中文	中文	中文	中文	中文	中文
字　型	St64f.shx	St64f.shx	Hztxt.shx	Hztxt.shx	St64f.shx	Romans.shx
字　高	10 mm	5 mm	3.5 mm	3.5 mm	5 mm	3 mm
宽高比	0.8	0.8	0.8	0.8	0.8	0.7

第7章 室内户型平面图设计

5. 尺寸标注

建筑平面图的标注包括外部尺寸、内部尺寸和标高。

外部尺寸：在水平方向和竖直方向各标注三道。

第一道尺寸：标注房屋的总长、总宽尺寸，称为总尺寸。

第二道尺寸：标注房屋的开间、进深尺寸，称为轴线尺寸。

第三道尺寸：标注房屋外墙的墙段、门窗洞口等尺寸称为细部尺寸。

内部尺寸：标出各房间长、宽方向的净空尺寸，墙厚及与轴线之间的关系、柱子截面、房内部门窗洞口、门垛等细部尺寸。

标高：平面图中应标注不同楼地面标高房间及室外地坪等标高，且是以米作单位，精确到小数点后两位。

6. 剖切符号

剖切位置线长度宜为 6～10 mm，投射方向线应与剖切位置线垂直，画在剖切位置线的同一侧，长度应短于剖切位置线，宜为 4～6 mm。为了区分同一形体上的剖面图，在剖切符号上宜用字母或数字，并注写在投射方向线一侧。

7. 详图索引符号

图样中的某一局部或构件，如需另见详图，应以索引符号标出。索引符号是由直径为 10 mm 的圆和水平直径组成，圆及水平直径均以细实线绘制。详图的位置和编号，应以详图符号表示。详图符号的圆应以直径为 14 mm 的粗实线绘制。

8. 引出线

引出线应以细实线绘制，宜采用水平方向的直线，与水平方向成 30°、45°、60°、90°的直线，或经上述角度再折为水平线。文字说明宜注写在水平线的上方，也可注写在水平线的端部。

9. 指北针

指北针是用来指明建筑物朝向的。圆的直径宜为 24 mm，用细实线绘制，指针尾部的宽度宜为 3 mm，指针头部应标示"北"或"N"。需用较大直径绘制指北针时，指针尾部宽度宜为直径的 1/8。

10. 高程

高程符号用以细实线绘制的等腰直角三角形表示，其高度控制在 3 mm 左右。在模型空间绘图时，等腰直角三角形的高度值应是 30 mm 乘以出图比例的倒数。

高程符号的尖端指向被标注高程的位置。高程数字写在高程符号的延长线一端，以米为单位，注写到小数点的第 3 位。零点高程应写成"±0.000"，正数高程不用加"+"，但负数高程应注上"-"。

11. 定位轴线及编号

定位轴线确定房屋主要承重构件（墙、柱、梁）位置及标注尺寸的基线称为定位轴线，如图 7-12 所示。

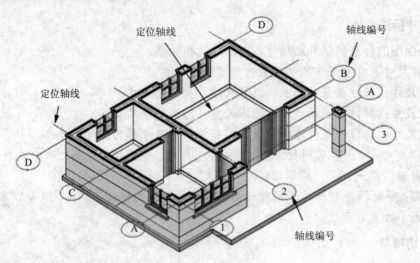

图 7-12 定位轴线

定位轴线用细单点长画线表示。定位轴线的编号注写在轴线端部的 ϕ8-10 的细线圆内。

横向轴线：从左至右，用阿拉伯数字进行标注。

◆ 纵向轴线：从下向上，用大写拉丁字母进行标注，但不用 I、O、Z 三个字母，以免与阿拉伯数字 0、1、2 混淆。一般承重墙柱及外墙编为主轴线，非承重墙、隔墙等编为附加轴线（又称分轴线）。

如图 7-13 所示为定位轴线的编号注写。

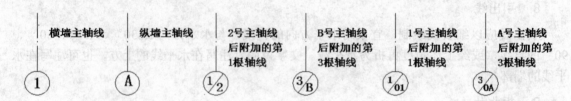

图 7-13 定位轴线的编号注写

操作技巧

在定位轴线的编号中，分数形式表示附加轴线编号。其中分子为附加编号，分母为前一轴线编号。1 或 A 轴前的附加轴线分母为 01 或 0A。

为了让读者便于理解，下面用图形来表达定位轴线的编号形式。

定位轴线的分区编号如图 7-14 所示。圆形平面定位轴线编号如图 7-15 所示。折线形平面定位轴线编号如图 7-16 所示。

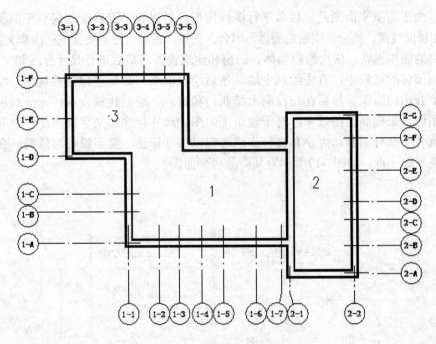

图 7-14 定位轴线的分区编号

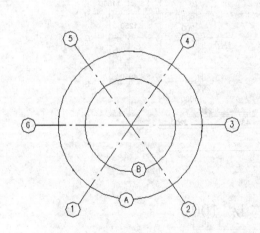

图 7-15 圆形平面定位轴线编号

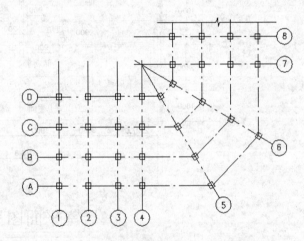

图 7-16 折线形平面定位轴线编号

7.2 三室两厅居室平面图绘制

引入光盘：无
结果文件：多媒体\实例\结果文件\Ch07\三居室平面图.dwg
视频文件：多媒体\视频\Ch07\三居室平面图.avi

居室平面图是现代建筑中最广泛用到的一种建筑结构形式，是现代民用建筑中的最基本组成单元。由于居室平面图是一种多平行图线图形，所以为了准确绘制居室平面图，首先一般需要绘制辅助线网，然后依次绘制墙体、阳台、门窗，最后进行必要文字标注和文字说明。

本实例的制作思路：依次绘制墙体、门窗和建筑设备，最后进行尺寸标注和文字说明。

在绘制墙体的过程中，首先绘制主墙，然后绘制隔墙，最后进行合并调整。绘制门窗，首先在墙上开出门窗洞，然后在门窗洞上绘制门和窗户。绘制建筑设备，充分利用建筑设备图库中的图例，来提高绘图效率。对于建筑平面图，尺寸标注和文字说明是一个非常重要的部分，建筑各个部分的具体大小和材料作法等都以尺寸标注、文字说明为依据，在本实例中都充分体现了这一点。如图7-17所示为某商品房平面图。

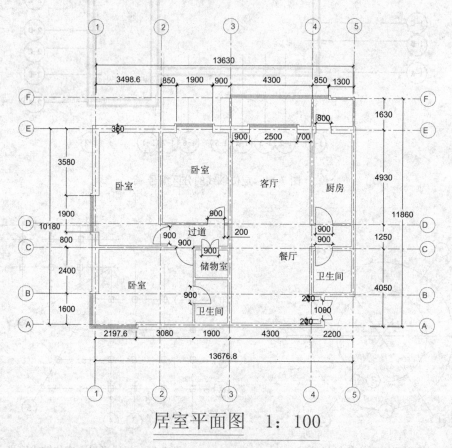

图 7-17 商品房平面图

7.2.1 绘图设置

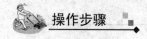

1. 设置图层

[1] 单击【图层】面板中的【图层特性管理器】命令按钮，系统弹出【图层特性管理器】对话框。

[2] 在【图层特性管理器】对话框中单击【新建图层】命令按钮，新建图层【轴线】

和【窗】,指定图层颜色分别为【115】,【洋红色】;新建图层【墙体】,指定颜色为红色;新建图层【门】和【设备】,指定颜色为【蓝色】;新建图层【标注】和【文字】,指定颜色为【白色】;其他采用默认设置。这样就得到初步的图层设置,如图7-18所示。

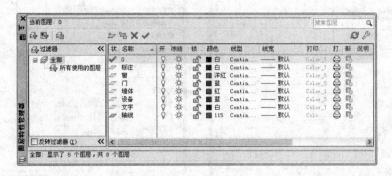

图 7-18 图层设置

2. 设置标注样式

[1] 选取菜单栏中的【标注】|【标注样式】命令,则系统弹出【标注样式管理器】对话框,如图7-19所示。单击【修改】按钮,则系统弹出【修改标注样式:ISO 25】对话框。

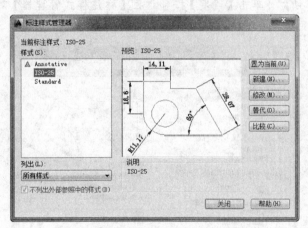

图 7-19 【标注样式管理器】对话框

 **操作技巧**

除了修改已有的标注样式,用户也可以创建新样式进行编辑。

[2] 选择【线】选项卡,设定【尺寸线】列表框中的【基线间距】为1,设定【延伸线】列表框中的【超出尺寸线】为1,【起点偏移量】为0;选择【符号和箭头】选项卡,单击【箭头】列表框中的【第一个】后的【下拉按钮】,在弹出的下拉列表中选择【建筑标记】,单击【第二个】后的【下拉按钮】,在弹出的下拉列表中选择【建筑标记】,并设定【箭头大小】为2.5,设置结果如图7-20所示。

[3] 选择【文字】选项卡，在【文字外观】列表框中设定【文字高度】为"2"。这样就完成了【文字】选项卡的设置，结果如图7-21所示。

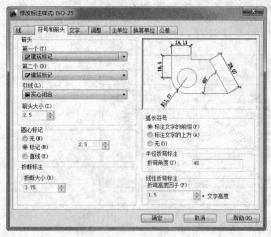

图7-20　设置【符号和箭头】选项卡　　　　图7-21　设置【文字】选项卡

[4] 选择【调整】选项卡，在【调整选项】列表框中选择【箭头】单选按钮，在【文字位置】列表框中选择【尺寸线上方，不带引线】单选按钮，在【标注特征比例】列表框中指定【使用全局比例】为"100"。这样就完成了【调整】选项卡的设置，结果如图7-22所示。单击【确定】按钮返回【标注样式管理器】对话框，最后单击【关闭】按钮返回绘图区。

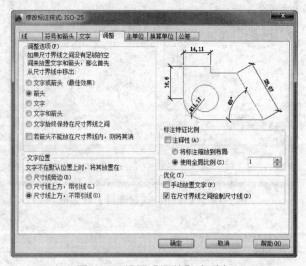

图7-22　设置【调整】选项卡

7.2.2　绘制轴线

操作步骤

[1] 单击【图层】工具栏中的【图层控制】下拉按钮，选取【轴线】，使得当前图层是【轴线】。

[2] 单击【绘图】工具栏中的【构造线】命令按钮，在正交模式下绘制一条竖直构造线和水平构造线，组成【十】字轴线网。

[3] 单击【绘图】工具栏中的【偏移】命令按钮，将水平构造线连续向上偏移1600、2400、1250、4930、1630，得到水平方向的轴线。将竖直构造线连续向右偏移3480、1800、1900、4300、2200，得到竖直方向的轴线。它们和水平辅助线一起构成正交的轴线网，如图7-23所示。

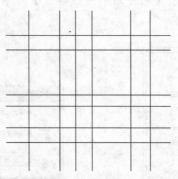

图 7-23 底层建筑轴线网格

7.2.3 绘制墙体

操作步骤

1. 绘制主墙

[1] 单击【图层】工具栏中的【图层控制】下拉按钮，选取【墙体】，使得当前图层是【墙体】。

[2] 单击【绘图】工具栏中的【偏移】命令按钮，将轴线向两边偏移180，然后通过【图层】工具栏把偏移的线条更改到图层【墙体】，得到360 mm宽主墙体的位置，如图7-24所示。

[3] 采用同样的办法绘制200宽主墙体。单击【绘图】工具栏中的【偏移】命令按钮，将轴线向两边偏移100，然后通过【图层】工具栏把偏移得到的线条更改到图层【墙体】，绘制结果如图7-25所示。

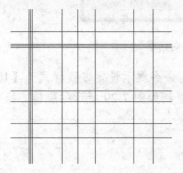

图 7-24 绘制主墙体结果

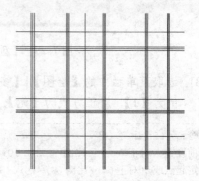

图 7-25 绘制主墙体结果

[4] 单击【修改】工具栏中的【修剪】命令按钮，把墙体交叉处多余的线条修剪掉，使得墙体连贯，修剪结果如图 7-26 所示。

3. 绘制隔墙

隔墙宽为100，主要通过多线来绘制，绘制的具体步骤如下：

[1] 选取菜单栏中的【格式】|【多线样式】命令，系统弹出【多线样式】对话框，单击【新建】按钮，系统弹出【创建新的多线样式】对话框，输入多线名称"100"，如图 7-27 所示。

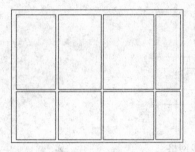
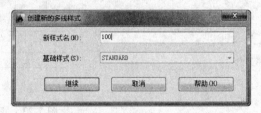

图 7-26　主墙绘制结果　　　　　　　图 7-27　【多线样式】对话框

[2] 单击【继续】按钮，系统弹出【新建多线样式：100】对话框，把其中的图元偏移量设为 50、-50，如图 7-28 所示，单击【确定】按钮，返回【多线样式】对话框，选取多线样式【100】，单击【置为当前】按钮，然后单击【确定】按钮完成隔墙墙体多线的设置。

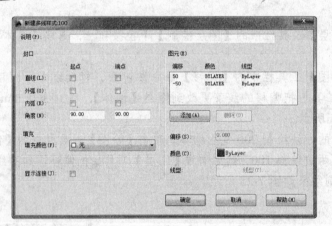

图 7-28　【新建多线样式:100】对话框

[3] 选取菜单栏中的【绘图】|【多线】命令，根据命令提示设定多线样式为【100】，比例为【1】，对正方式为【无】，根据轴线网格绘制如图 7-29 所示的隔墙。操作如下。

```
命令：mline✓
当前设置：对正 = 上，比例 = 20.00，样式 = 100
指定起点或 [对正(J)/比例(S)/样式(ST)]：st✓
输入多线样式名或 [?]：100✓
当前设置：对正 = 上，比例 = 20.00，样式 = 100
```

```
指定起点或 [对正(J)/比例(S)/样式(ST)]: s↙
输入多线比例 <20.00>: 1↙
当前设置：对正 = 上，比例 = 1.00，样式 = 100
指定起点或 [对正(J)/比例(S)/样式(ST)]: j↙
输入对正类型 [上(T)/无(Z)/下(B)] <上>: z↙
当前设置：对正 = 无，比例 = 1.00，样式 = 100
指定起点或 [对正(J)/比例(S)/样式(ST)]: （选取起点）
指定下一点：（选取端点）
指定下一点或 [放弃(U)]: ↙
```

4. 修改墙体

目前的墙体还是不连贯的，而且根据功能需要还要进行必要的改造，具体步骤如下：

[1] 单击【绘图】工具栏中的【偏移】命令按钮，将右下角的墙体分别向内偏移 1600，结果如图 7-30 所示。

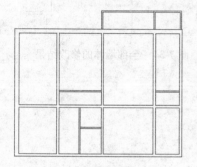

图 7-29 隔墙绘制结果

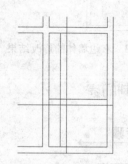

图 7-30 墙体偏移结果

[2] 单击【修改】工具栏中的【修剪】命令按钮，把墙体交叉处多余的线条修剪掉，使得墙体连贯，修剪结果如图 7-31 所示。

[3] 单击【修改】工具栏中的【延伸】命令按钮，把右侧的一些墙体延伸到对面的墙线上，如图 7-32 所示。

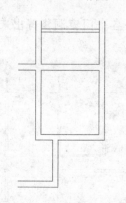

图 7-31 右下角的修改结果

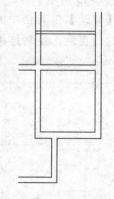

图 7-32 延伸操作结果

[4] 单击【修改】工具栏中的【分解】命令按钮和【修剪】命令按钮，把墙体交叉处多余的线条修剪掉，使得墙体连贯，右侧墙体的修剪结果如图 7-33 所示。其中分

解命令操作如下:

```
命令: explode↙
选择对象: (选取一个项目)
选择对象: ↙
```

[5] 采用同样的方法修改整个墙体,使得墙体连贯,符合实际功能需要,修改结果如图 7-34 所示。

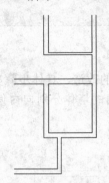

图 7-33 右边墙体的修改结果

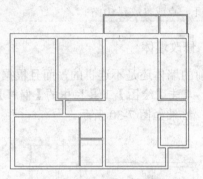

图 7-34 全部墙体的修改结果

7.2.4 绘制门窗

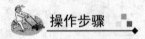

1. 开门窗洞

[1] 单击【绘图】工具栏中的【直线】命令按钮，根据门和窗户的具体位置，在对应的墙上绘制出这些门窗的一边。

[2] 单击【修改】工具栏中的【偏移】命令按钮，根据各个门和窗户的具体大小，将前边绘制的门窗边界偏移对应的距离，就能得到门窗洞在图上的具体位置，绘制结果如图 7-35 所示。

[3] 单击【修改】工具栏中的【延伸】命令按钮，将各个门窗洞修剪出来，就能得到全部的门窗洞，绘制结果如图 7-36 所示。

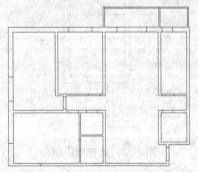

图 7-35 绘制门窗洞线

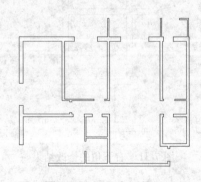

图 7-36 开门窗洞结果

5. 绘制门

[1] 单击【图层】工具栏中的【图层控制】下拉按钮，选取【门】，使得当前图层是【门】。

[2] 单击【绘图】工具栏中的【直线】命令按钮，在门上绘制出门板线。

[3] 单击【绘图】工具栏中的【圆弧】命令按钮，绘制圆弧表示门的开启方向，就能得到门的图例。双扇门的绘制结果如图 7-37 所示。单扇门的绘制结果如图 7-38 所示。

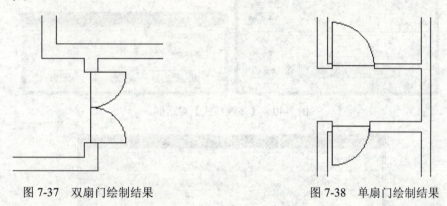

图 7-37 双扇门绘制结果　　　　　　图 7-38 单扇门绘制结果

[4] 继续按照同样的方法绘制所有的门，绘制的结果如图 7-39 所示。

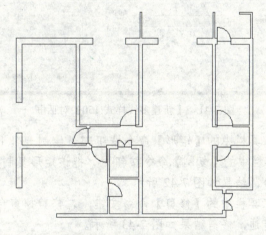

图 7-39 全部门的绘制结果

6. 绘制窗

利用【多线】命令，绘制窗户的具体步骤如下：

[1] 单击【图层】工具栏中的【图层控制】下拉按钮，选取【窗】，使得当前图层是【窗】。

[2] 选取菜单栏中的【格式】|【多线样式】命令，新建多线样式名称为【150】，如图 7-40 所示；设置图元偏移量分别设为【0】、【50】、【100】【150】，其他采用默认设置，设置结果如图 7-41 所示。

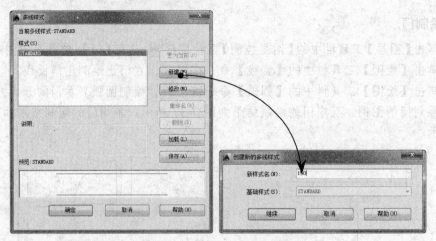

图 7-40 【多线样式】对话框

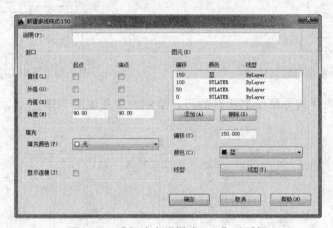

图 7-41 【新建多线样式:150】对话框

[3] 单击【绘图】工具栏中的【矩形】命令按钮▭，绘制一个 100×100 的矩形。然后单击【修改】工具栏中的【复制】命令按钮，把该矩形复制到各个窗户的外边角上，作为突出的窗台，结果如图 7-42 所示。

[4] 单击【修改】工具栏中的【修剪】命令按钮，修剪掉窗台和墙重合的部分，使得窗台和墙合并连通，修剪结果如图 7-43 所示。

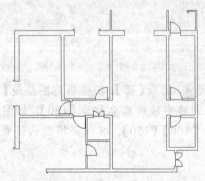

图 7-42 复制矩形窗台结果

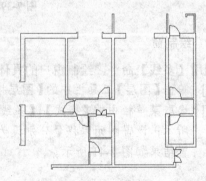

图 7-43 修剪结果

[5] 选取菜单栏中的【绘图】|【多线】命令，根据命令提示，设定多线样式为【150】，

比例为【1】，对正方式为【无】，根据各个角点绘制如图 7-44 所示的窗户。

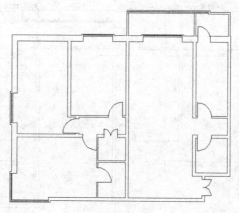

图 7-44　绘制窗户结果

7.2.5　尺寸标注和文字说明

1. 文字标注

[1]　单击【图层】工具栏中的【图层控制】下拉按钮，选取【文字】，使得当前图层是【文字】。

[2]　单击【绘图】工具栏中的【多行文字】命令按钮，在各个房间中间进行文字标注，设定文字高度为 300，文字标注结果如图 7-45 所示。

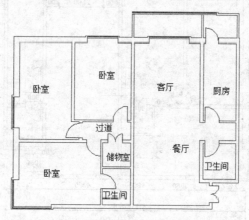

图 7-45　文字标注完成的结果

7. 尺寸标注

[1]　单击【图层】工具栏中的【图层控制】下拉按钮，选取【标注】，使得当前图层是【标注】。

[2]　选取菜单栏中的【标注】|【对齐】命令，进行尺寸标注，建筑外围标注结果如图 7-46 所示。

211

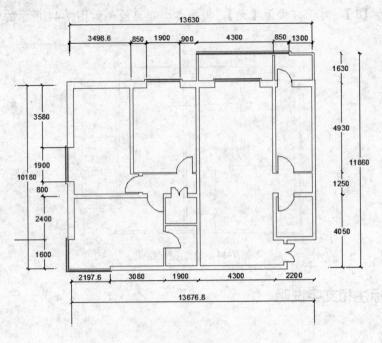

图 7-46 外围尺寸标注结果

[3] 选取菜单栏中的【标注】|【对齐】命令,进行内部尺寸标注,结果如图 7-47 所示。

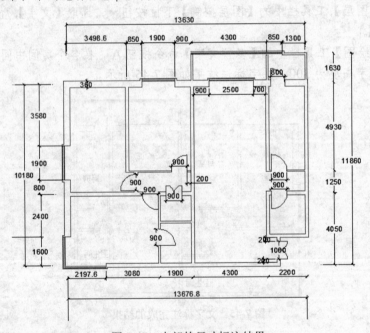

图 7-47 内部的尺寸标注结果

操作技巧

平面图内部的尺寸若无法看清,可以参考本例完成的 AutoCAD 结果文件进行标注。

8. 轴线编号

要进行轴线间编号，先要绘制轴线，建筑制图上规定使用点画线来绘制轴线。

[1] 单击【图层】工具栏中的【图层控制】下拉按钮，选取【轴线】，使得当前图层是【轴线】。

[2] 选取菜单栏中的【格式】|【线型】命令，加载线型【ACAD_ISO04W100】，设定【全局比例因子】为"50"，设置如图 7-48 所示。

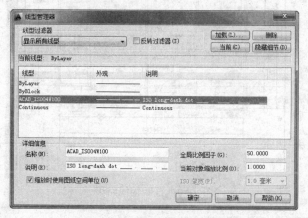

图 7-48 【线型管理器】对话框

[3] 单击【图层】工具栏中的【图层特性管理器】命令按钮，则系统弹出【图层特性管理器】对话框。修改【轴线】图层线型为【ACAD_ISO04W100】，关闭【图层特性管理器】对话框，轴线显示结果如图 7-49 所示。

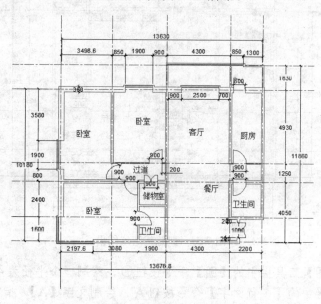

图 7-49 轴线显示结果

[4] 单击【绘图】工具栏中的【构造线】命令按钮，在尺寸标注的外边绘制构造线，截断轴线，然后单击【修改】工具栏中的【修剪】命令按钮，修剪掉构造线外边的轴线，结果如图 7-50 所示。

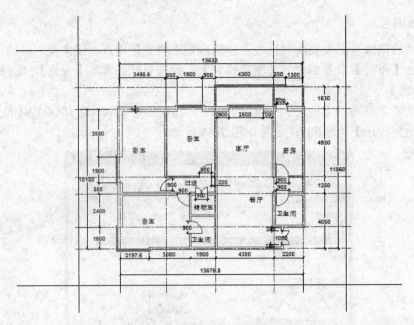

图 7-50 截断轴线结果

[5] 将构造线删除,结果如图 7-51 所示。

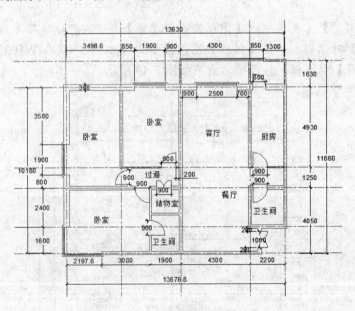

图 7-51 删除构造线结果

[6] 单击【绘图】工具栏中的【圆】命令按钮,绘制一个半径为 400 的圆。单击【绘图】工具栏中的【多行文字】命令按钮,绘制文字【A】,指定文字高度为 300。单击【修改】工具栏中的【移动】命令按钮,把文字【A】移动到圆的中心,再将轴线编号移动到轴线端部,这样就能得到一个轴线编号。

[7] 单击【修改】工具栏中的【复制】命令按钮,把轴线编号复制到其他各个轴线端部。

[8] 双击轴线编号内的文字,修改轴线编号内的文字,横向使用【1】、【2】、【3】、【4】……

作为编号,纵向使用【A】、【B】、【C】、【D】……作为编号,结果如图 7-52 所示。

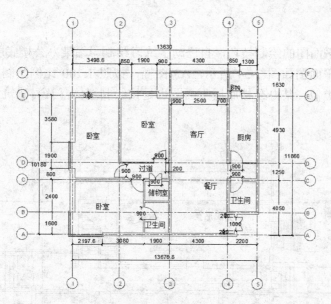

图 7-52 轴线编号结果

[9] 单击【绘图】工具栏中的【多行文字】命令按钮,设定文字大小为"600",在平面图的正下方标注【居室平面图 1:100】。

[10] 至此,三室两厅居室平面图绘制完成,如图 7-53 所示。最后将绘制完成的结果文件保存。

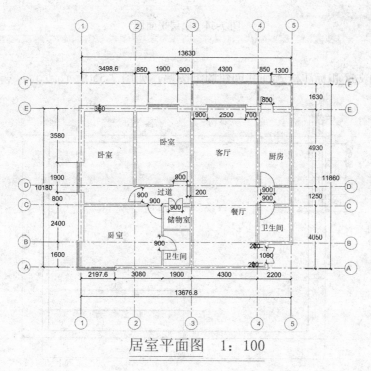

图 7-53 三室两厅居室平面图

7.3 课后练习

利用前面居室平面图的绘制技巧，自己动手练习绘制一幅某办公楼底层平面图。

某办公楼底层平面图如图 7-54 所示，A3 图幅，按照 1:100 比例绘制。与前面一个案例的平面图绘制方法类似，某办公楼底层平面图也是按绘制墙体│门窗│建筑设备│尺寸标注│文字注释流程来进行。

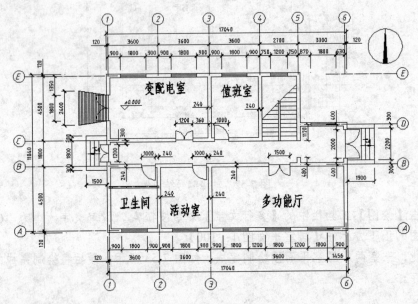

图 7-54 底层平面图

操作步骤：

1) 设置的文字和标注样式，并创建图纸图幅，如图 7-55 所示。

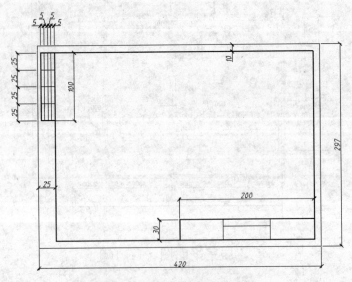

图 7-55 图幅、图框和标题栏

2) 绘制平面图的定位轴线。

根据建筑物的开间和进深尺寸绘制墙和柱子的定位轴线,定位轴线应用细点画线绘制,如图 7-56 所示。

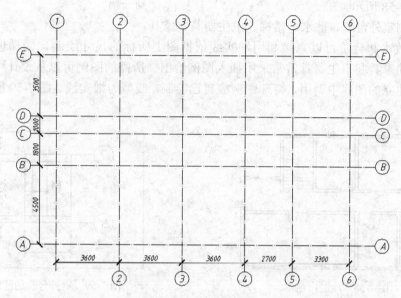

图 7-56　轴线与轴线编号

3) 绘制平面图的墙体。

根据墙厚标注尺寸绘制墙体,可以暂时不考虑门窗洞口,画出全部墙线。用多线 Mline 命令绘制墙体,如图 7-57 所示。

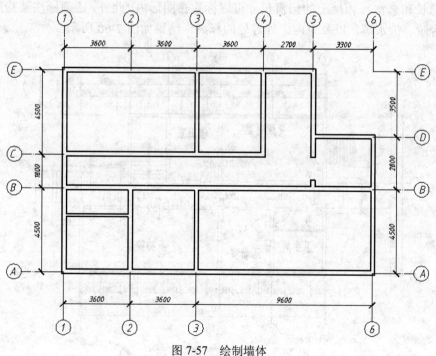

图 7-57　绘制墙体

4) 绘制平面图的门窗。

该平面图中的门有三种类型：M-1、M-2、M-3，窗户有四种类型：C-1、C-2、C-3、C-4。按规定图例绘制门窗符号，创建成块，实现相同或者类似图形的插入，提高绘图效率并便于修改，如图 7-58 所示。

5) 绘制室外台阶、散水、楼梯、卫生器具、家具。

室外的散水和台阶可以直接利用细实线依据图上所标的尺寸绘制，楼梯也可以直接绘出。而室内的家具和卫生器具常常采用插入图例给出。所需的图例可以从设计中心、建筑图库或从自己建立的图库中调用，特殊图例应自己绘制，线型为细实线。图 7-59 所示为室外台阶的绘制方法。

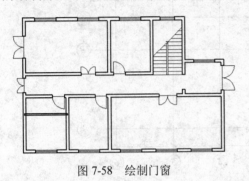

图 7-58　绘制门窗

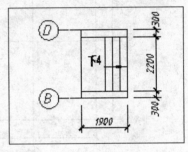

图 7-59　室外台阶的绘制

6) 尺寸与文本标注。

在这里，我们来标注尺寸、房间名称、门窗名称及其他符号，完成全图的绘制。

平面图中的外墙尺寸一般有三层，最内层为门、窗的大小和位置尺寸（门、窗的定形和定位尺寸）；中间层为定位轴线的间距尺寸（房间的开间和进深尺寸）；最外层为外墙总尺寸（房屋的总长和总宽）。内墙上的门窗尺寸可以标注在图形内。此外，还须标注某些局部尺寸，如墙厚、台阶、散水等，以及室内、外等处的标高。结果如图 7-60 所示。

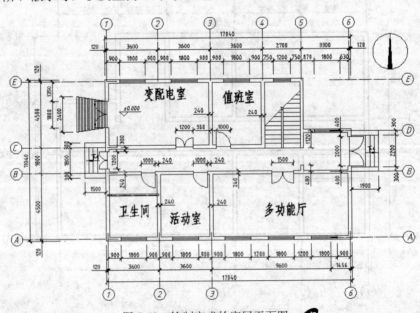

图 7-60　绘制完成的底层平面图

第 8 章
室内布置与平面图设计

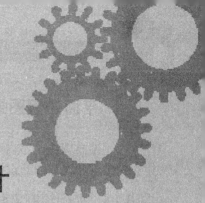

在进行室内装饰设计过程中,其施工人员要能够准确、快捷的进行施工,必须要有事先准备好的室内装饰施工图,包括平面布置图、天花布置图、各立面图、电气布置图、门窗节点构造详图等,而在这些所有的室内装饰施工图中,尤以平面图最为重要,其他立面图、电气布置图、构造详图等都是在它的基础上来进行设计的。

在本章中,我们将详细讲解室内设计中平面布置图的绘制。平面布置图的绘制需要考虑诸多的人体尺度、空间位置、色彩等方面因素,以及 AutoCAD 2015 在设计过程中所需注意的问题。

 知识要点

- ◆ 平面布置图绘制概要
- ◆ 室内空间与常见布置形式
- ◆ 绘制某 3 居室室内平面布置图

 案例解析

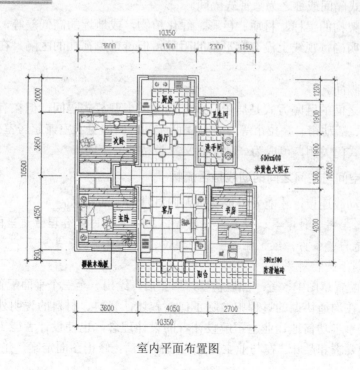

室内平面布置图

8.1 平面布置图绘制概要

平面布置图是室内装饰施工图纸中的关键性图纸。它是在原建筑结构的基础上,根据业主的要求和设计师的设计意图,对室内空间进行详细的功能划分和室内设施定位。

8.1.1 如何绘制平面配置图

放线工作完成后,通常会将放图之平面复印数张,或以图纸直接覆盖于平面图上,做平面配置的规划草图。

1. 考虑各空间的用途

住宅空间可分为玄关、客厅、餐厅、主卧室、儿童房、幼儿房、长辈房、客房、书房、起居室、工作室、音乐室、收藏品室、音响视听室、休闲娱乐室、储藏室、佣人房、厨房、浴室、阳台等。考虑空间的大小及用途时,应依业主所给予的家庭资料及需求规划。

2. 考虑各空间之间的分隔方式

室内采用不同的分隔方式,可使空间有层次而生动地变化。

(1) 全隔间或封闭式隔间。

空间以砖墙、木制隔间,或高柜来分隔空间,其视线完全被阻隔,隔音性佳,成为一个强调私密性的空间。

(2) 局部隔间或半开放式(半封闭式)隔间。

空间以隔屏、透空式的高柜、矮柜,不到顶的矮墙,或透空式的墙面来分隔空间,其视线可相互透视,强调与相邻空间之间的连续性与流动性。

(3) 开放式隔间或称之为象征式隔间。

空间以建筑架构的梁柱、材质、色彩、绿化植物,或地坪的高低差等,来区分两间。其空间的分隔性不明确,视线上没有有形物的阻隔,但透过象征性的区隔,在心理层面上仍是区隔的两个空间。

(4) 弹性隔间。

有时两空间之间的区隔方式是居于开放式隔间或半开放式隔间,但在有特定目的时可利用暗拉门、拉门、活动帘、叠拉帘等方式分隔两空间。例如更衣室兼起居室或儿童游戏空间,当有访客时将和式门关闭,可成为一独立而又具隐私性的空间。

3. 考虑各空间与空间之间的动线是否流畅

具有良好的动线连接,才能妥善地安排人们日常的生活作息。

◆ 依人体工学将各种家具、设备及储藏等,在各空间内做合理且适当的安排。
◆ 考虑住宅自身条件,梁、柱、窗、空调位、空气对流性、采光及户外景观等,在整个平面规划上的相对关系。

在数个平面配置草图中,逐一加以检查,修正后,绘出一至三个平面配置图,再一一与业主沟通、讲解。在沟通协调的过程中,除了口头叙述、资料、材料的说明外,常以透视图来辅助说明,较能事半功倍地让业主了解设计者的设计理念,也使设计者能更进一步地了解业主对自身住宅的要求和品味。在与业主充分沟通协调后,修正图面定案,并完成平面配置图。

8.1.2 室内装饰、装修和设计的区别与联系

室内装饰或装潢、室内装修、室内设计,是几个通常为人们所认同的,但内在含义实际上是有所区别的词义。

1. 室内装饰或装潢

装饰和装潢原义是指"器物或商品外表"的"修饰",是着重从外表的、视觉艺术的角度来探讨和研究问题。例如对室内地面、墙面、顶棚等各界面的处理,装饰材料的选用,也可能包括对家具、灯具、陈设和小品的选用、配置和设计。

2. 室内装修

Finishing 一词有最终完成的含义,室内装修着重于工程技术、施工工艺和构造做法等方面,顾名思义主要是指土建施工完成之后,对室内各个界面、门窗、隔断等最终的装修工程。

3. 室内设计

现代室内设计是综合的室内环境设计,它既包括视觉环境和工程技术方面的问题,也包括声、光、热等物理环境以及氛围、意境等心理环境和文化内涵等内容。

8.1.3 常见户型室内平面图的布置

平面图应有墙、柱定位尺寸,并有确切的比例。不管图纸如何缩放,其绝对面积不变。有了室内平面图后,设计师就可以根据不同的房间布局进行室内平面设计。设计师在布置之前一般会征询顾客的想法。

居家的家具可以自己购买,也可以委托设计师设计。如果房间的形状不是很好,根据设计定做家具,会取得较好的效果。以下是各房间的家具、电器、厨具及洁具配置情况参考:

- 卧室一般有衣柜、床、梳妆台、床头柜、电视柜、电脑桌等家具。
- 客厅则布置沙发、组合电视柜、矮柜、茶几等。
- 厨房里需布置一些矮柜、吊柜、灶台,此外还放置冰箱、洗衣机、抽油烟机等家用电器。
- 卫生间里则是抽水马桶、浴缸、洗脸盆三大件。
- 书房里写字台与书柜是必不可少的,如果是一个电脑爱好者,还会多一张电脑桌。

8.1.4 平面布置图的标注

在室内设计制图规范下,平面布置图中应注写以下项目:

- 各个房间的名称。
- 房间开间、进深以及主要空间分隔物和固定设备的尺寸。
- 不同地坪的标高。
- 立面指向符号。
- 详图索引符号。
- 图名和比例等。

如图 8-1 所示为现代小居的室内平面布置图。

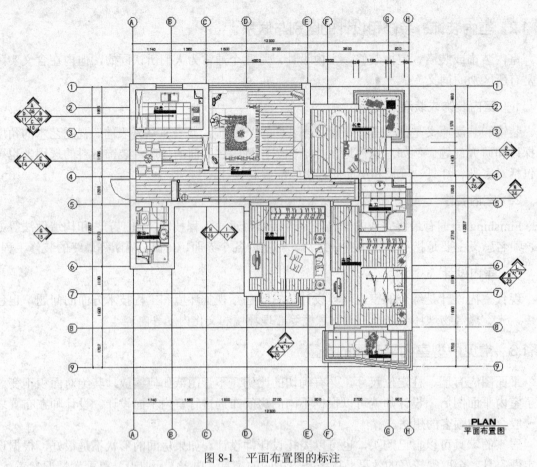

图 8-1 平面布置图的标注

8.2 室内空间与常见布置形式

在进行住宅室内装修设计时,应根据不同的功能空间需求进行相应的设计,也必须符合相关的人体尺度要求,下面就针对住宅中主要的空间的设计要点进行讲解。

8.2.1 玄关设计

玄关,原义指大门,现多指进入户内的入口空间。

玄关是一个家的第一眼,所以设计成什么样完全取决于您的想象,无论是装饰性的还是收纳实用型的都必须用心。

1. 玄关设计要点

在设计玄关时,可参考以下几个要点。

(1) 间隔和私密性:之所以要在进门处设置"玄关对景",其最大的作用就是遮挡人们的视线,不至于开门见厅,让人们一进门就对客厅的情形一览无余。这种遮蔽并不是完全的遮挡,而要有一定的通透性。同时注重人们户内行为的私密性及隐蔽性。如图 8-2 所示为几种具有间隔和私密性特点的玄关设计。

图 8-2　玄关的间隔和私密性

（2）实用和保洁：玄关同室内其他空间一样，也有其使用功能，就是供人们进出家门时，在这里更衣、换鞋，以及整理装束，如图 8-3 所示。

图 8-3　玄关必须实用和保洁

（3）风格与情调：玄关的装修设计，浓缩了整个设计的风格和情调。如图 8-4 所示为几种风格的玄关设计。

地中海风格　　　　　　　　简约风格　　　　　　　　中式风格

图 8-4　玄关风格

（4）装修和家具：玄关地面的装修，采用的都是耐磨、易清洗的材料。墙壁的装饰材料，一般都和客厅墙壁统一。顶部要做一个小型的吊顶。玄关中的家具应包括鞋柜、衣帽柜、镜子、小坐凳等，玄关中的家具要与整体风格相匹配，如图 8-5 所示。

图 8-5　玄关装修风格的一致性

（5）采光和照明：玄关处的照度要亮一些，以免给人晦暗、阴沉的感觉。对于狭长型的玄关都有通病，那就是玄关采光不足，它会给家庭成员带来很多不便。解决方法就是使用灯饰和光管照明，令玄关更为明亮；或者通过改造空间格局，让自然光线照进玄关，如图 8-6 所示。

图 8-6　玄关的采光和照明

（6）材料选择：一般玄关中常采用的材料主要有木材、夹板贴面、雕塑玻璃、喷砂彩绘玻璃、镶嵌玻璃、玻璃砖、镜屏、不锈钢、花岗石、塑胶饰面材以及壁毯、壁纸等，如图 8-7 所示。

图 8-7　玄关的材料选择

2. 玄关的家具摆设

家具布置有以下 3 种方式：

- 设一半高的搁架作为鞋柜，并储藏部分物品，衣物可直接挂在外面，许多现有的住宅玄关面积较小，多采用此种做法，南方地区也多采用这种做法。
- 设置一通高的柜子兼做为衣柜、鞋柜与杂物柜，这样，较易保持玄关的整洁有序，但这要求玄关区要有较大的空间。
- 在入口旁单独设立衣帽间。有些家庭把更衣功能从玄关中分离出来，改造入口附近的房间为单独的更衣室，这样增大了此空间的面积。这多是住宅设计中玄关区没有足够的面积而后期改造的方法。

3. 玄关设计尺寸

玄关的宽度最好保证在 1.5 m 以上，建议取 1.6～2.4 m 入口的交通通道最好与入户后更换衣物的空间不要重合。若不能避免，则之间应留一个人更换衣物的最小尺度空间。一般不小于 0.7～1 m。玄关的不宜小于 2 m²，如图 8-8 所示。

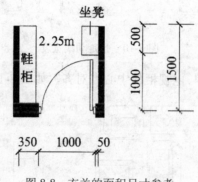

图 8-8 玄关的面积尺寸参考

当鞋柜、衣柜需要布置在户门一侧时，要确保门侧墙垛有一定的宽度：摆放鞋柜时，墙垛净宽度不宜小于 400 mm；摆放衣柜时，则不宜小于 650 mm，如图 8-9 所示。

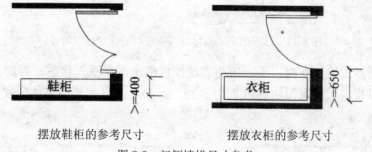

摆放鞋柜的参考尺寸　　摆放衣柜的参考尺寸

图 8-9 门侧墙垛尺寸参考

8.2.2 客厅设计

客厅是家人欢聚、共享生活情趣的空间，亦是家中会友待客的社交场所，可以看作一个家庭的"脸面"，客人可以从这里体会主人的热情和周到，了解主人的品位性情，因此，客厅有着举足轻重的地位，客厅装修是家居装修的重中之重。

1. 客厅的配置

客厅的配置是室内设计的重点，也是使用最频繁的公共空间，而配置上不重要考虑的是客厅使用面积及动线。客厅配置的对象主要有单人沙发、双人沙发、三人沙发、L 型沙发、沙发组、茶几、脚凳等，这些配置让客厅的空间极富有变化性。

客厅的布置需注意以下几点：

（1）行走动线宽度（沙发与茶几的间距）约为 450～600 mm，而沙发与沙发转角的间距为 200 mm，如图 8-10 所示。

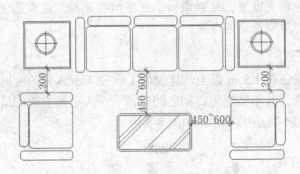

图 8-10　行走动线宽度

（2）沙发的中心点尽量与电视柜的中心点对齐，如图 8-11 所示。

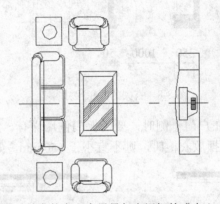

图 8-11　沙发的中心点尽量与电视柜的或中心点对齐

（3）配置沙发组图块时，不一定将图块摆放成水平会垂直状态，否则会让客厅显得比较单板，此时可将单人沙发图块旋转 25°、35°、45°，以此使得整体配置显得较为活泼，如图 8-12 所示。

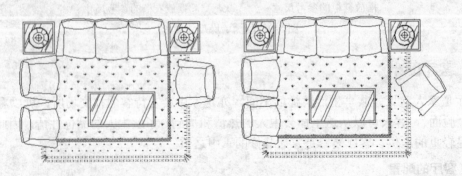

图 8-12　沙发的配置

（4） 客厅的配置可与另一空间结合，可使用开放性、半开放性、穿透性的处理手法，这些方法可让客厅空间拓展性更大。客厅与其他空间组合的配置主要包括以下几种情况：

- 客厅与阅读区的有效结合，让空间更有机动性，如图8-13所示。

 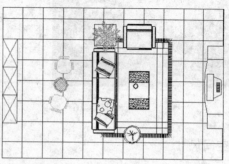

图8-13　客厅与阅读区结合

- 客厅与开放书房结合，给空间多样化，合理使用了有效空间，互动性增强，如图8-14所示。

 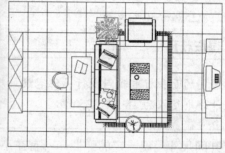

图8-14　客厅与书房融为一体

- 客厅与餐厅巧妙结合，除了更为合理的利用格局，同时也让用餐和休息变得更加顺畅，如图8-15所示。

 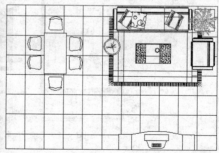

图8-15　客厅与餐厅巧妙结合

- 客厅与吧台区的结合，比较适合好客的居住者使用，如图8-16所示。

 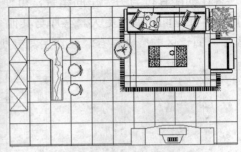

图 8-16 客厅与吧台区的结合

2. 客厅空间尺寸

在不同平面布局的套型中,起居室面积的变化幅度较大。其设置方式大致有两种情况:相对独立的起居室和与餐厅合二为一的起居室。在一般的两室户、三室户的套型中,其面积指标如下:

- ◆ 起居室相对独立时,起居室的使用面积一般在 15m² 以上。
- ◆ 当起居室与餐厅合为一时,二者的使用面积控制在 20 m²～25 m²;或共同占套内使用面积的 25%～30% 为宜。

操作技巧

起居室的面积标准我国现行《住宅设计规范》中最低面积是 12 m²,我国城市示范小区设计导则建议为 18 m²～25 m²。

起居室开间尺寸呈现一定的弹性——有在小户型中满足基本功能的 3600 mm 小开间"迷您型"起居室,也有大户型中追求气派的 6000 mm 大开间的"舒适型"起居室(如图 8-17 所示)。

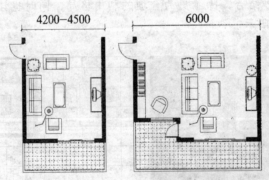

图 8-17 客厅面宽与家具布置

- ◆ 常用尺寸:一般来讲,110 m²～150 m² 的三室两厅套型设计中,较为常见和普遍使用的起居面宽为 4200 mm～4500 mm。
- ◆ 经济尺寸:当用地面宽条件或单套总面积受到某些原因限制时,可以适当压缩起居面宽至 3600 mm。

◆ 舒适尺寸：在追求舒适的豪华套型中，其面宽可以达到 6000 mm 以上。

8.2.3 厨房设计

市场调研表明，近几年居住者希望扩大厨房面积的需求依然较强烈。目前新建住宅厨房已从过去平均的 5 m²～6 m² 扩大到 7 m²～8 m²，但从使用角度来讲，厨房面积不应一味扩大，面积过大、厨具安排不当，会影响到厨房操作的工作效率。

厨房的常见配置有下列 5 种。

(1) 一字形厨房。

一字形厨房的平面布局即只在厨房空间的一侧墙壁上布置家具设备，一般情况下水池置于中间，冰箱和炉灶分布在两侧。这种类型厨房工作流程完全在一条直线上进行，就难免使得三点之间的工作互相干扰，尤其是多人同时进行操作时；因此，三点间的科学站位，就成为厨房工作顺利进行的保证。

一字形厨房在布置时，冰箱和炉灶之间的距离应控制在 2.4 m～3.6 m，若距离小于 2.4 m，橱柜的储藏空间和操作台会很狭窄；距离过长，则会增加厨房工作往返的路程，使人疲劳从而降低工作次效率，如图 8-18 所示。

(2) 双列形厨房（二字形厨房）。

双列形厨房的布局即是在厨房空间相对的两面墙壁布置家具设备，可以重复利用厨房的走道空间，提高空间的作用效率。双列形厨房可以排成一个非常有效的"工作三角区"，通常是将水池和冰箱组合在一起，而将炉灶设置在相对的墙上。

此种布局形式下，水池和炉灶往返最频繁，距离在 1.2 m～1.8 m 较为合理，冰箱与炉灶间净宽应在 1.2 m～2.1 m。同时人体工程专家建议，双列形厨房空间净宽应不小于 2.1 m。最好在 2.2 m～2.4 m 这样的格局适用于空间狭长型的厨房，可容纳几个人同时操作，但分开的两个工作区仍会给操作带来不便，如图 8-19 所示。

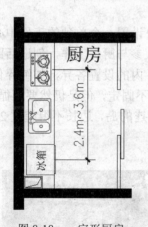

图 8-18 一字形厨房

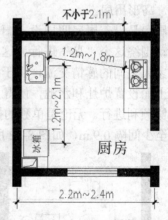

图 8-19 双列形厨房

(3) L 形厨房。

L 形厨房的布局是沿厨房相邻的两边布置家具设备，这种布置方式比较灵活，橱柜的储藏量比较大，既方便使用又能在一定程度上节省空间。

这种布置方式动线短，是很有效率的厨房设计。为了保证"工作三角区"在有效的范围内，L 形的较短一边长不宜小于 1.7 m，较长一边在 2.8 m 左右，水池和炉灶间的距离在 1.2 m～

1.8 m，冰箱与炉灶距离应在 1.2 m～2.7 m，冰箱与水池距离在 1.2 m～2.1 m，如图 8-20 所示。

同时也应满足人体的活动要求，水槽与转角间应留出 30 厘米的活动空间以配合使用者操作上的需要。但是也可能由于工作三角形的一边与厨房过道交合产生一干扰。

（4）U 形厨房。

U 形厨房的布局即是厨房的三边墙面均布置家具设备，这种布置方式操作面长，储藏空间充足，空间充分利用，设计布置也较为灵活，基本集中双列形和 L 形布局的优点。

水池置于厨房的顶端，冰箱和炉灶分设在其两翼。U 形厨房最大特点在于厨房空间工作流线与其他空间的交通可以完全分开，避免了厨房内其他空间之间的相互干扰，如甲在水池旁进行清洗的时候，绝对不会阻碍到乙在橱柜里取物品。U 形厨房"工作三角区"的三边宜设计成一个三角形，这样的布局动线简洁方便，而且距离最短捷。U 形相对两边内两侧之间的距离应在 1.2 m～1.5 m 之间，使之符合"省时、省力工作三角区"的要求，如图 8-21 所示。

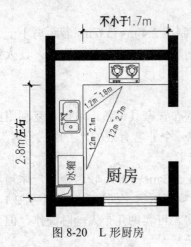
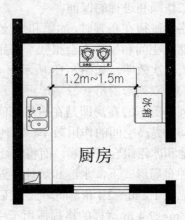

图 8-20　L 形厨房　　　　　　　　　　图 8-21　U 形厨房

（5）岛形厨房。

岛形厨房是沿着厨房四周设立橱柜，并在厨房的中央设置一个单独的工作中心，人的厨房操作活动围绕这个"岛"进行。这种布置方式适合多人参与厨房工作，创造活跃的厨房氛围，增进家人之间的感情交流，由于各个家庭对于"岛"内的设置各异，如纯粹作为一个料理台或在上面设置炉灶和水池，使得"工作三角区"变得不固定，但是仍然要遵循一些原则，使工作能够顺利进行。无论是单独的操作岛还是与餐桌相连的岛，边长不得超过 2.7 m，岛与橱柜中间至少间隔 0.9 m，如图 8-22 所示。

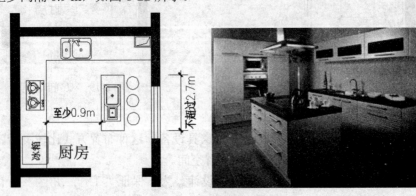

图 8-22　L 形+岛形厨房

8.2.4 卫生间设计

卫生间设计时应注意保持良好的自然采光与通风。无自然通风的卫生间应采取有效的通风换气措施。在实际工程设计中，往往将自然通风与机械排风结合起来，以提高使用的舒适性。

卫生间的地面应设置地漏并具有可靠的排水、防水措施，地面装饰材料应具有良好的防滑性能同时易于清洁，卫生间门口处应有防止积水外溢的措施。墙面和吊顶能够防潮，维护结构采用隔声能力较强的材料。如图8-23所示为卫生间效果图。

图 8-23 卫生间装修效果图

1. 卫生间设计要求

设计中要考虑以下要求：

- 有适当的面积，满足设备设施的功能和使用要求；设备、设施的布置及尺度，要符合人体工程学的要求；创造良好的室内环境的要求。设计基本上以方便、安全、私密、易于清理为主。
- 厕所、盥洗室、浴室不应直接设置在餐厅、食品加工或贮存、电气设备用房等有严格卫生要求或防潮要求的用房上层。
- 男女厕所宜相邻或靠近布置，以便于寻找和上下水管道和排风管道的集中布置，同时应注意避免视线的相互干扰。
- 卫生间宜设置前室。无前室的卫生间外门不宜同办公、居住等房门相对。
- 卫生间外门应保持经常关闭状态，通常在门上设弹簧门、闭门器等。
- 清洁间宜靠近卫生间单独设置。清洁间内设置拖布池、拖布挂钩和清洁用具存放的搁架。
- 卫生间内应设洗手台或者洗手盆，配置镜子、手纸盒、烘手器、衣钩等设施。
- 公用卫生间各类卫生设备的数量需按总人数和男女比例进行计算，并应符合相关建筑设计规范的规定。其中，小便槽按0.65 m长度来换算成一件设备，盥洗槽按0.7 m长度换算成一件设备。
- 卫生间地面标高应略低于走道标高，门口处高差一般约为10 mm，地面排水坡度不小于5‰。
- 有水直接冲刷的部位（如小便槽处）和浴室内墙面应可防水。

厕所、浴室隔间的最小尺寸见图8-24所示。隔断高度为：厕所隔断高1.5 m～1.8 m，淋浴、盆浴隔断高1.8 m。

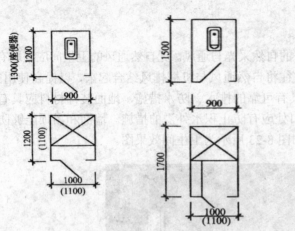
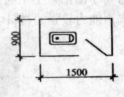

图 8-24 厕所隔间最小尺寸

2. 卫生间设计尺寸

卫生设备间距应符合下列规定（如图 8-25 所示）：

◆ 洗脸盆或盥洗槽水嘴中心与侧墙面净距不宜小于 550 mm。
◆ 并列洗脸盆或盥洗槽水嘴中心间距不应小于 700 mm。
◆ 单侧并列洗脸盆或盥洗槽外沿至对面墙的净距不应小于 1250 mm。
◆ 双侧并列洗脸盆或盥洗槽外沿之间的净距不应小于 1800 mm。

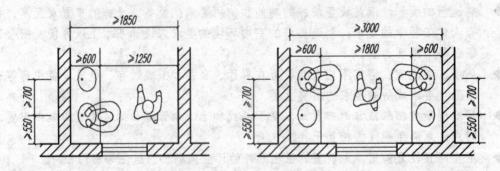

图 8-25 卫生设备间距的最小尺寸

卫生设备间距规定依据以下几个尺度：

◆ 供一个人通过的宽度为 550 mm。
◆ 供一个人洗脸左右所需尺寸为 700 mm。
◆ 前后所需尺寸（离盆边）为 550 mm。
◆ 供一个人捧一只洗脸盆将两肘收紧所需尺寸为 700 mm；隔间小门为 600 mm 宽。

各款规定依据如下：

◆ 考虑靠侧墙的洗脸盆旁留有下水管位置或靠墙活动无障碍距离。
◆ 弯腰洗脸左右尺寸所需。
◆ 一人弯腰洗脸，一人捧洗脸盆通过所需。
◆ 二人弯腰洗脸，一人捧洗脸盆通过所需。

8.2.5 卧室设计

卧室在套型中扮演着十分重要的角色。一般人的一生中近1/3的时间处于睡眠状态中，拥有一个温馨、舒适主卧室是不少人追求的目标。卧室可分为主卧室和次卧室，其效果如图8-26所示。

图8-26 主卧室和次卧室效果

1. 卧室设计要点

卧室应有直接采光、自然通风。因此，住宅设计应千方百计将外墙让给卧室，保证卧室与室外自然环境有必要的直接联系，如采光、通风和景观等。

卧室空间尺度比例要恰当。一般开间与进深之比不要大于1:2。

2. 主卧室的家具布置

（1）床的布置。

床作为卧室中最主要的家具，双人床应居中布置，满足两人不同方向上下床的方便及铺设、整理床褥的需要，如图8-27所示。

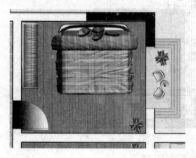 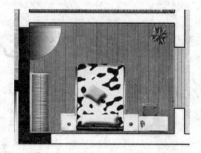

图8-27 床的布置

（2）床周边的活动尺寸。

床的边缘与墙或其他障碍物之间的通行距离不宜小于 500 mm；考虑到方便两边上下床、整理被褥、开拉门取物等动作，该距离最好不要小于 600 mm；当照顾到穿衣动作的完成时，如弯腰、伸臂等，其距离应保持在 900 mm 以上，如图 8-28 所示。

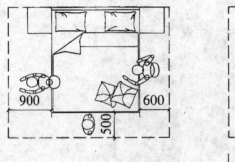

图 8-28　床边缘与其他障碍物间的距离

（3）其他使用要求和生活习惯上的要求。
- ◆ 床不要正对门布置，以免影响私密性；如图 8-29 所示。
- ◆ 床不宜紧靠窗摆放，以免妨碍开关窗和窗帘的设置；如图 8-30 所示。

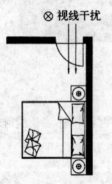
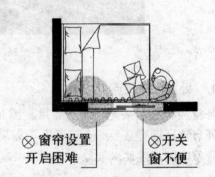

图 8-29　影响私密性的布置　　　　图 8-30　不宜靠窗布置床

- ◆ 寒冷地区不要将床头正对窗放置，以免夜晚着凉；如图 8-31 所示。

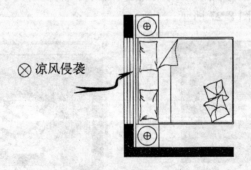

图 8-31　床不能正对床布置

5. 主卧室的尺寸

（1）面积。

一般情况下，双人卧室的使用面积不应小于 12 m²。

在一般常见的两一三室户中，主卧室的使用面积适宜控制在 15～20 m² 范围内。过大的卧室往往存在空间空旷、缺乏亲切感、私密性较差等问题，此外还存在能耗高的缺点。

（9）开间。

不少住户有躺在床上边休息边看电视的习惯，常见主卧室在床的对面放置电视柜，这种布置方式，造成对主卧开间的最大制约。

主卧室开间净尺寸可参考以下内容确定（如图 8-32 所示）：

◆ 双人床长度（2000～2300 mm）。
◆ 电视柜或低柜宽度（600 mm）。
◆ 通行宽度（600 mm 以上）。
◆ 两边踢脚宽度和电视后插头突出等引起的家具摆放缝隙所占宽度（100～150 mm）。
◆ 因面宽时，一般不宜小于 3300 mm。设计为 3600～3900 mm 时较为合适。

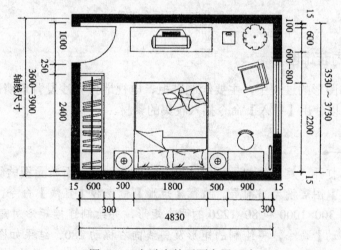

图 8-32 主卧室的平面布置尺寸

图中 15 mm 为装修踢脚线高度，100 mm 为电视柜距离墙面的距离

8.3 综合训练——绘制居室室内平面布置图

引入光盘：多媒体\实例\结果文件\Ch05\建筑结构平面图.dwg
结果文件：多媒体\实例\结果文件\Ch05\某 3 居室平面布置图.dwg
视频文件：多媒体\视频\Ch05\某 3 居室平面布置图.avi

本套室内设计中更多地考虑了业主的需要，以简约、高雅、实用的格调展开设计。实例

的效果如图 8-33 所示。

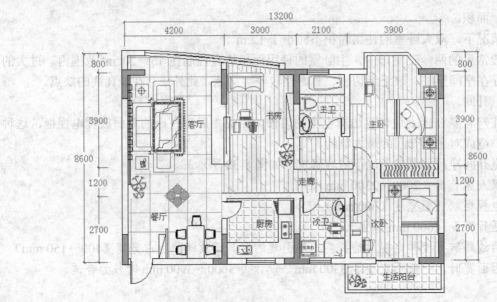

图 8-33　平面布置图

8.3.1　创建室内装饰图形

创建室内装饰图形的过程中，主要绘制鞋柜、电视地台和沙发背景墙等简单图形，一些较复杂的对象，可以使用【插入】命令插入收集的素材。

操作步骤

[1] 从光盘中打开"建筑结构平面图.dwg"文件，作为平面布置图的编辑基础。
[2] 将【家具】图层设为当前层。执行【矩形】命令和【直线】命令，在图 8-34 所示的位置绘制 300×1000 和 80×1220 的两个矩形，并绘制连接矩形对角点的斜线。
[3] 执行【移动】命令，将绘制的矩形及斜线向右移动 280，结果如图 8-35 所示。

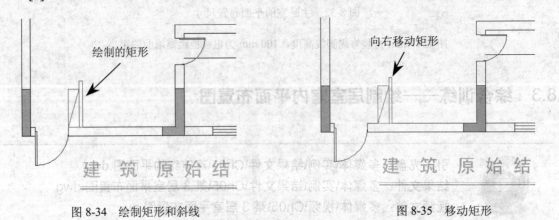

图 8-34　绘制矩形和斜线　　　　　　　　　图 8-35　移动矩形

[4] 执行【偏移】命令、【延伸】命令和【修剪】命令，绘制出图 8-36 所示交叉直线。
[5] 使用【偏移】命令向右偏移刚才修剪好的垂直线段，偏移距离依次为 520 mm、100 mm、

236

12 mm、150 mm，如图 8-37 所示。

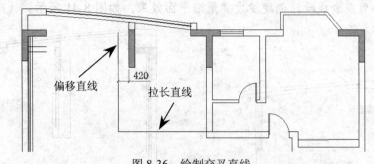

图 8-36　绘制交叉直线

[6] 继续使用【偏移】命令向上偏移水平线段，偏移距离依次为 420 mm、1500 mm、450 mm、1000 mm，如图 8-38 所示。

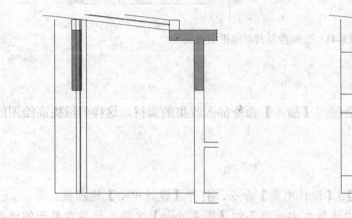

图 8-37　向右偏移直线

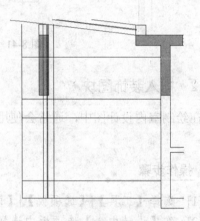

图 8-38　向上偏移直线

[7] 使用【修剪】命令对线段进行修剪，创建出电视地台与电视墙的平面效果，如图 8-39 所示。

[8] 使用【偏移】命令向右偏移客厅左边的内墙线，偏移距离依次为 50 mm、50 mm、80 mm，如图 8-40 所示。

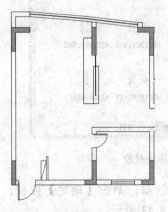

图 8-39　修剪偏移的直线

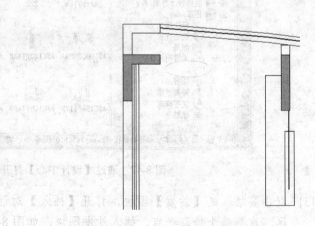

图 8-40　绘制偏移直线

[9] 使用【偏移】命令向下偏移客厅上边的内墙线，偏移距离为 4500 mm，使用【修剪】命令修剪多余线段，创建沙发背景墙平面效果，如图 8-41 所示。

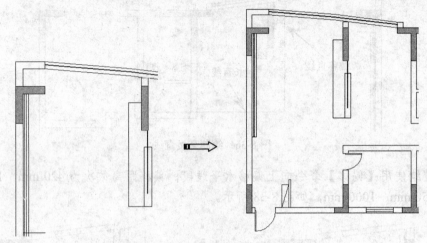

图 8-41　绘制沙发背景墙平面效果

8.3.2　插入装饰图块

在绘制室内设计图中，通常会使用【插入】命令插入收集的素材，这样可以提高绘图的效率。

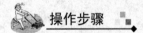

[1] 选择【工具】|【选项板】|【设计中心】命令，打开【设计中心】选项板。
[2] 在【设计中心】选项板中选择本例光盘下的【图库.dwg】文件。然后在展开的树列单击【块】选项，此时选项板右边显示所有块对象的预览，图 8-42 所示。

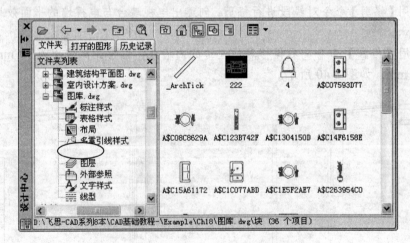

图 8-42　通过【设计中心】打开块对象

[3] 双击要插入的【沙发】图块，打开【插入】对话框，单击【确定】按钮，返回绘图区，在屏幕上拾取一点，插入沙发图块，如图 8-43 所示。

第 8 章 室内布置与平面图设计

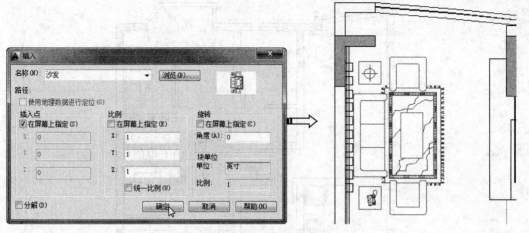

图 8-43 插入【沙发】图块

[4] 使用同样的方法，在客厅和餐厅中插入【图库.dwg】素材文件中的餐桌图块和植物图块，如图 8-44 所示。

[5] 执行【偏移】命令，对厨房中的内墙线进行偏移，偏移距离为 650 mm，然后使用【修剪】命令对其进行修剪，结果如图 8-45 所示。

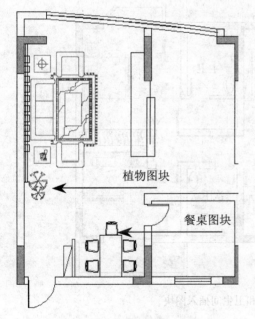

图 8-44 插入植物、餐桌图块

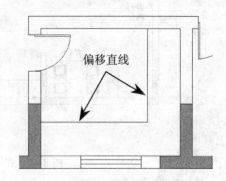

图 8-45 绘制偏移直线编辑修剪

[6] 在厨房区域插入【图库.dwg】素材文件中的冰箱、洗菜盆、煤气灶图块；在主卧室中插入衣柜、双人床图块；在次卧室中插入小衣柜、单人床、椅子图块，效果如图 8-46 所示。

[7] 在书房区域中插入办公椅、沙发和植物图块；在卫生间区域插入浴缸、面盆、洗衣机、蹲便器和座便器图块，如图 8-47 所示。

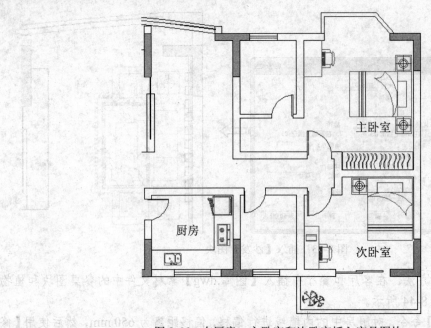

图 8-46　在厨房、主卧室和次卧室插入家具图块

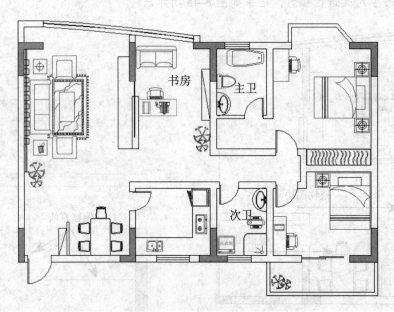

图 8-47　在书房和卫生间插入图块

8.3.3　填充室内地面

使用【插入】命令插入收集的素材后，接下来就需要为地面填充材质了，填充地面材质时，可以使用【多段线】命令绘制作为填充区域的辅助线条。

操作步骤

[1] 将【填充】图层设为当前层，按 F3 键和 F8 键，关闭对象捕捉和正交功能。执行【直线】命令，在客餐厅中绘制一条如图 8-48 所示的连接线。

[2] 执行【填充】命令,在打开的【填充图案创建】选项卡中选择 NET 图案,并设置图案的比例为"8000",然后选择客厅区域进行填充。填充的结果如图 8-49 所示。

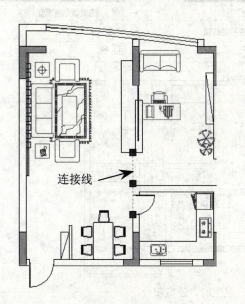

图 8-48　绘制连接直线　　　　　　　　图 8-49　为客厅填充图案

[3] 同理,在书房、过道、主卧、次卧中,选择填充样例为 DOLMIT,设置角度为 90、比例为 30,填充后的效果如图 8-50 所示。

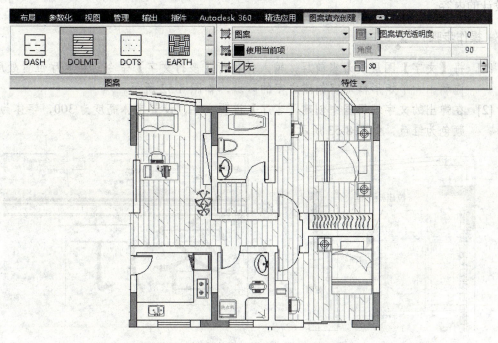

图 8-50　填充书房、过道、主卧和次卧

[4] 选择填充样例为 ANGIE 图案,分别在厨房、卫生间、卧室阳台进行填充。设置比例为 40,填充效果如图 8-51 所示。

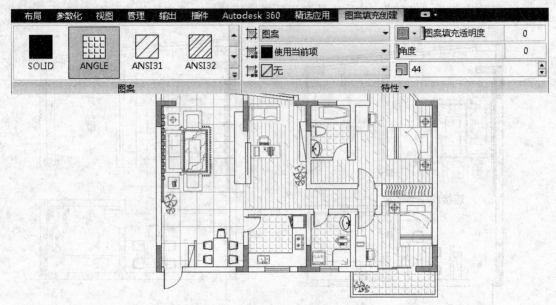

图 8-51　填充厨房、卫生间、卧室阳台

8.3.4　添加文字说明

创建文字说明，可以使客户很清楚各个房间的功能，更利于与客户沟通，以及清楚地表达设计的内容。

[1] 将【文字】图层设为当前层，输入并执行【多行文字】命令，在客厅位置处用鼠标拖动出一个矩形框确定创建文字的区域，如图 8-52 所示。

[2] 在弹出的文字编辑器中创建【客厅】说明文字，设置字体高度为 300，字体为宋体、颜色为红色，如图 8-53 所示。

图 8-52　画矩形框确定文字区域

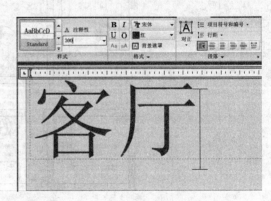

图 8-53　创建多行文字

[3] 使用同样方法创建餐厅、卧室、书房等文字，如图 8-54 所示。

第 8 章 室内布置与平面图设计

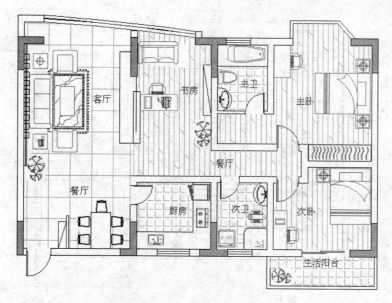

图 8-54 创建出其余房间的文字

[4] 将【图库.dwg】素材文件中的【局部剖面详图标记】复制到图形中，如图 8-55 所示。

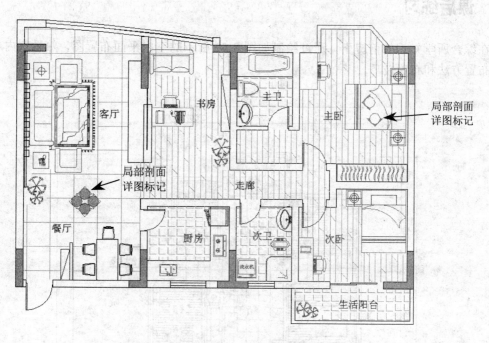

图 8-55 复制【局部剖面详图标记】

[5] 使用【多行文字】命令创建图形说明文字【平面布置图】，并设置文字高度为 480，如图 8-56 所示，完成平面布置图的创建。

243

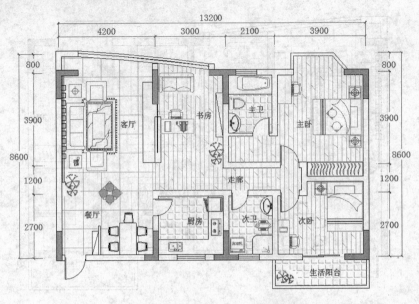

图 8-56 绘制完成的平面布置图

8.4 课后练习

在综合所学知识的前提下,通过绘制如图 8-57 所示的室内平面布置图,熟悉室内用具的快速布置方法和布置技巧。

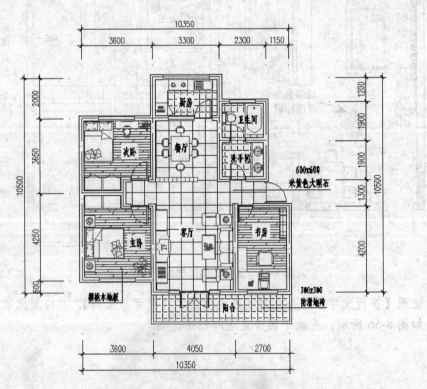

图 8-57 室内平面布置图

练习步骤：

（1）打开原始户型图，进行家具布置，如图 8-58 和图 8-59 所示。

图 8-59　原始户型图　　　　　　图 8-60　绘制完成的家具布置图

（2）绘制户型图地面材质图。

绘制如图 8-61 所示的地面材质图，主要学习室内地面装修材料的快速表达方法和绘制技巧。

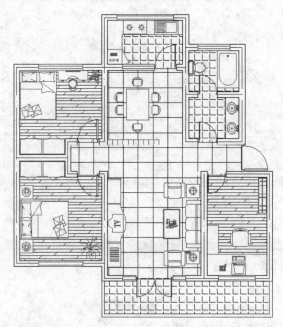

图 8-61　地材效果图

（3）标注尺寸与文字。

标注如图 8-62 所示的文字注解，主要学习户型图房间功能及地面材质的快速标注方法和标注技巧。

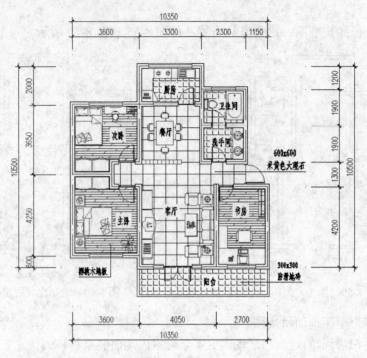

图 8-62 标注完成的效果

第 9 章

室内顶棚平面图设计

在本章中，我们将重点讲解室内装饰施工设计的表现——顶棚平面图的相关理论及制图知识。室内装饰施工图术语建筑装饰设计范围，在图样标题栏的图别中简称"装施"或"饰施"。

 知识要点

- ◆ 顶棚的设计形式
- ◆ 室内顶棚平面图设计方法
- ◆ 吊顶装修必备知识
- ◆ 绘制某服饰旗舰店顶棚平面图

 案例解析

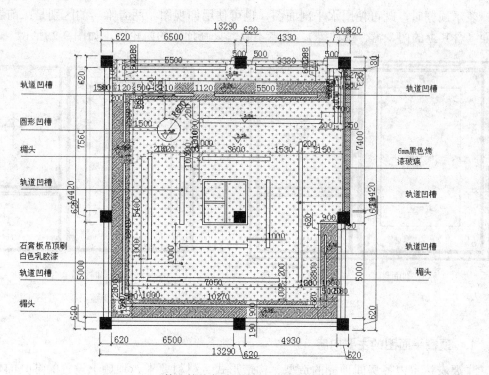

某服饰旗舰店顶棚平面图

9.1 室内顶棚平面图设计要点

顶棚设计，在建筑装饰行业中常称呼为"吊顶"，它是室内空间的主要界面，其设计必须要满足功能要求、艺术要求、经济性和整体性要求。

用假想的水平剖切面从房屋门、窗台位置把房屋剖开，并向顶棚方向进行投影，所得的视图就是顶棚平面图，如图9-1所示。

根据顶棚图可以进行顶棚材料准备和施工，购置顶棚灯具和其他设备以及灯具、设备的安装等工作。

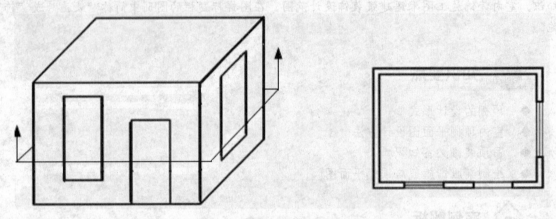

图 9-1　顶棚平面图形成示意图

表示顶棚时，既可使用水平剖面图，也可使用仰视图。两者唯一的区别是：前者画墙身剖面（含其上的门、窗、壁柱等），后者不画，只画顶棚的内轮廓，如图9-2所示。

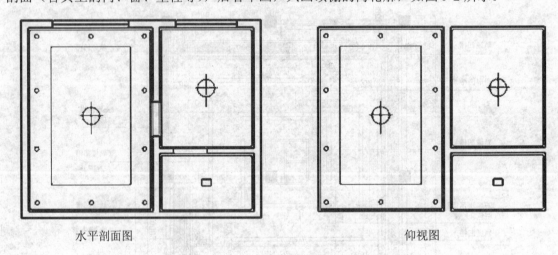

水平剖面图　　　　　　　　　　　　　　仰视图

图 9-2　顶棚平面图的表达

1. 顶棚平面图的主要内容

主要表达室内各房间顶棚的造型、构造形式、材料要求，顶棚上设置的灯具的位置、数量、规格，以及在顶棚上设置的其他设备的情况等内容。

1. 顶棚平面图的画法与步骤

（1） 取适当比例（常用 1∶100、1∶50），绘制轴线网。
（2） 绘制墙体（柱）、楼梯等构（配）件，门窗位置（可以不绘制门窗图例）。
（3） 绘制各房间顶棚造型。
（4） 布置灯具以及顶棚上的其他设备。
（5） 标注顶棚造型尺寸，各房间顶棚底面标高，书写顶棚材料、灯具要求以及其他有关的文字说明。
（6） 标注房间开间、进深尺寸，轴线编号，书写图名和比例。

如图 9-3 所示为某户型的顶棚平面图。

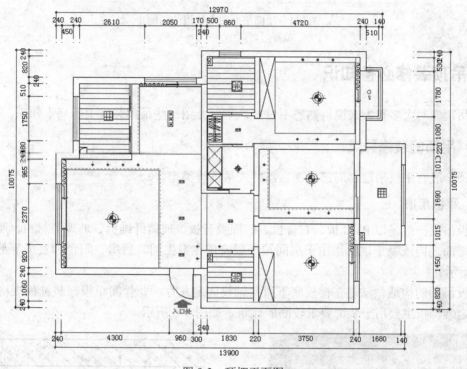

图 9-3 顶棚平面图

2. 顶棚平面图的标注

顶棚平面图的标注应包含以下内容：

◆ 天花底面和分层吊顶的标高。
◆ 分层吊顶的尺寸、材料。
◆ 灯具、风口等设备的名称、规格和能够明确其位置的尺寸。
◆ 详图索引符号。
◆ 图名和比例等。

为了方便施工人员查看标注图例，一般把顶棚平面图中使用过的图例列表加以说明。如图 9-4 所示为图例表的说明形式。

序号	图形	名称	06		射灯
01		造型吊灯	07		暗藏灯带
02		单管日光灯	08		窗帘盒
03		35*35日光灯	09		浴霸
04		排风扇	10		吸顶灯
05		筒灯	11		镜前灯

图 9-4 顶棚平面图中使用的图例

9.2 吊顶装修必备知识

"吊顶"对大多数人来说再熟悉不过了，下面介绍一些吊顶装修中的基本知识。

9.2.1 吊顶的装修种类

吊顶一般有平板吊顶、局部吊顶、藻井式吊顶等类型。

1. 平板吊顶

平板吊顶一般是以 PVC 板、石膏板、矿棉吸音板、玻璃纤维板、玻璃等材料，照明灯卧于顶部平面之内或吸于顶上，由于房间顶一般安排在卫生间、厨房、阳台和玄关等部位，如图 9-5 所示。

平板吊顶的构造做法是在楼板底下直接铺设固定龙骨（龙骨间距根据装饰板规格确定），然后固定装饰板主要用于装饰要求较高的建筑，如图 9-6 所示。

图 9-5 平板吊顶效果图

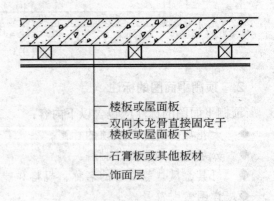

图 9-6 平板吊顶的构造图

2. 局部吊顶

局部吊顶是为了避免居室的顶部有水、暖、气管道，而且房间的高度又不允许进行全部吊顶的情况下，采用的一种局部吊顶的方式。这种方式的最好模式是，这些水、电、气管道靠近边墙附近，装修出来的效果与异型吊顶相似。如图9-7所示为玄关的局部吊顶效果图。

 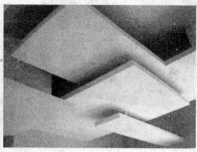

图9-7 局部吊顶

据本人对装修行业的了解，目前大多数业主都喜欢在客厅做局部吊顶。做了吊顶使客厅看起来更加美观。所以，目前客厅做局部吊顶才会那么流行。局部吊顶也分好几种，如异型吊顶、格栅式吊顶、直线反光吊顶、凹凸吊顶、木质吊顶及无吊顶造型等。

- 异型吊顶：适用于卧室、书房等房间，在楼层比较低的房间，把顶部的管线遮挡在吊顶内，顶面可嵌入筒灯或内藏日光灯，产生只见光影不见灯的装饰效果。异型吊顶可以采用云型波浪线或不规则弧线，一般不超过整体顶面面积的三分之一，产生浪漫轻盈的感觉，如图9-8所示。
- 格栅式吊顶：先用木材或其他金属材料做成框架，镶嵌上透光或磨砂玻璃，光源在玻璃上面，造型生动活泼，装饰的效果比较好，多用于阳台。它的优点是光线柔和，轻松自然，如图9-9所示。

图9-8 异型吊顶　　　　　　　　图9-9 格栅式吊顶

- 直线反光吊顶：目前这种造型比较普遍，大多数人比较崇尚简约自然的装修风格，顶面只做简单的平面造型处理。据阔达装饰设计师李志超介绍，为避免单调，消费者会在电视墙的顶部利用石膏板做一个局部的直角造型，将射灯暗藏进去，晚上打开射灯看电视，轻柔温和，别有一番情调，如图9-10所示。
- 凹凸吊顶：这种造型也是选用石膏板，多用于客厅。如果顶面的高度允许，可以利用石膏板做一面造型，顶面凸起，留出四周内镶射灯，晚上打开灯就是一圈灯带，如图9-11所示。

图 9-10　直线反光吊顶　　　　　　　　图 9-11　凹凸吊顶

- ◆ 木质吊顶：木质吊顶比较厚重、古朴，可以用于卧室、客厅、阳台等。目前市场上有专门的木质吊顶板，厚度、长度、宽度都不尽相同，消费者可根据自家风格量身选择，如图 9-12 所示。
- ◆ 无吊顶造型：由于城市的住房普遍较低，吊顶后感到压抑和沉闷，所以不做吊顶，只把顶面的漆面处理好就算完事的"无吊顶"装修方式，也日益受到消费者的喜爱，如图 9-13 所示。

图 9-12　木质吊顶　　　　　　　　图 9-13　无吊顶造型

3. 藻井式吊顶

这类吊顶的前提是，房间必须有一定的高度（高于 2.85 m），且房间较大。它的式样是在房间的四周进行局部吊顶，可设计成一层或两层，装修后的效果有增加空间高度的感觉，还可以改变室内的灯光照明效果，如图 9-14 所示。

图 9-14　藻井式吊顶

9.2.2 吊顶顶棚的基本结构形式

常见吊顶结构安装示意如图 9-15 所示。

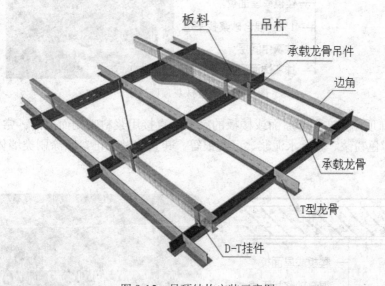

图 9-15 吊顶结构安装示意图

按顶棚面层与结构位置的关系分，可分为直接式顶棚和悬吊式顶棚，如图 9-15 和图 9-16 所示。

图 9-15 直接式顶棚

图 9-16 悬吊式顶棚

直接式顶棚具有构造简单，构造层厚度小，可以充分利用空间；材料用量少，施工方便，造价较低。因此，直接式顶棚适用于普通建筑及功能较为简单、空间尺度较小的场所。

1. 直接式顶棚的基本构造

包括直接抹灰构造、喷刷类构造、裱糊类顶棚构造、装饰板顶棚构造和结构式顶棚构造。

直接抹灰的构造做法是：先在顶棚的基层（楼板底）上，刷一遍纯水泥浆，使抹灰层能与基层很好地粘合；然后用混合砂浆打底，再做面层。要求较高的房间，可在底板增设一层钢板网，在钢板网上再做抹灰，这种做法强度高、结合牢，不易开裂脱落。抹灰面的做法和构造与抹灰类墙面装饰相同，如图 9-17 所示。

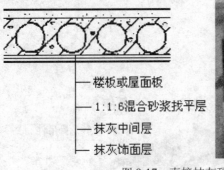 

图 9-17 直接抹灰顶棚构造

喷刷类装饰顶棚是在上部屋面或楼板的底面上直接用浆料喷刷而成的。常用的材料有石灰浆、大白浆、色粉浆、彩色水泥浆、可赛银等。其具体做法可参照涂刷类墙体饰面的构造，如图 9-18 所示。

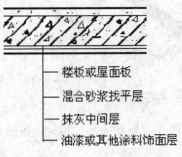 

图 9-18 喷刷类顶棚构造

裱糊类顶棚是对于有些要求较高、面积较小的房间顶棚面，可采用直接贴壁纸、贴壁布及其他织物的饰面方法。这类顶棚主要用于装饰要求较高的建筑，如宾馆的客房、住宅的卧室等空间。裱糊类顶棚的具体做法与墙饰面的构造相同，如图 9-19 所示。

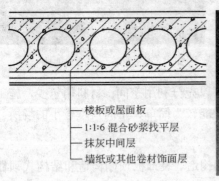 

图 9-19 裱糊类顶棚构造

直接装饰板顶棚构造是直接将装饰板粘贴在经抹灰找平处理的顶板上。结构如图 9-20 所示。

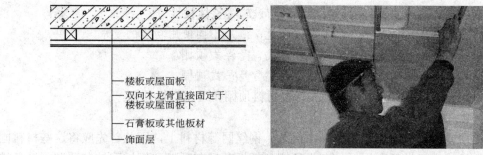

图 9-20　直接装饰板顶棚构造

结构式顶棚构造。将屋盖或楼盖结构暴露在外,利用结构本身的韵律作装饰,不再另做顶棚,所以称为结构式顶棚。结构式顶棚充分利用屋顶结构构件,并巧妙地组合照明、通风、防火、吸声等设备,形成和谐统一的空间景观。一般应用于体育馆、展览厅、图书馆、音乐厅等大型公共性建筑中,如图 9-21 所示。

图 9-21　结构式顶棚构造

1. 悬吊式顶棚的基本构造

悬吊式顶棚的装饰表面与结构底表面之间留有一定的距离,通过悬挂物与结构联结在一起。如图 9-21 所示为常见悬吊式顶棚的结构安装示意图。

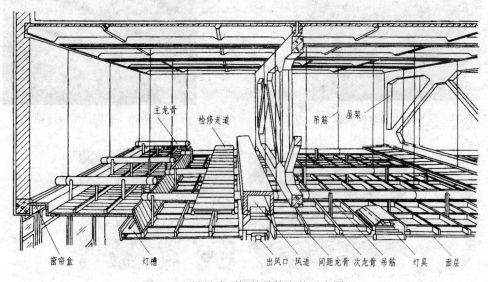

图 9-22　悬吊式顶棚的结构安装示意图

可结合灯具、通风口、音响、喷淋、消防设施等整体设计。
- ◆ 特点：立体造型丰富，改善室内环境，满足不同使用功能的要求。
- ◆ 类型外观：平滑式、井格式、叠落式、悬浮式顶棚。
- ◆ 龙骨材料：木龙骨、轻钢、铝合金龙骨悬吊式顶棚。

悬吊式顶棚的构造分为抹灰类顶棚、板材料顶棚和透光材料顶棚。

（1）抹灰类顶棚。

抹灰类顶棚的抹灰层必须附着在木板条、钢丝网等材料上，因此首先应将这些材料固定在龙骨架上，然后再做抹灰层。抹灰类顶棚包括板条抹灰顶棚和钢板网抹灰顶棚。板条抹灰顶棚装饰构造如图 9-23 所示。

钢板网抹灰顶棚采用金属制品作为顶棚的骨架和基层。主龙骨用槽钢，其型号由结构计算而定；次龙骨用等边角钢中距为 400 mm；面层选用 1.2 mm 厚的钢板网；网后衬垫一层 Φ6 mm 中距为 200 mm 的钢筋网架；在钢板网上进行抹灰，如图 9-24 所示。

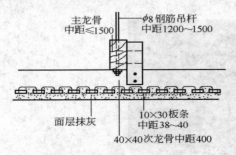

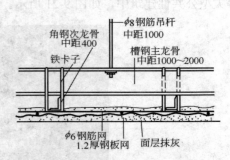

图 9-23　板条抹灰顶棚装饰构造　　　　图 9-24　钢板网抹灰顶棚装饰构造

（2）板材类顶棚。

常见板材类顶棚包括石膏板顶棚（如图 9-25 所示）、矿棉纤维板和玻璃纤维板顶棚（如图 9-26 所示）、金属板顶棚（如图 9-27 所示）等。

图 9-25　石膏板顶棚　　　　图 9-26　矿棉纤维板顶棚

图 9-27　铝合金板顶棚

第 9 章 室内顶棚平面图设计

9.3 综合训练——绘制某服饰店顶棚平面图

引入光盘：多媒体\实例\初始文件\Ch06\服饰店原始户型图.dwg
结果文件：多媒体\实例\结果文件\Ch06\服饰店顶棚平面图.dwg
视频文件：多媒体\视频\Ch06\服饰店顶棚平面图.avi

本例的某服饰旗舰店顶棚平面图主要体现了顶面灯位及顶面装饰材料的设计。设计完成的某服饰旗舰店顶棚平面如图 9-28 所示。

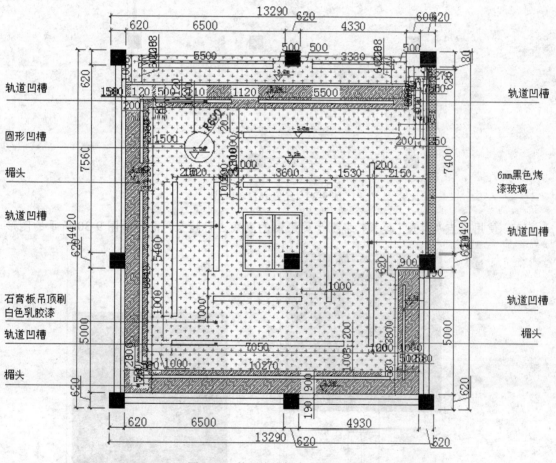

图 9-28　某服饰旗舰店顶棚平面图

9.3.1 绘制顶面造型

顶面的造型主要是吊顶和灯具槽的绘制。下面介绍详细绘制过程与方法。

操作步骤

[1] 从本例光盘中打开"服饰店原始户型图.dwg"文件。
[2] 使用 L 命令和 O 命令，绘制如图 9-29 所示的天窗轮廓线。

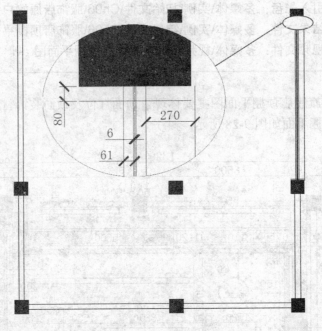

图 9-29　绘制天窗轮廓线

[3] 使用夹点"拉长"模式，将上步骤绘制的直线进行拉长，得到如图 9-30 所示的图形。

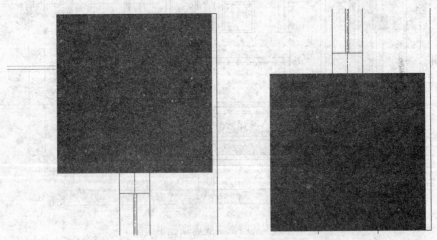

图 9-30　拉长整理轮廓线

[4] 使用 L 命令，在原始图中绘制长度为 1668 的直线。暂且不管位置关系，如图 9-31 所示。
[5] 使用 AutoCAD 2015 的参数化【线型】功能，对直线进行尺寸约束，结果如图 9-32 所示。

第9章 室内顶棚平面图设计

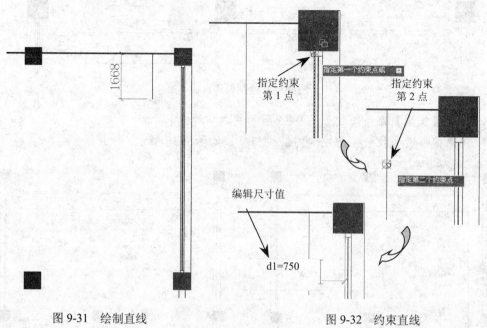

图 9-31　绘制直线　　　　　　　　　图 9-32　约束直线

[6] 使用【多段线】命令，在直线的端点依次绘制出多段线，结果如图 9-33 所示。

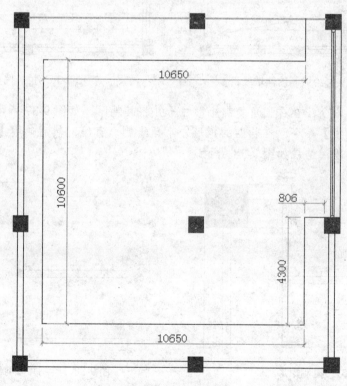

图 9-33　绘制多段线

[7] 使用 O（偏移）命令，绘制如图 9-34 所示的 2 条偏移直线。

259

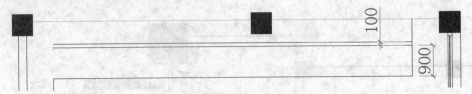

图 9-34 绘制偏移直线

[8] 使用【直线】命令绘制如图 9-35 所示的内墙边线。
[9] 将两偏移直线拉长至与左边内墙线相交,如图 9-36 所示。

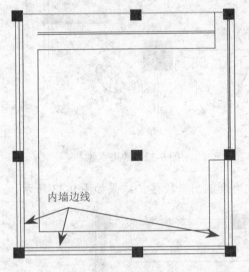

图 9-35 绘制内侧墙线   图 9-36 拉长偏移直线

[10] 使用复制命令,在右上角复制矩形柱子并将其粘贴,如图 9-37 所示。
[11] 使用【直线】命令,在粘贴的矩形左下角绘制一直线,然后使用【修剪】命令修剪相交的线段,结果如图 9-38 所示。

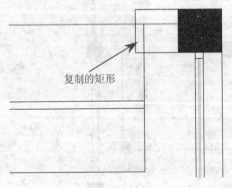
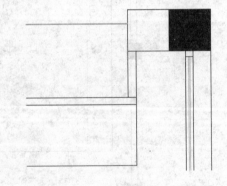

图 9-37 复制矩形   图 9-38 绘制并修剪线段

[12] 使用【矩形】命令,在图形中绘制矩形,且位置与尺寸任意,如图 9-39 所示。
[13] 在【参数化】选项卡的【标注】面板中单击【线性】按钮,先将矩形进行尺寸约束,结果如图 9-40 所示。

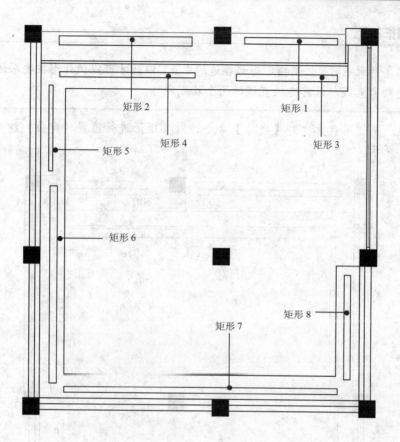

图 9-39　绘制任意尺寸及位置的多个矩形

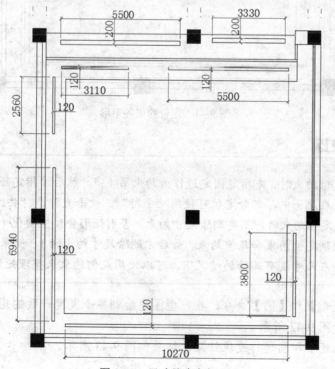

图 9-40　尺寸约束各矩形

操作技巧

在指定约束点时，必须指定矩形各边的中点。以此才可以使矩形按要求进行尺寸约束。若是约束直线，只需选择直线的两个端点即可。

[14] 同理，再使用参数化的【线性】命令，对各矩形进行位置（定位）约束，结果如图9-41所示。

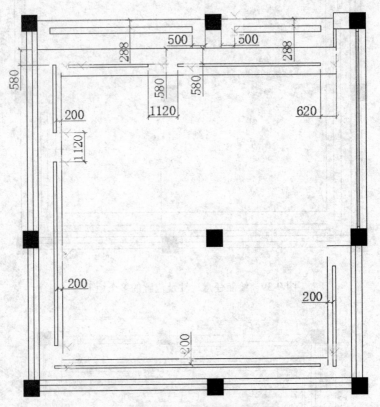

图 9-41　定位约束各矩形

操作技巧

在进行定位约束时，先指定固定边作为约束第1点，然后才指定矩形中的点作为约束的第2点。在此例中，部分定位可使用"平行"、"垂直"、"共线"等几何约束。

此外，在定位约束时，不要删除尺寸约束，否则矩形会发生变化（下面图片中是为了让大家看清晰定位约束和几何约束，最后才删除尺寸约束的）。如果在约束过程中矩形发生改变，在尺寸没有删除的情况下，可以使用几何约束来整理矩形。

[15] 使用【矩形】和【圆】命令，在户型图中绘制多个宽度一致的矩形和半径为"600"的圆，如图9-42所示。

[16] 对绘制的矩形和圆进行定位约束，结果如图9-43所示。

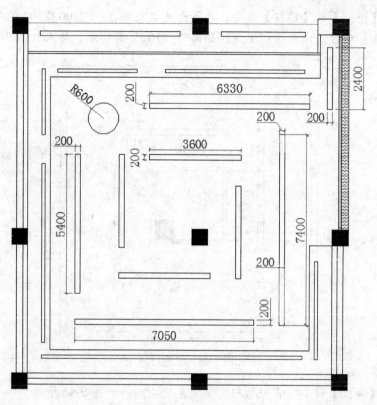

图 9-42 绘制矩形

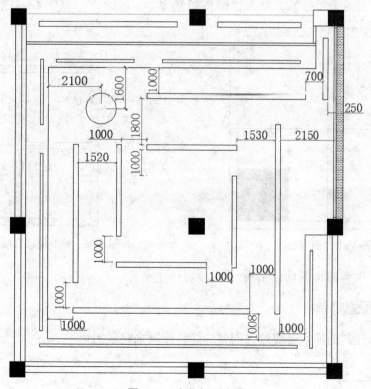

图 9-43 定位矩形和圆

[17] 使用【矩形】和【偏移】命令,在图形中央绘制 1 个 2200×2200 的矩形。然后以此作为偏移参照,向外绘制出偏移距离为"100"的矩形,结果如图 9-44 所示。

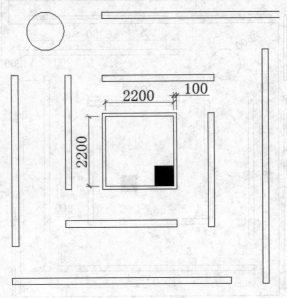

图 9-44 绘制矩形

[18] 使用【直线】命令,在矩形中绘制 2 条中心线,如图 9-45 所示。
[19] 使用【偏移】命令和【修剪】命令,以中心线作为参照,绘制偏移距离为"50"的直线,然后进行修剪,结果如图 9-46 所示。

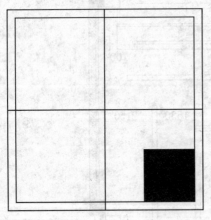

图 9-45 绘制中心线

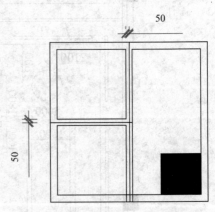

图 9-46 绘制偏移直线并修剪

[20] 至此,顶面的造型设计完成。

9.3.2 添加顶面灯具

在本例中,灯具的插入是通过已创建的灯具图例来完成的。

操作步骤

[1] 从本例光盘中打开"灯具图例.dwg"素材文件,通过按 Ctrl+C 组合键和 Ctrl+V 组合

键将灯具图例复制到图形区中，结果如图 9-47 所示。

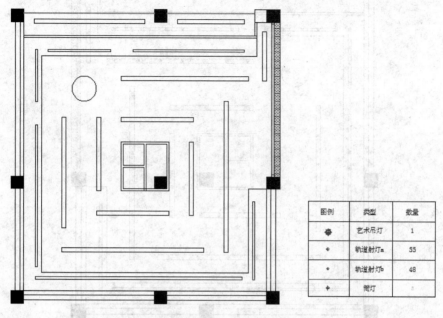

图 9-47 复制、粘贴灯具图例

[2] 使用【复制（CO）】命令将灯具图例中的"轨道射灯 b"图块复制、粘贴到宽度仅有"120"的轨道凹槽中，且间距为"720"，结果如图 9-48 所示。

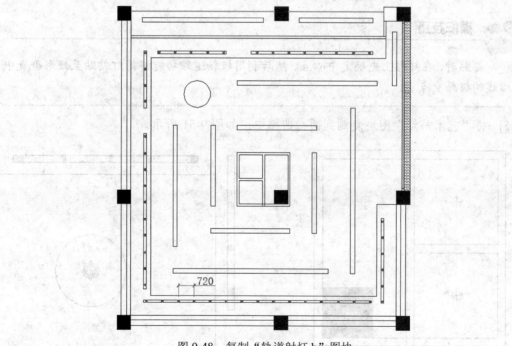

图 9-48 复制"轨道射灯 b"图块

[3] 同理，按此方法将"轨道射灯 a"图块复制到其余轨道凹槽矩形中（间距自行安排，大致相等即可）。结果如图 9-49 所示。

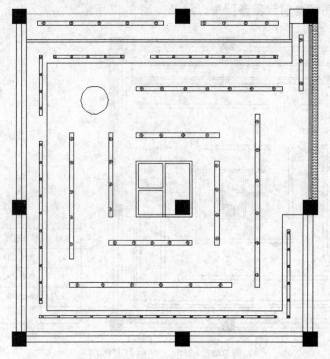

图 9-49 复制"轨道射灯 a"图块

[4] 使用【复制（CO）】命令将"筒灯"图块复制到书顶面中心的天窗位置，如图 9-50 所示。

操作技巧

粘贴时，在矩形上先确定中心点，然后利用极轴追踪功能将筒灯粘贴至矩形垂直中心线的极轴交点上。

[5] 将"艺术吊灯"图块复制到圆心凹槽中，如图 9-51 所示。

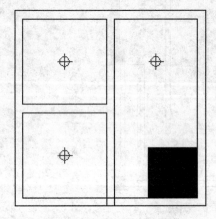

图 9-50 复制"筒灯"图块

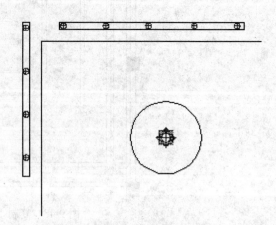

图 9-51 复制"艺术吊灯"图块

[6] 使用【样条曲线拟合】命令，绘制灯具之间的串联电路，如图 9-52 所示。

第 9 章 室内顶棚平面图设计

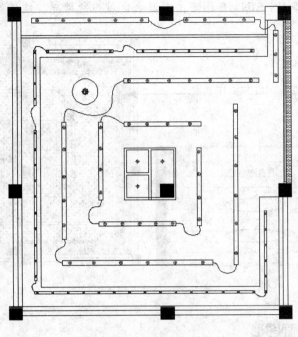

图 9-52 绘制串联电路

9.3.3 填充顶面图案

[1] 使用【填充】命令,打开【图案填充创建】选项卡。在选项卡中选择 CROSS 图案,填充比例为 30,然后对顶棚平面图形进行填充,结果如图 9-53 所示。

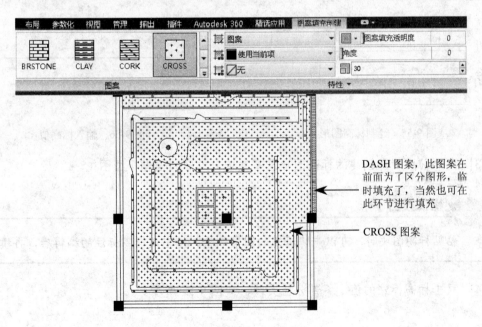

图 9-53 填充 CROSS 图案

[2] 同理，再选择 JIS_SIN_1E 图案，对其余区域进行填充，结果如图 9-54 所示。

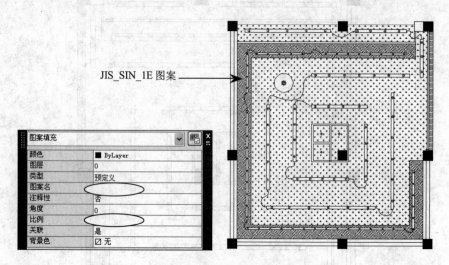

图 9-54　填充其余区域

9.3.4　标注顶棚平面图形

在完成了前面的几个环节后，最后对图形进行文字标注。主要是标明所使用的灯具和天花吊顶的材料名称。

[1] 使用【直线】命令，绘制标高标注的图形，如图 9-55 所示。
[2] 使用【单行文字】命令，在图形上方输入"3.3m"文字，如图 9-56 所示。

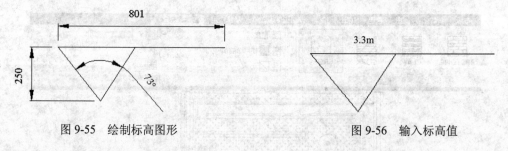

图 9-55　绘制标高图形　　　　　　　图 9-56　输入标高值

[3] 复制前两步骤创建的标高图形及高度值，粘贴到顶棚平面图中。

> **操作技巧**
> 粘贴标高图块时，可以先将填充的图案删除。待完成标高标注的编辑后，再填充。

[4] 双击标高标注的值，将部分值更改，如图 9-57 所示。

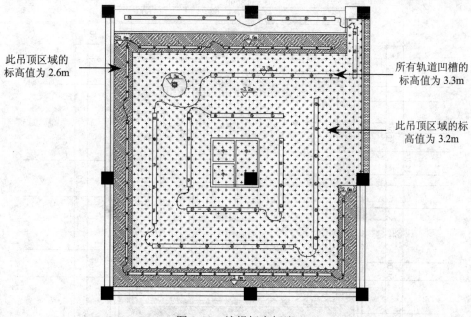

图 9-57 编辑标高标注

[5] 在菜单栏执行【格式】|【多重引线样式】命令，然后在弹出的【多重引线样式】对话框中选择 Standard 样式，并单击【修改】按钮，如图 9-58 所示。

[6] 在随后弹出的【修改多重引线样式：Standard】对话框的【引线格式】选项卡中设置如图 9-59 所示的选项。完成设置后单击【确定】按钮关闭该对话框。

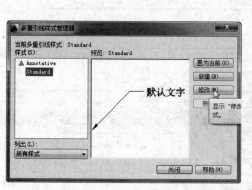

图 9-58 选择 Standard 样式进行修改

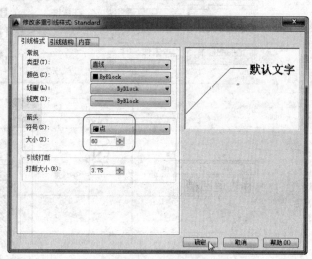

图 9-59 设置多线样式

[7] 在【常规】选项卡的【注释】面板中单击【引线】按钮，然后在顶棚图中创建多条引线。引线的箭头放置图形中的各区域、轨道槽、灯具位置，如图 9-60 所示。

[8] 使用【多行文字】命令，在引线末端输入相应的文字，且文字高度为 216，如图 9-61 所示。

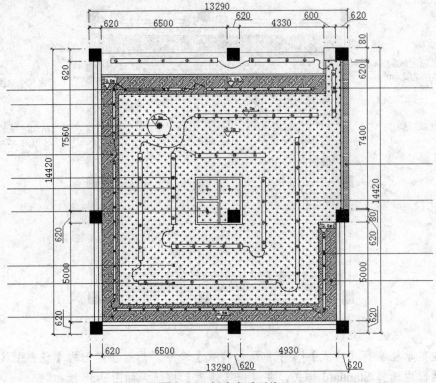

图 9-60 创建多重引线

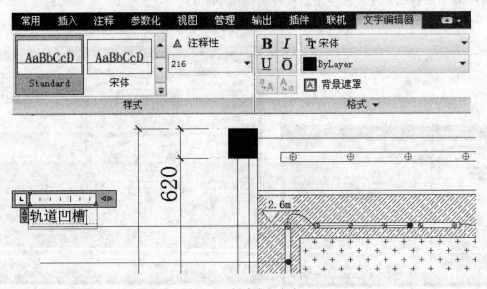

图 9-61 创建多行文字

[9] 同理，在其他多重引线上创建多行文字，结果如图 9-62 所示。

[10] 在图形下方创建"顶棚平面图 1：100"的多行文字，如图 9-63 所示。至此完成了某服饰店整个顶棚平面图的绘制。

[11] 将绘制完成的结果保存。

第 9 章 室内顶棚平面图设计

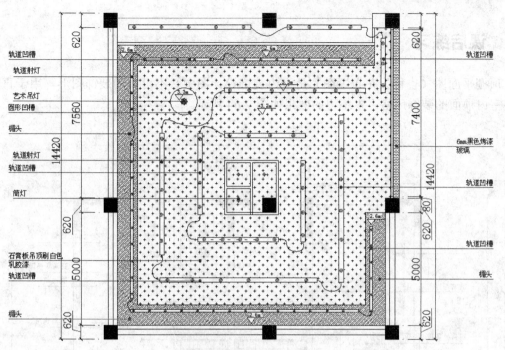

图 9-62 创建其他多行文字

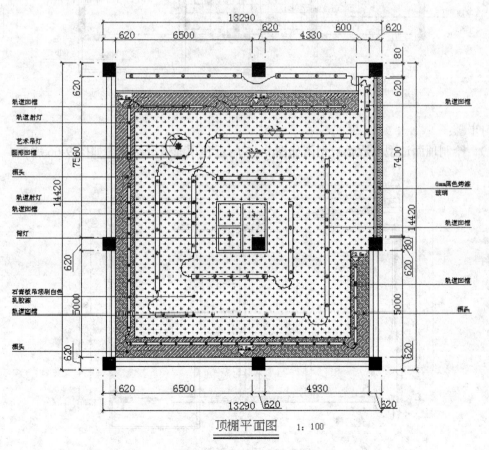

顶棚平面图 1:100

图 9-63 创建图名及绘图比例

9.4 课后练习

顶棚平面图（也称天花布置图）是室内装饰设计图中必不可少的装饰图形，用于直观地反映室内顶面的装饰风格。本练习的效果如图9-64所示。

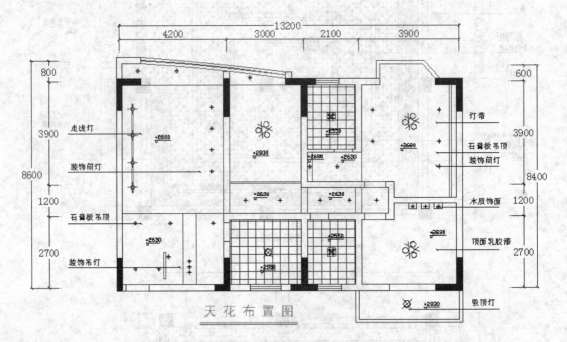

图9-64 某户型室内顶棚平面图

练习步骤：

（1）绘制顶面造型。原始户型图如图9-65所示和顶面造型结果图如图9-66所示。

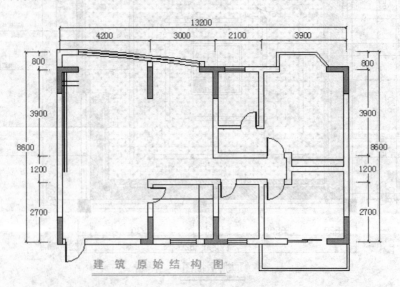

图9-65 原始户型图

第 9 章 室内顶棚平面图设计

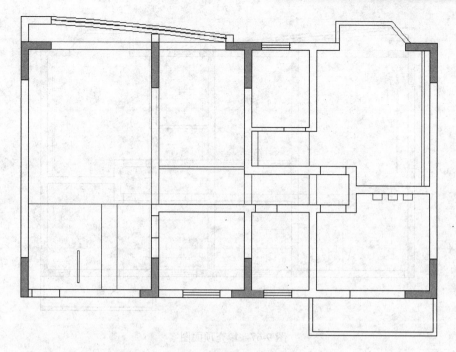

图 9-66 顶面造型结果图

（2）绘制顶面灯具。结果如图 9-67 所示。

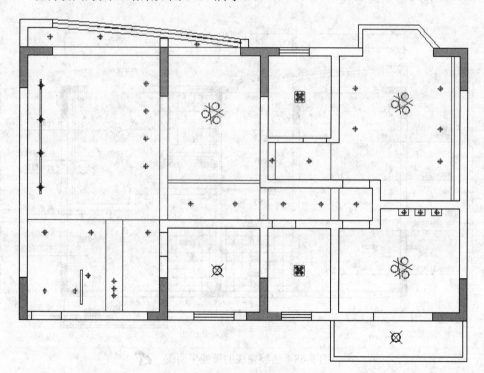

图 9-67 绘制顶面灯具

（3）填充顶面图案。在室内装修设计中，填充顶面图案主要是填充厨卫顶面的铝扣板等图形，在填充图案时，可以选择【用户定义】类型。结果如图 9-68 所示。

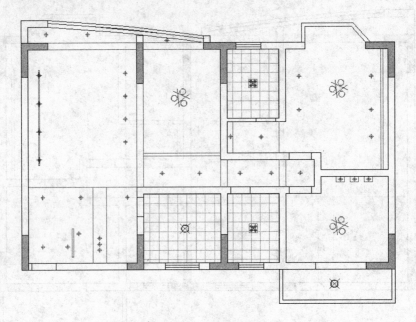

图 9-67 填充顶面图案

（4）标注图形。在标注顶面图形中，除了需要标注顶面的尺寸外，还需要标注顶面的高度，因此，首先需要绘制标高符号。结果如图 9-68 所示。

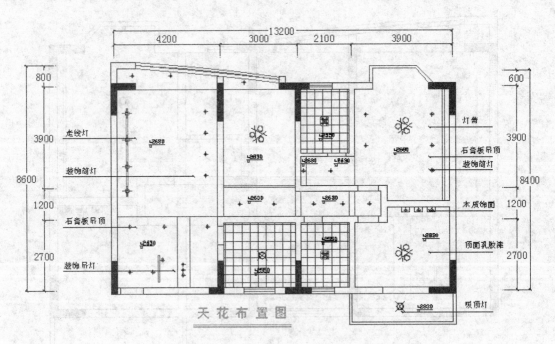

图 9-68 绘制完成的顶棚平面图

第 10 章

室内立面图设计

室内户型立面图,是室内设计施工图中能反映室内空间标高的变化、反映室内空间中门窗位置及高低、反映室内垂直界面及空间划分构件在垂直方向上的形状及大小、反映室内空间与家具(尤其是固定家具)及有关室内设施在立面上的关系、反映室内垂直界面上装饰材料的划分与组合,等等。

本章将学习 AutoCAD 室内立面图的绘制技巧及绘制过程。

 知识要点

- ◆ 室内平面图基础
- ◆ 绘制某户型立面图
- ◆ 绘制某豪华家居室内立面图

 案例解析

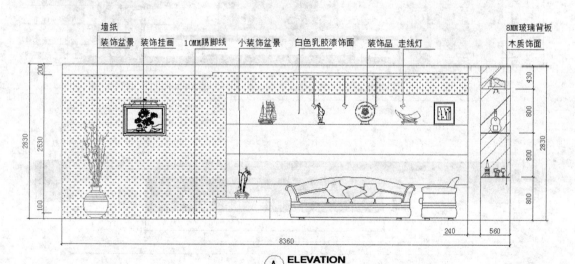

客厅 A 立面图

10.1 室内立面图基础

在一个完整的室内施工设计中，立面图是唯一能直观表达出室内装饰结果的图纸。下面介绍有关室内立面图设计的相关理论知识。

10.1.1 室内立面图的内容

室内立面图一般包含如下内容：
- 需表达出墙体、门洞、窗洞、抬高地坪、吊顶空间等的断面。
- 需表达出未被剖切的可见装修内容，如家具、灯具及挂件、壁画等装饰。
- 需表达出施工尺寸与室内标高。
- 立面图图纸中还应标注出索引号、图号、轴线号及轴线尺寸。
- 还要注出装修材料的编号及说明。

如图10-1所示为某户型客厅的立面效果图。

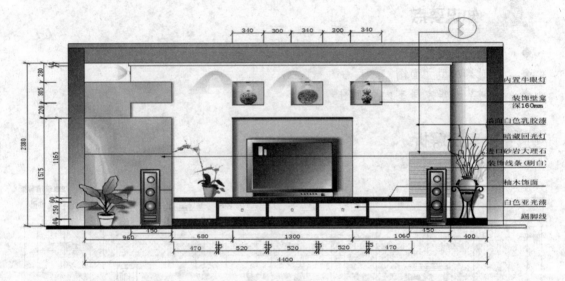

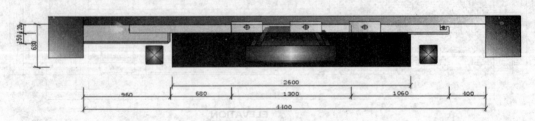

图10-1 某户型客厅立面效果

剖立面图中需画出被剖的侧墙及顶部楼板和顶棚等，而前面章节中介绍的立面图则是直接绘制垂直界面的正投影图，画出侧墙内表面，不必画侧墙及楼板等，如图10-2所示。

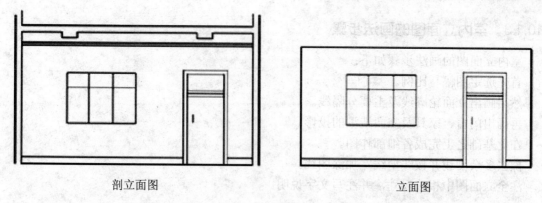

图 10-2 立面图和剖立面图

10.1.2 立面图的画法与标注

与平面图的绘制基本相同,立面图的绘制表现在以下几个方面:
- 最外轮廓线用粗实线绘制。
- 地坪线可用加粗线(粗于标注粗度的1.4倍)绘制。
- 装修构造的轮廓和陈设的外轮廓线用中实线绘制。
- 对材料和质地的表现宜用细实线绘制。

立面图的标注包括纵向尺寸、横向尺寸和标高;材料的名称;详图索引符号;图名和比例等。室内立面图常用的比例是1:50、1:30、1:100。如图10-3所示为某卫生间立面图的绘制与标注完成结果。

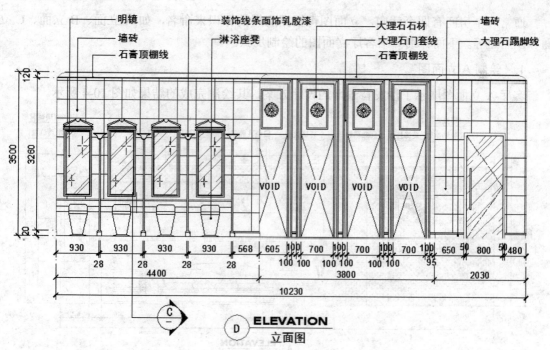

图 10-3 某卫生间立面图

10.1.3 室内立面图的画法步骤

室内立面图的画法步骤如下：
首先选定图幅与比例。
然后画出立面轮廓线及主要分隔线。
再画出门窗、家具及立面造型的投影。
在此基础之上完成各细部作图。
擦去多余图线并按线型线宽加深图线。
注全立面图中相关尺寸，并注写文字说明。

10.2 绘制某户型立面图

立面图是房屋不同方向的立面正投影图，详细地反映了房屋的设计意图，以及其使用材料及尺寸。

10.2.1 绘制客厅立面图

引入光盘：无
结果文件：多媒体\实例\结果文件\Ch10\客厅立面图.dwg
视频文件：多媒体\视频\Ch10\客厅立面图.avi

通常一个房间有四个朝向，立面图可根据房屋的标识来命名，如 A 立面、B 立面、C 立面、D 立面等。下面详细介绍客厅立面图的绘制步骤。

1. 绘制 A 立面图

客厅 A 立面图展示了沙发背景墙的设计方案，其绘制完成的结果如图 10-4 所示。

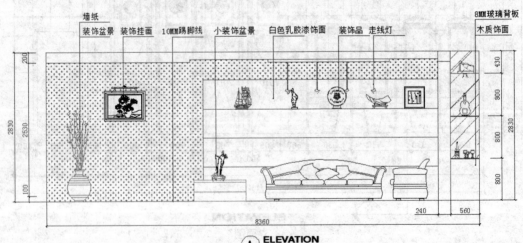

图 10-4　客厅 A 立面图

第 10 章 室内立面图设计

操作步骤

[1] 新建文件，将新文件另存为"某户型室内立面图.dwg"。

[2] 使用【直线】命令和【偏移】命令，在绘图区域绘制如图10-5所示的直线。

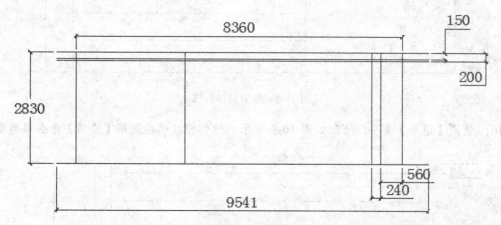

图 10-5　绘制直线

[3] 使用【修剪】命令对直线进行修剪，结果如图10-6所示。

图 10-6　修剪直线

[4] 使用【偏移】命令，绘制如图10-7所示的偏移直线。

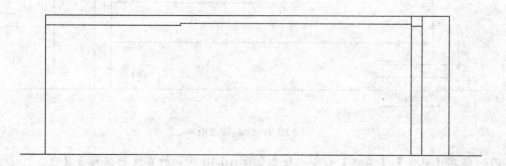

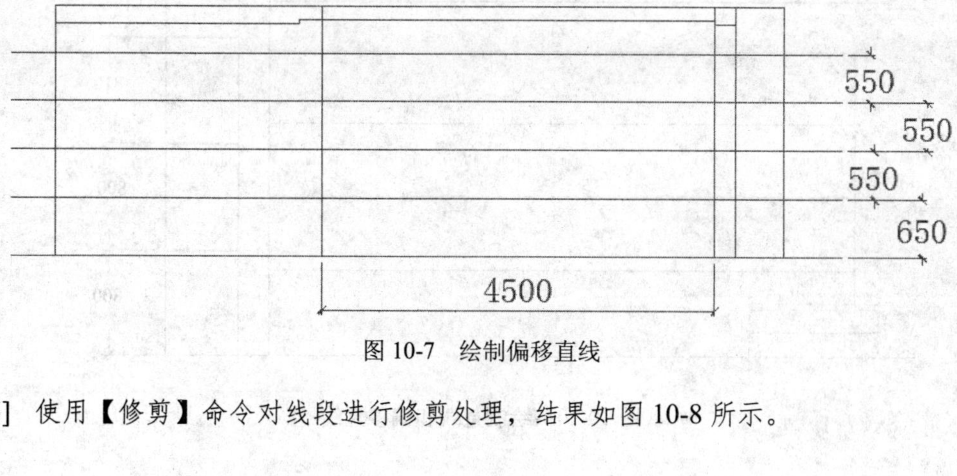

图 10-7　绘制偏移直线

[5] 使用【修剪】命令对线段进行修剪处理，结果如图10-8所示。

279

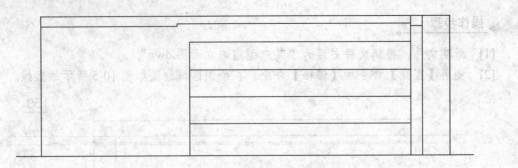

图 10-8 修剪偏移直线

[6] 使用【矩形】命令,绘制如图 10-9 所示的储物柜。然后使用【修剪】命令修剪图形。

图 10-9 绘制储物柜

[7] 使用【直线】、【偏移】命令,绘制如图 10-10 所示的直线和偏移直线。

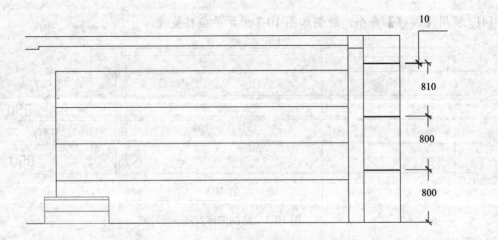

图 10-10 绘制直线和偏移直线

[8] 将本例"图库.dwg"素材文件打开。然后在新窗口中复制"沙发"立面图块。在菜单栏选择【窗口】|【某户型室内立面图.dwg】命令,切换至立面图绘制窗口。并将复制的沙发图块粘贴到 A 立面图中,如图 10-11 所示。

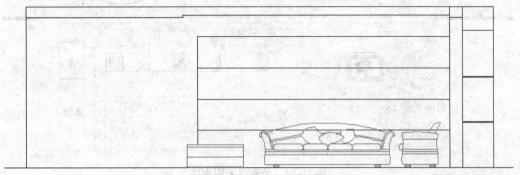

图 10-11　复制、粘贴"沙发"立面图块

[9] 同理,按此方法陆续将花瓶、装饰画、灯具等图块插入到立面图中,结果如图 10-11 所示。

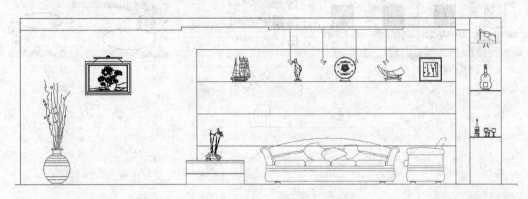

图 10-12　复制、粘贴其他图块

[10] 使用【修剪】命令修剪立面图形,结果如图 10-13 所示。

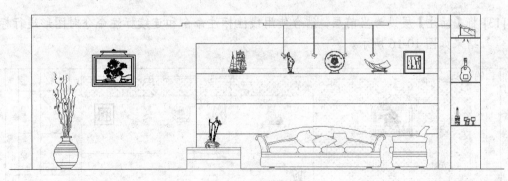

图 10-13　修剪图形

[11] 使用【填充】命令,选择 CROSS 图案、比例为 200,对立面图进行填充,结果如图 10-14 所示。

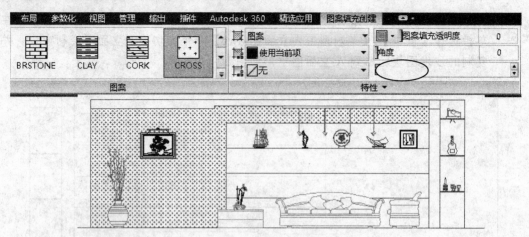

图 10-14 填充立面图主墙

[12] 再执行【填充】命令，对右侧的酒柜玻璃门进行填充，结果如图 10-15 所示。

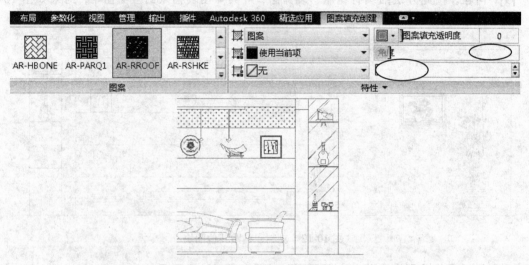

图 10-15 填充酒柜门

[13] 将【标注】层设为当前层，结合使用线性标注命令和连续标注命令对图形进行标注，结果如图 10-16 所示。

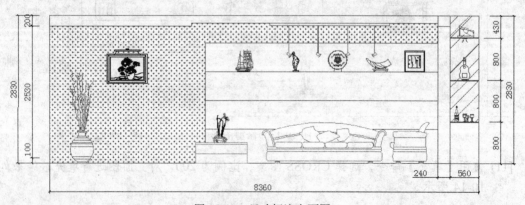

图 10-16 尺寸标注立面图

> **操作技巧**
>
> 尺寸标注的样式、文字样式等，可参照前面章节中所介绍的步骤进行设置。

[14] 将【文字说明】设为当前层，执行【多重引线（Mleader）】命令，绘制文字说明的引线，使用【多行文字（MT）】命令创建说明文字，如图 10-17 所示。

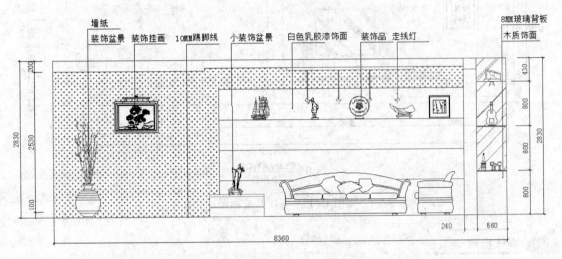

图 10-17　创建引线和文字标注

[15] 复制"图库 16.dwg"素材文件中的"剖析线符号"到 A 立面图中。至此，完成了客厅 A 立面图的绘制，结果如图 10-18 所示。

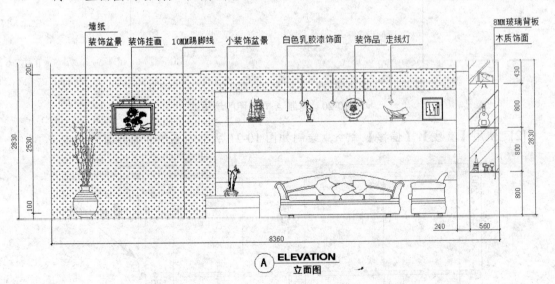

图 10-18　复制"剖析线符号"图块到 A 立面图中

2. 绘制客厅 B 立面图

客厅 B 立面图展示了电视墙、厨房装饰门、鞋柜和玄关的设计方案，其结果如图 10-19

所示。绘制客厅B立面图的内容主要包括电视墙、电视、装饰门、隔断等装饰物，在绘图过程中可以使用【插入】命令插入常见的图块，绘制客厅B立面图的操作如下。

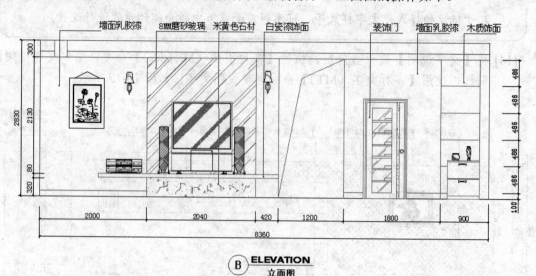

图 10-19　客厅 B 立面图

操作步骤

[1]　将 A 立面图中的墙边线复制，如图 10-20 所示。

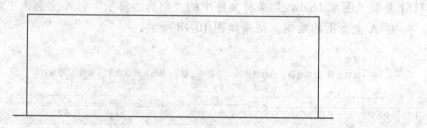

图 10-20　复制 A 立面图的墙边线

[2]　使用【直线】、【偏移】命令，绘制如图 10-21 所示的直线和偏移直线。

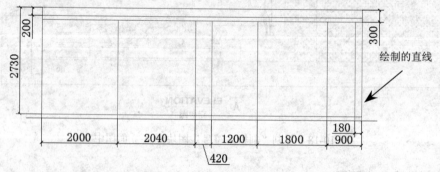

图 10-21　绘制直线和偏移直线

[3]　使用【直线】命令，在图形右侧绘制 4 条水平直线，且不定位。

[4] 使用【参数化】功能选项卡中的约束功能，对 4 条直线进行定位约束，如图 10-22 所示。

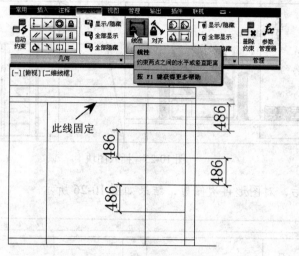

图 10-22　绘制并定位直线

[5] 使用【矩形】命令，绘制 33100×80 的矩形，然后使用约束功能进行定位，结果如图 10-23 所示。

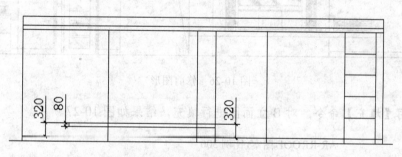

图 10-23　绘制并定位矩形

[6] 使用【直线】命令，绘制直线。再使用【修剪】命令，修剪图形，结果如图 10-24 所示。

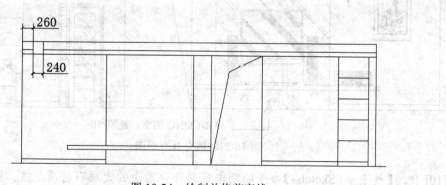

图 10-24　绘制并修剪直线

[7] 将"图库.dwg"素材文件中的电视机、DVD、电灯具器、门、工艺品图块插入到立

面图中,如图 10-25 所示。

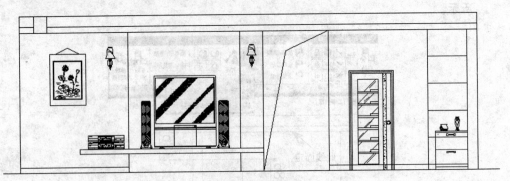

图 10-25　插入图块

[8]　插入图块后,对图形再次修剪,结果如图 10-26 所示。

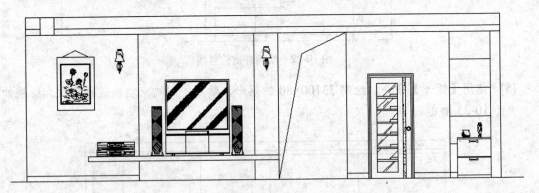

图 10-26　修剪图形

[9]　使用【填充】命令,对 B 立面图进行填充,结果如图 10-27 所示。

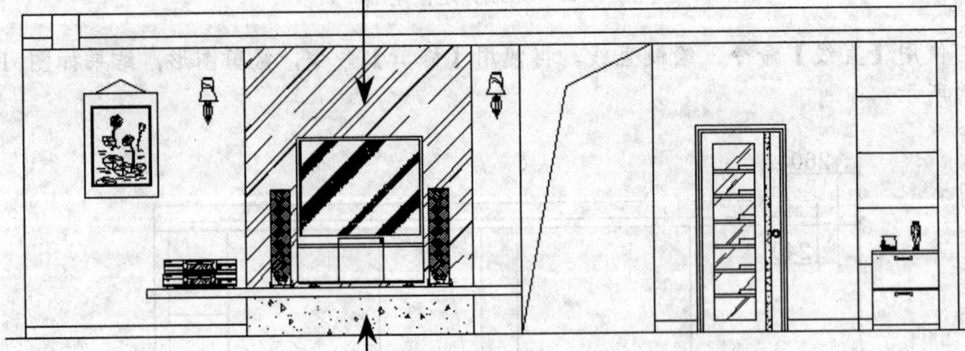

AR-RROOF 图案,比例 300

AR-CONC 图案,比例 50

图 10-27　填充 B 立面图

[10]　使用【徒手画(Sketch)】命令绘制电视装饰台面上的大理石材质花纹,结果如图 10-28 所示。

第 10 章 室内立面图设计

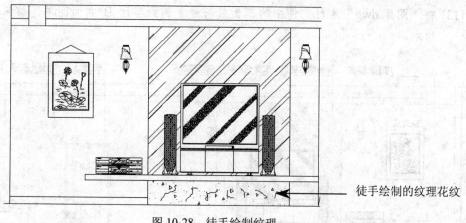

图 10-28 徒手绘制纹理

[11] 将【标注】层设为当前层,使用线性标注命令和连续标注命令对图形进行标注,结果如图 10-29 所示。

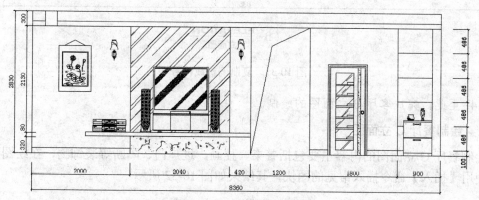

图 10-29 标注 B 立面图形

[12] 将"文字说明"层设为当前层,使用【多重引线】命令,绘制需要文字说明的引线,结合使用【多行文字】和【复制】命令,对图形中各内容的材质进行文字说明,设置文字高度为 120,结果如图 10-30 所示。

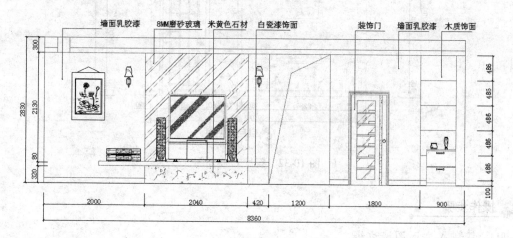

图 10-30 标注文字

[13] 将"图库.dwg"素材文件中的剖析线符号复制到客厅 B 立面图中，结果如图 10-31 所示。

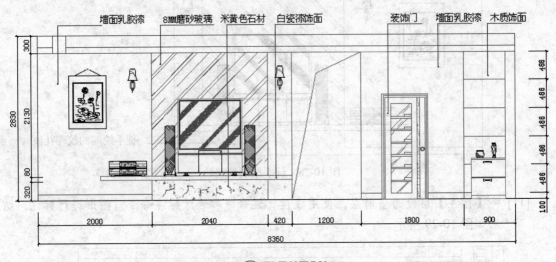

图 10-31　复制剖析线符号

[14] 至此，完成客厅 B 立面图的绘制。

3. 绘制餐厅 C 立面图

绘制餐厅 C 立面图的内容主要包括餐桌、挂画、进户门、隔断等装饰物，在绘图过程中可以使用【插入】命令插入常见的图块，其结果如图 10-32 所示。

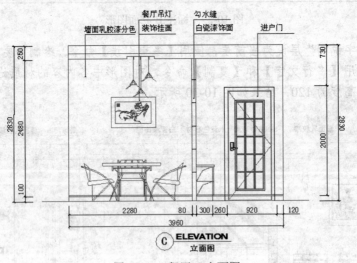

图 10-32　餐厅 C 立面图

[1] 复制 A 立面图墙边线。

第 10 章 室内立面图设计

[2] 在菜单栏执行【修改】|【拉伸】命令，将图形整体拉伸，操作过程如图 10-33 所示。
命令行操作提示如下：

```
命令：_stretch
以交叉窗口或交叉多边形选择要拉伸的对象...
选择对象：指定对角点：找到 0 个
选择对象：指定对角点：找到 3 个
选择对象：✓
指定基点或 [位移(D)] <位移>：
指定第二个点或 <使用第一个点作为位移>：
>>输入 ORTHOMODE 的新值 <1>：
正在恢复执行 STRETCH 命令。
指定第二个点或 <使用第一个点作为位移>：4400✓
```

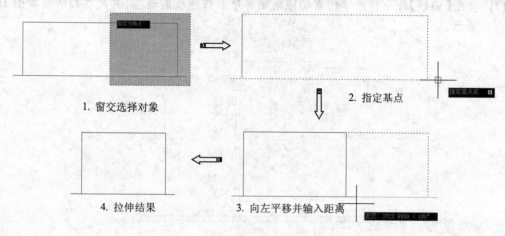

图 10-32　拉伸图形

[3] 使用【偏移】命令向右偏移左边的垂直线段，偏移距离依次为 2280 mm 和 80 mm。向上偏移水平线段，偏移距离依次为 80 mm、20 mm、2480 mm、100 mm，如图 10-34 所示。

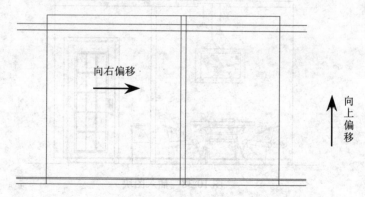

图 10-34　绘制偏移直线

[4] 使用【修剪】命令对线段进行修剪处理，如图 10-35 所示。
[5] 使用【偏移】命令将天花外框线向下偏移 200 mm，再将左边第一条垂直线向右依次

偏移 1100 mm 和 500 mm，如图 10-36 所示。

图 10-35 修剪图形

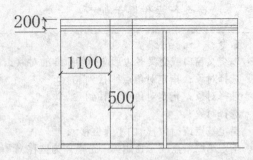

图 10-36 绘制偏移直线

[6] 使用【修剪】命令对线段进行修剪处理，绘制出餐厅的灯槽图形。

[7] 使用【偏移】命令和尺寸约束功能绘制餐厅装饰隔板的造型，其尺寸和结果如图 10-37 所示。

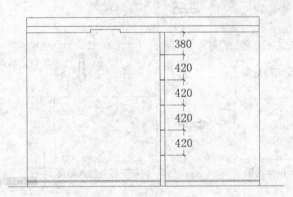

图 10-37 绘制直线

[8] 在立面图中插入"图库.dwg"素材文件中的餐桌立面装饰画图块、面图块、门立面图块、灯具图块，结果如图 10-38 所示。

图 10-38 插入图块

[9] 将【标注】层设为当前层，结合使用线性标注命令和连续标注命令对图形进行标注。

[10] 将【文字说明】层设为当前层，使用【多重引线】命令创建文字说明，然后将剖析线符号复制到餐厅 C 立面图中，完成餐厅 C 立面图的绘制。

[11] 最终餐厅 C 立面图完成结果如图 10-39 所示。

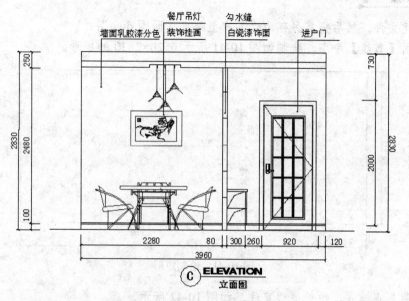

图 10-39　绘制完成的餐厅 C 立面图

10.2.2　绘制卧室立面图

引入光盘：无
结果文件：多媒体\实例\结果文件\Ch10\卧室立面图.dwg
视频文件：多媒体\视频\Ch10\卧室立面图.avi

卧室立面图展示了卧室中衣柜、床、灯具等元素的设计方案，卧室立面图的效果如图 10-40 所示。

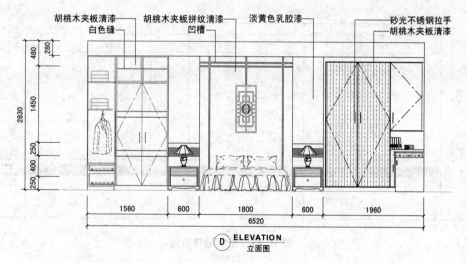

图 10-40　卧室立面图

操作步骤

[1] 新建文件，然后将其另存为"某户型卧室立面图.dwg"。

[2] 使用【直线】命令，绘制如图 10-41 所示 6520×2830 的矩形。

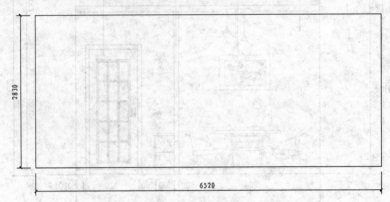

图 10-41 绘制矩形

[3] 利用夹点模式，拉长底边直线，如图 10-42 所示。

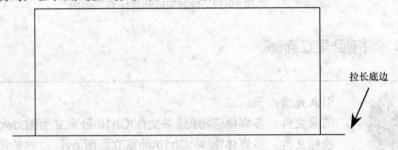

图 10-42 拉长底边

[4] 使用"偏移"命令，绘制出如图 10-43 所示的偏移直线。

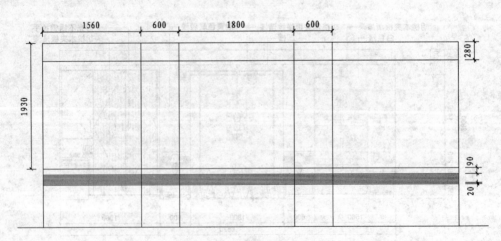

图 10-43 绘制偏移直线

[5] 使用【修剪】命令，将绘制的偏移直线修剪，结果如图 10-44 所示。

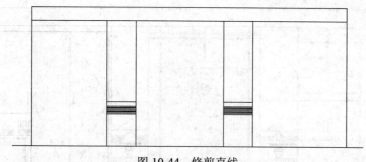

图 10-44 修剪直线

[6] 利用【直线】、【偏移】、【镜像】、【修剪】命令，绘制如图 10-45 所示的木条装饰图形。

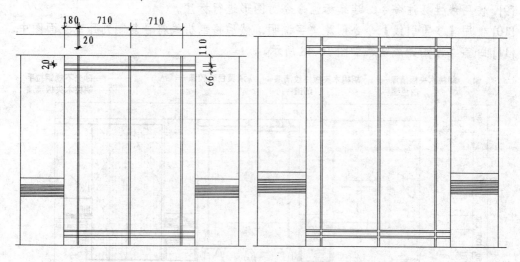

图 10-45 绘制木条装饰图形

[7] 从光盘中将"图库.dwg"素材文件中的衣柜、床、床头柜、台灯、写字桌等图块插入到立面图中，结果如图 10-46 所示。

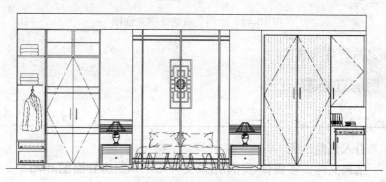

图 10-46 插入图块

[8] 使用【修剪】命令将立面图与图块重合的图线修剪，结果如图 10-47 所示。

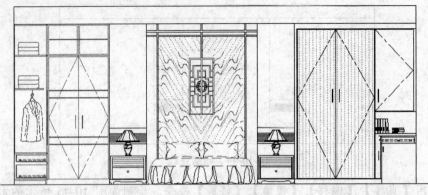

图 10-47 修剪图形

[9] 使用线性标注命令、连续标注命令对图形进行标注。
[10] 使用【多重引线】命令创建文字说明，然后将剖析线符号复制到卧室立面图中。
[11] 卧室立面图完成结果如图 10-48 所示。

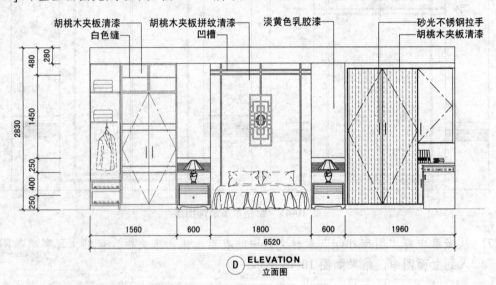

图 10-48 绘制完成的卧室立面图

[12] 将绘制完成的结果保存。

10.2.3 绘制厨房立面图

引入光盘：无
结果文件：多媒体\实例\结果文件\Ch10\厨房立面图.dwg
视频文件：多媒体\视频\Ch10\厨房立面图.avi

厨房立面图中展现了厨具、橱柜、灯具及抽油烟机等元素的布置方案，本例中厨房立面图如图 10-49 所示。

第 10 章 室内立面图设计

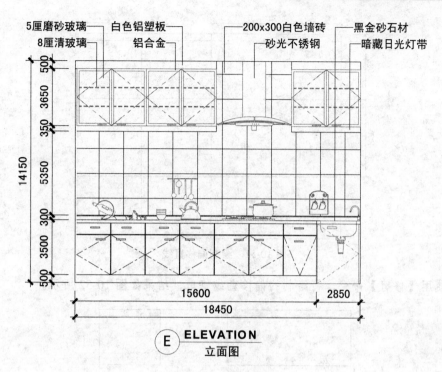

图 10-49 厨房立面图

操作步骤

[1] 新建文件,然后将其另存为"某户型厨房立面图.dwg"。

[2] 使用【直线】命令,绘制如图 10-50 所示 3690×2830 的矩形。

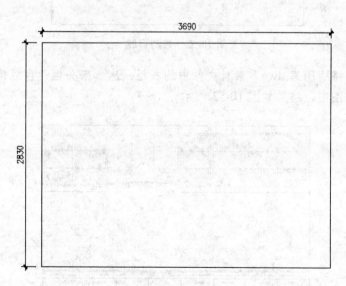

图 10-50 绘制矩形

[3] 使用"偏移"命令,绘制出如图 10-51 所示的偏移直线。

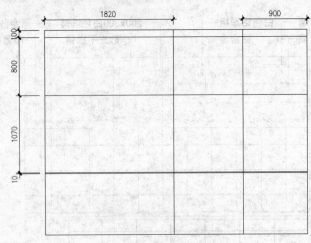

图 10-51　绘制偏移直线

[4] 使用【修剪】命令，将绘制的偏移直线修剪，结果如图 10-52 所示。

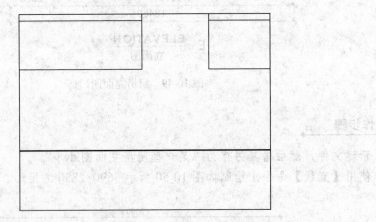

图 10-52　修剪直线

[2] 从光盘中将"图库.dwg"素材文件中的衣柜、床、床头柜、台灯、写字桌等图块插入到立面图中，结果如图 10-53 所示。

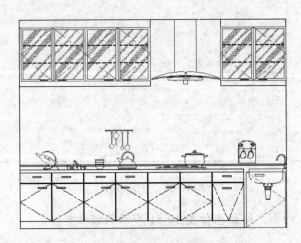

图 10-53　插入图块

第 10 章 室内立面图设计

[3] 使用【修剪】命令将立面图与图块重合的图线修剪，结果如图 10-54 所示。

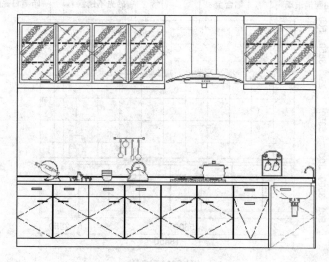

图 10-54　修剪图形

[4] 使用【填充】命令，选择 NET 图案、比例为 80，对厨房立面图进行填充，结果如图 10-55 所示。

[5] 使用线性标注命令、连续标注命令对图形进行标注。

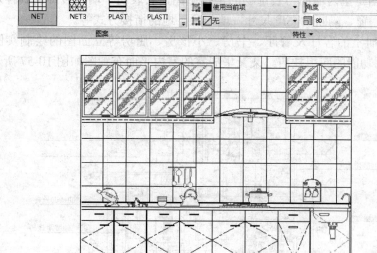

图 10-55　填充图案

[6] 使用【多重引线】命令创建文字说明，然后将剖析线符号复制到厨房立面图中。

[7] 厨房立面图完成结果如图 10-56 所示。

[8] 将绘制完成的结果保存。

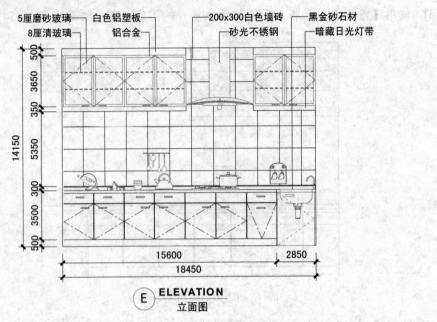

图 10-56 绘制完成的厨房立面图

10.3 绘制某豪家居室内立面图

室内施工立面图是室内墙面与装饰物的正投影图，它表明了墙面装饰的式样及材料、位置尺寸，墙面与门、窗、隔断的高度尺寸，墙与顶、地的衔接方式等。

下面以某豪华居室的客厅及餐厅、书房、小孩房、厨房等立面图的绘制实例，来说明 AuotCAD 2014 绘图功能的应用技巧。某豪华居室的室内平面布置图如图 10-57 所示。

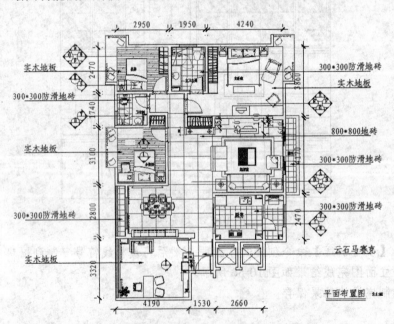

图 10-57 某豪华居室的室内平面布置图

10.3.1 绘制客厅及餐厅立面图

引入光盘：无
结果文件：多媒体\实例\结果文件\Ch10\客厅及餐厅立面图.dwg
视频文件：多媒体\视频\Ch10\客厅及餐厅立面图.avi

立面图主要表达了客厅电视背景墙、餐厅背景的做法、尺寸和材料等，下面讲解绘制方法。立面图的绘制方法与前面一节中某户型立面图中同类图纸的画法基本相同。不同的是立面图内部也要标注关键性的结构尺寸。如图 10-58 所示为客厅及餐厅 A 立面图。

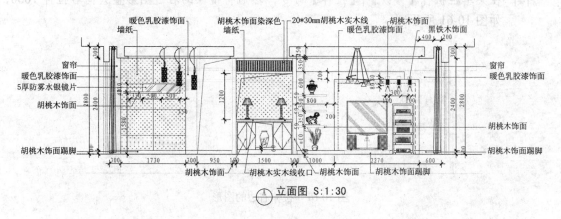

图 10-58　客厅及餐厅立面图

1. 绘制立面图轮廓

[1] 新建文件，然后将其另存为"客厅及餐厅立面图.dwg"。
[2] 使用 L（直线）命令和 O（偏移）命令，绘制如图 10-59 所示的图形。

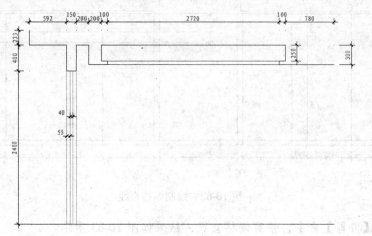

图 10-59　绘制图形

[3] 使用【镜像】命令,对绘制的图形镜像,结果如图 10-60 所示。

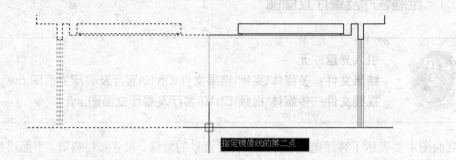

图 10-60　镜像图形

[4] 在菜单栏执行【修改】|【拉伸】命令,然后将镜像的右边图形整天向右拉伸 1000,如图 10-61 所示。

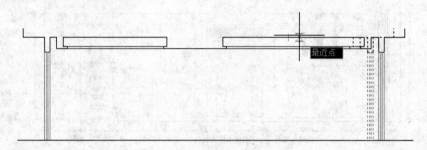

图 10-61　拉伸右边的图形

[5] 使用 L 命令和 O 命令,绘制出如图 10-62 所示的竖直直线。

操作技巧

绘制直线后,利用约束功能进行定位约束。然后才以此直线来绘制其他偏移直线。

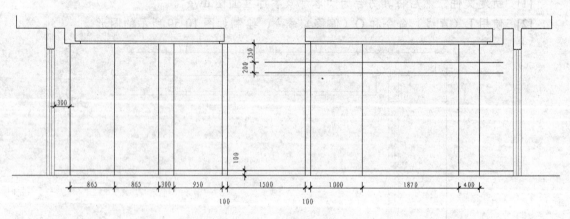

图 10-62　绘制偏移直线

[6] 使用【修剪】命令,修剪偏移直线,结果如图 10-63 所示。

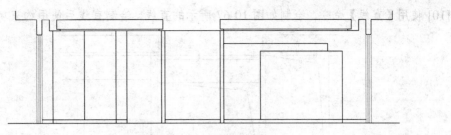

图 10-63 修剪偏移直线

[7] 使用 O 命令,绘制如图 10-64 所示的偏移直线。

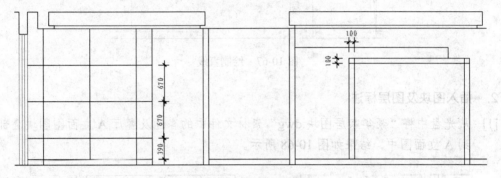

图 10-64 绘制偏移直线

[8] 利用【矩形】命令,绘制如图 10-65 所示的矩形,并利用尺寸约束功能进行定位。

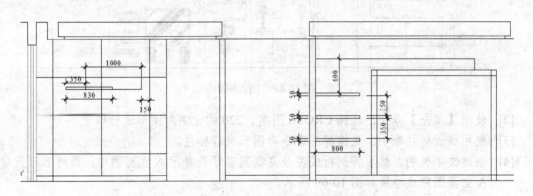

图 10-65 绘制矩形并约束定位

[9] 使用【修剪】命令,将图形进行修剪整理,结果如图 10-66 所示。

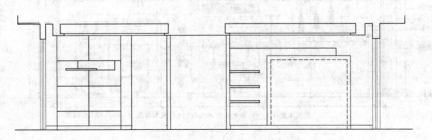

图 10-66 修剪图形

[10] 使用【直线】命令,绘制如图 10-67 所示的直线,绘制直线后使用约束功能进行定位。

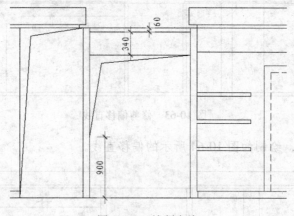

图 10-67　绘制直线

2. 插入图块及图层标注

[1] 从光盘中将"豪华家居图块.dwg"素材文件中的客厅及餐厅 A 立面图图块全部插入到 A 立面图中,结果如图 10-68 所示。

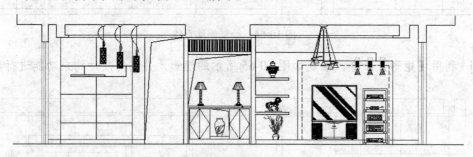

图 10-68　插入图块

[2] 使用【填充】命令,选择 CROSS 图案、220 的比例对图形进行填充。

[3] 使用线性标注命令、连续标注命令对图形进行标注。

[4] 创建文字说明,然后将剖析线符号复制到客厅及餐厅 A 立面图中,最终客厅及餐厅 A 立面图完成结果如图 10-69 所示。

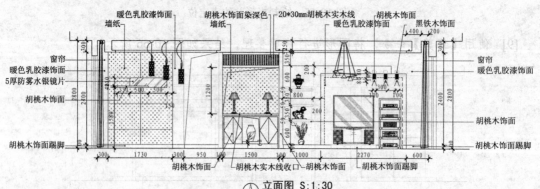

图 10-69　绘制完成的客厅及餐厅 A 立面图

10.3.2 绘制书房立面图

引入光盘：无
结果文件：多媒体\实例\结果文件\Ch10\书房立面图.dwg
视频文件：多媒体\视频\Ch10\书房立面图.avi

书房立面图展现了房屋户主的个人喜好和对环境的一种特殊要求，包括家具、电器、书籍等。书房立面图总共有 2 个：I 立面图和 J 立面图。

1. 绘制 I 立面图

书房 I 立面图如图 10-70 所示。

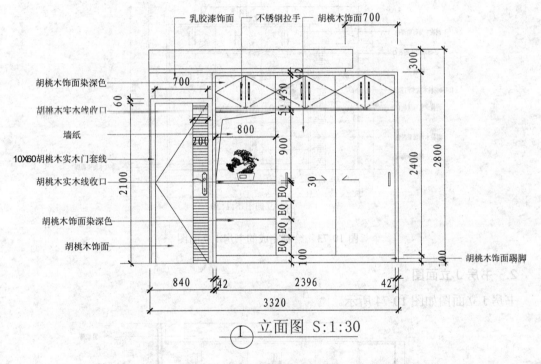

图 10-70　书房 I 立面图

操作步骤

[1] 新建文件，然后将其另存为"书房立面图.dwg"。
[2] 使用【矩形】命令，绘制如图 10-71 所示的 3 个矩形。
[3] 从光盘中将"豪华家居图块.dwg"素材文件中的书房 I 立面图图块全部插入到 A 立面图中，结果如图 10-72 所示。
[4] 使用线性标注命令、连续标注命令对图形进行标注。
[5] 创建文字说明，然后将剖析线符号复制到书房 I 立面图中，最终完成结果如图 10-73 所示。

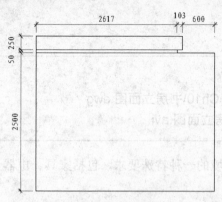

图 10-71　绘制图形

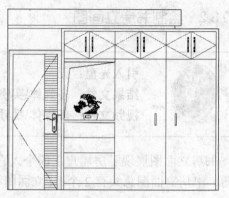

图 10-72　插入图块

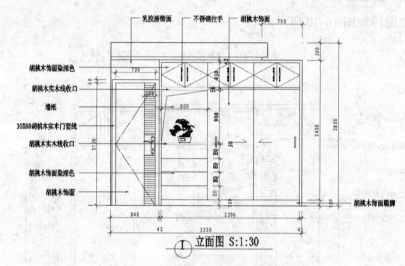

图 10-73　绘制完成的书房 I 立面图

2. 书房 J 立面图

书房 J 立面图如图 10-74 所示。

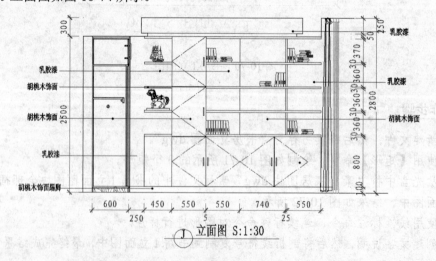

图 10-74　书房 J 立面图

操作步骤

[1] 使用【直线】、【矩形】命令，绘制如图 10-75 所示的图形。

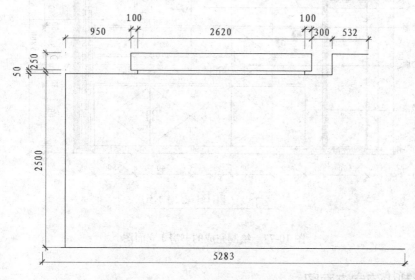

图 10-75　绘制图形

[2] 从光盘中将"豪华家居图块.dwg"素材文件中的书房 J 立面图图块全部插入到立面图中，结果如图 10-76 所示。

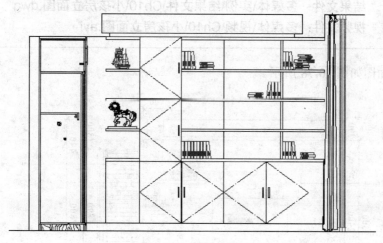

图 10-76　插入图块

[3] 使用线性标注命令、连续标注命令对图形进行标注。

[4] 创建文字说明，然后将剖析线符号复制到书房 J 立面图中，最终完成结果如图 10-77 所示。

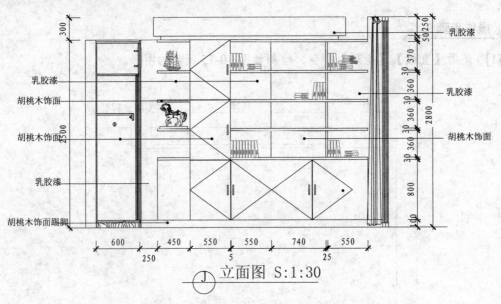

图 10-77　绘制完成的书房 J 立面图

10.3.3　绘制小孩房立面图

引入光盘：无
结果文件：多媒体\实例\结果文件\Ch10\小孩房立面图.dwg
视频文件：多媒体\视频\Ch10\小孩房立面图.avi

小孩房立面图如图 10-78 所示。

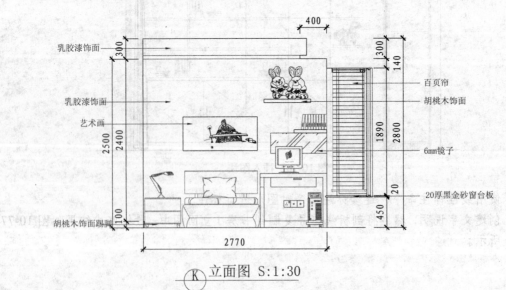

图 10-78　小孩房立面图

第 10 章 室内立面图设计

操作步骤

[1] 使用【直线】、【矩形】命令，绘制如图 10-79 所示的图形。

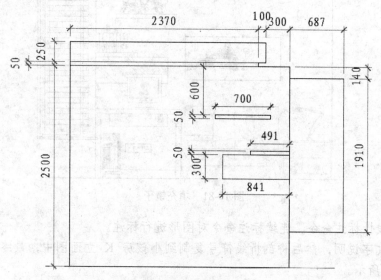

图 10-79　绘制图形

[2] 从光盘中将"豪华家居图块.dwg"素材文件中的小孩房立面图图块全部插入到立面图中，结果如图 10-80 所示。

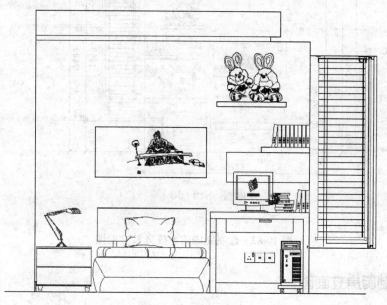

图 10-80　插入图块

[3] 使用【修剪】命令，修剪电脑与镜子重叠的图线。修剪后再使用【填充】命令，选择 AR-RROOF 图案、250 的比例对镜子进行填充，如图 10-81 所示。

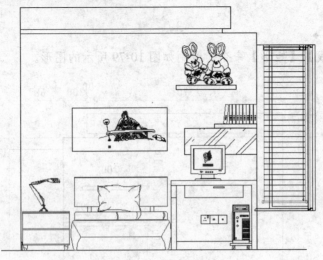

图 10-81 填充镜子

[4] 使用线性标注命令、连续标注命令对图形进行标注。

[5] 创建文字说明,然后将剖析线符号复制到小孩房 K 立面图中,最终完成结果如图 10-82 所示。

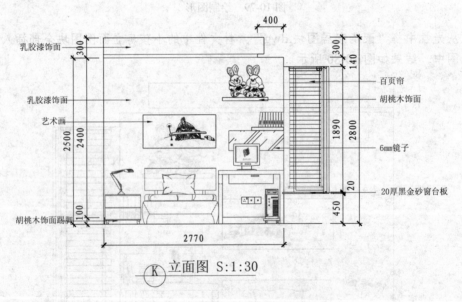

图 10-82 绘制完成的小孩房 K 立面图

10.3.4 绘制厨房立面图

引入光盘:无
结果文件:多媒体\实例\结果文件\Ch10\厨房立面图.dwg
视频文件:多媒体\视频\Ch10\厨房立面图.avi

厨房立面图较为简单，它体现了户主在厨房整体设计上的构思及布局。厨房立面图展现的是橱柜、家电产品及厨具的设计方案，如图10-83所示。

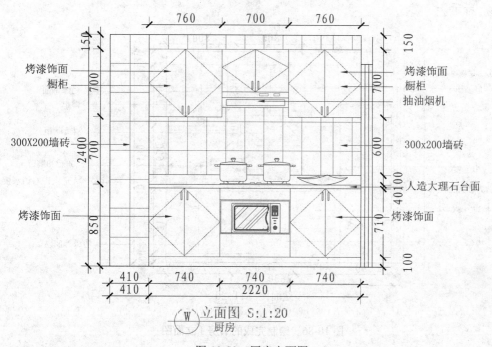

图10-83 厨房立面图

1. 厨房V立面图

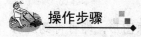

[1] 使用【直线】命令，绘制如图10-84所示的厨房V立面图轮廓图形。
[2] 从光盘中将"豪华家居图块.dwg"素材文件中的厨房V立面图图块全部插入到立面图中，结果如图10-85所示。

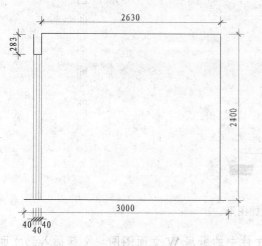

图10-84 绘制轮廓

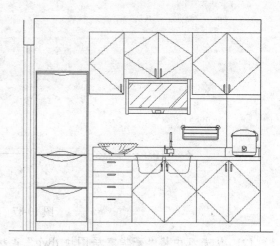

图10-85 插入图块

[3] 使用线性标注命令、连续标注命令对图形进行标注。
[4] 创建文字说明,然后将剖析线符号复制到厨房 V 立面图中,最终完成结果如图 10-86 所示。

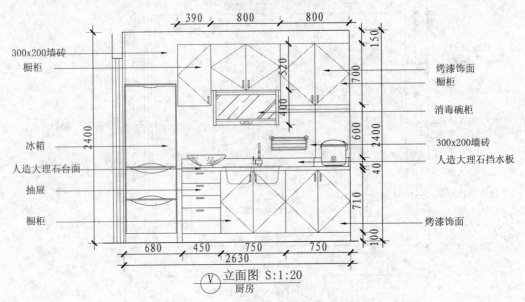

图 10-86　绘制完成的书房 J 立面图

4. 厨房 W 立面图

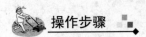

[1] 将图 10-83 中的厨房 V 立面图轮廓图形进行镜像,然后删除原图形,即可得到厨房 W 立面图的轮廓,如图 10-87 所示。

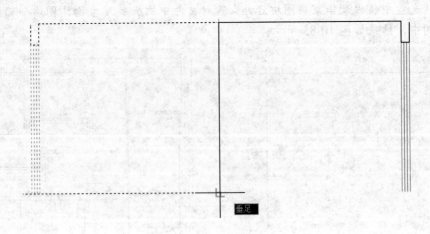

图 10-87　镜像图形

[2] 从光盘中将"豪华家居图块.dwg"素材文件中的厨房 W 立面图图块全部插入到立面图中,结果如图 10-88 所示。

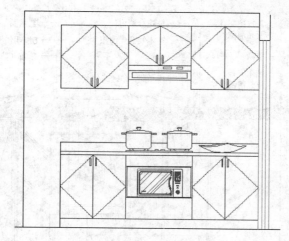

图 10-88 插入图块

[3] 使用【填充】命令，选择 NET 图案、100 的比例对图形进行填充。
[4] 使用线性标注命令、连续标注命令对图形进行标注。
[5] 创建文字说明，然后将剖析线符号复制到厨房 W 立面图中，最终完成结果如图 10-89 所示。

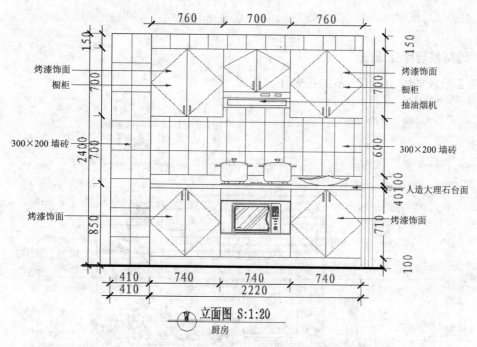

图 10-89 绘制完成的厨房 W 立面图

10.4 课后练习

1. 绘制某卧室 A 立面图

结合前面所学的绘图技巧，练习绘制如图 10-90 所示的 A 立面图。

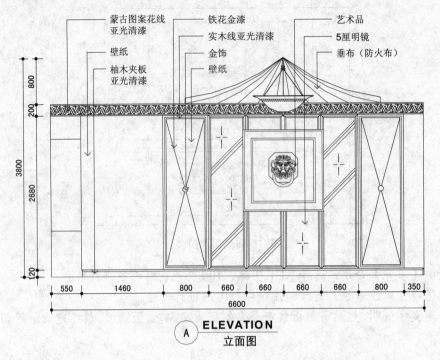

图 10-90　A 立面图

2. 绘制某客厅立面图

练习 2 绘制如图 10-91 所示的某客厅立面图。

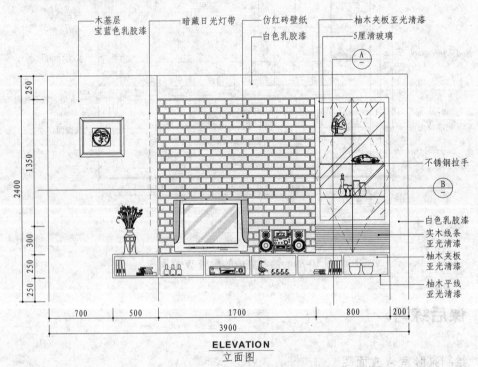

图 10-91　客厅立面图

第 11 章
室内详图设计

一般室内施工图中需要绘制详图及局部剖面图。在本章中,我们将学习到这方面的知识,包括详图绘制的绘制方法。

 知识要点

- 室内详图的设计内容
- 室内详图的画法与标注
- 掌握绘制宾馆总体详图的过程与技巧
- 掌握绘制某酒店楼梯剖面图的过程与技巧

 案例解析

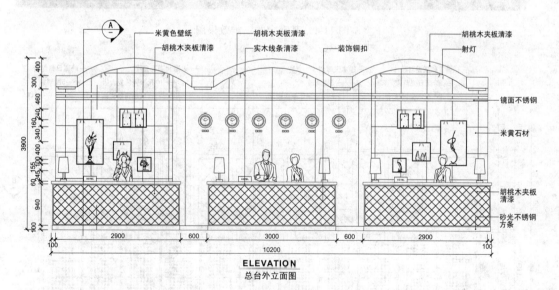

总台外立面图

11.1 室内设计详图知识要点

详图是室内设计中重点部分的放大图和结构做法图。一个工程需要画多少详图、画哪些部位的详图要根据设计情况、工程大小以及复杂程度而定。

11.1.1 室内详图内容

室内详图是室内设计中需要重点表达部分的放大图或结构做法图。

一般情况下，室内详图的绘制内容应包括局部放大图、剖面图和断面图。

如图 11-1、图 11-2 所示为某吧台的三维效果图及立面图。

图 11-1 某吧台的三维效果图

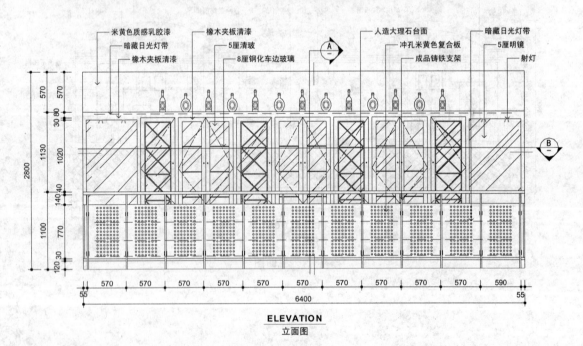

图 11-2 吧台立面图

如图 11-3 所示为吧台的 A、B 剖面图。

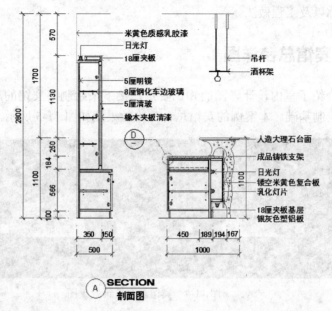

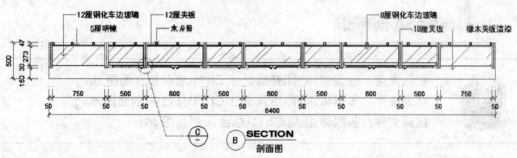

图 11-3　剖面图及局部放大图

如图 11-4 所示为吧台的 A、B 剖面图中扩展的 C、D 大样图（局部放大图或节点详图）。

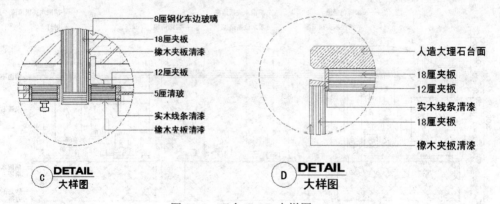

图 11-4　吧台 C、D 大样图

11.1.2　详图的画法与标注

凡是剖到的建筑结构和材料的断面轮廓线以粗实线绘制，其余以细实线绘制。

详图的标注方法与室内设计施工图的其他类型图纸的标注方法是相同的，包括标注加工尺寸、材料名称以及工程做法。

11.2 绘制宾馆总台详图

前面我们介绍了室内设计详图的知识要点，接下来绘制某宾馆的总台详图。详图是以室内立面图作为绘制基础，本案例的宾馆总台三维效果图如图 11-5 所示。

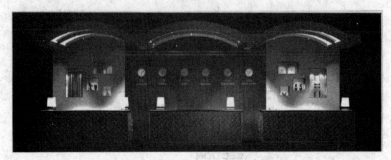

图 11-4 宾馆总台三维效果图

11.2.1 绘制总台 A 剖面图

引入光盘：多媒体\实例\开始文件\Ch11\总台外立面图.dwg
结果文件：多媒体\实例\结果文件\Ch11\总台 A 剖面图.dwg
视频文件：多媒体\视频\Ch11\总台 A 剖面图.avi

绘制 A 剖面图，首先要在总台外立面图中作出剖面符号，然后根据高、平、齐的原理来绘制出 A 剖面图中的轮廓。总台外剖面图如图 11-6 所示。

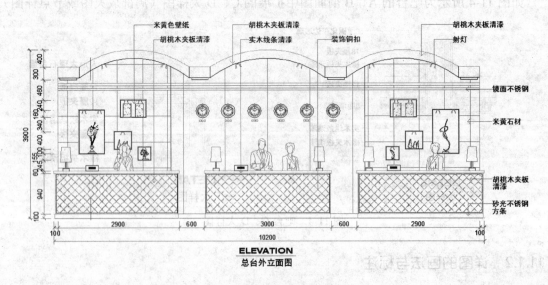

图 11-6 总台外剖面图

要绘制的 A 剖面图如图 11-7 所示。

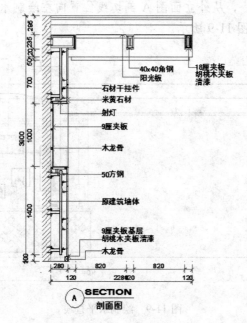

图 11-7　A 剖面图

操作步骤

[1]　从本例光盘中将"总台外立面图.dwg"文件复制，然后重命名为"总台 A 立面图"。
[2]　打开重命名后的"总台 A 立面图.dwg"文件。
[3]　将开始文件的"总台详图图库.dwg"中的 A 剖面符号复制到"总台 A 立面图.dwg"图形中，并使用【直线】命令，绘制剖切线，如图 11-8 所示。

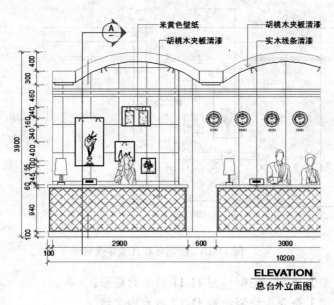

图 11-8　绘制剖切线及符号

[4] 将总台外立面图中左侧的尺寸标注全部删除。

[5] 使用【直线】命令,从外立面图 A 剖切线位置向左绘制水平直线,以此作为 A 立面图的外轮廓,如图 11-9 所示。

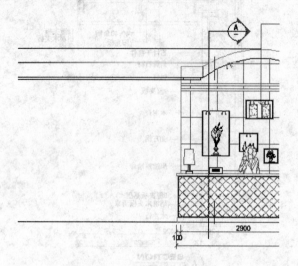

图 11-9　绘制水平直线

> **操作技巧**
> 从此处剖切是因为有个装饰门洞结构需要表达。

[6] 使用【直线】命令,绘制竖直线。然后再使用【修剪】命令修剪直线,结果如图 11-10 所示。

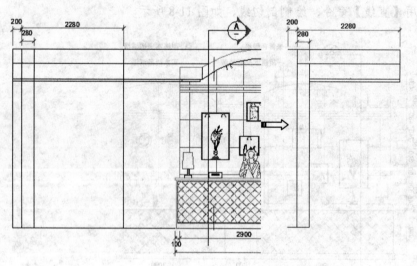 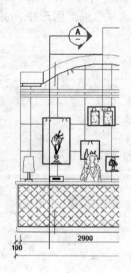

图 11-10　绘制竖直直线并修剪

[7] 使用【矩形】命令,绘制如图 11-11 所示的矩形。

[8] 使用【直线】命令,绘制如图 11-12 所示的直线。

[9] 使用【偏移】命令,绘制如图 11-13 所示的偏移直线。

第 11 章 室内详图设计

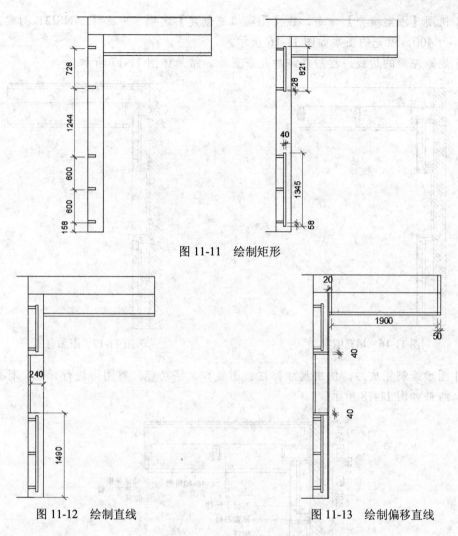

图 11-11 绘制矩形

图 11-12 绘制直线　　　　　　　图 11-13 绘制偏移直线

[10] 使用【偏移】命令，对图形进行修剪，结果如图 11-14 所示。
[11] 从本例光盘下源文件的"总台详图图库.dwg"文件中将图块全部复制到当前图形中，放置图块的结果如图 11-15 所示。

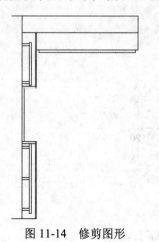
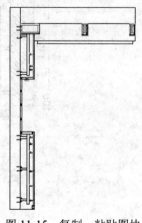

图 11-14 修剪图形　　　　　　　图 11-15 复制、粘贴图块

319

[12] 使用【图案填充】命令，在【图案填充创建】选项卡中选择 ANSI31 图案、且比例为 400，填充的图案如图 11-16 所示。

[13] 删除左侧的边线，然后再添加几条直线。结果如图 11-17 所示。

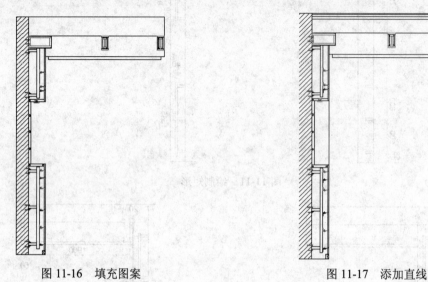

图 11-16 填充图案　　　　　　图 11-17 添加直线

[14] 图形绘制完成后，使用尺寸标注、引线和文字功能，对图形进行标注，标注完成的结果如图 11-18 所示。

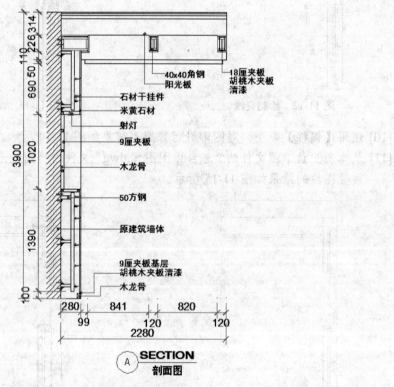

图 11-18 图形标注结果

[15] 至此，总台 A 剖面图已绘制完成，最后将结果进行保存。

11.2.2 绘制总台 B 剖面图

引入光盘：多媒体\实例\开始文件\Ch11\总台外立面图.dwg
结果文件：多媒体\实例\结果文件\Ch11\总台 B 剖面图.dwg
视频文件：多媒体\视频\Ch11\总台 B 剖面图.avi

总台 B 剖面图是以总台内立面图为基础而创建的，即在内立面图中创建剖切位置。总台内立面图如图 11-19 所示。

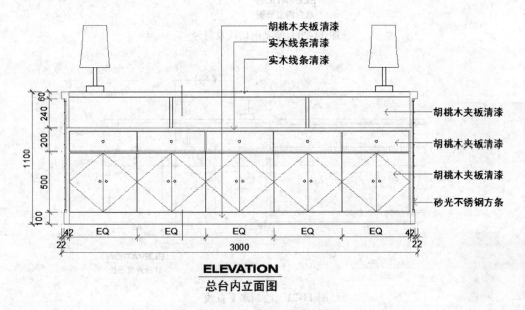

图 11-19　总台内立面图

操作步骤

[1] 从本例光盘中将"总台内立面图.dwg"复制，然后重命名为"总台 B 立面图"。
[2] 打开重命名后的"总台 B 立面图.dwg"文件。
[3] 从源文件的"总台详图图库.dwg"中的 B 剖面符号复制到"总台 B 立面图.dwg"图形中，并使用【直线】命令，绘制剖切线，如图 11-20 所示。
[4] 将总台外立面图中左侧的尺寸标注全部删除。
[5] 使用【直线】命令，从外立面图 A 剖切线位置向左绘制水平直线，以此作为 A 立面图的外轮廓，如图 11-21 所示。

操作技巧

从此处剖切是因为有个装饰门洞结构需要表达。

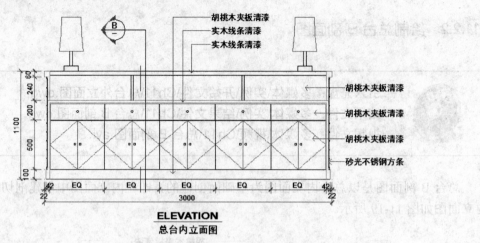

图 11-20　绘制剖切线及符号

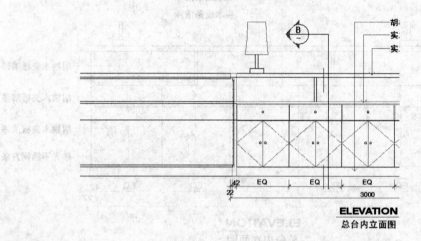

图 11-21　绘制水平直线

[6]　使用【直线】命令，绘制竖直直线，结果如图 11-22 所示。

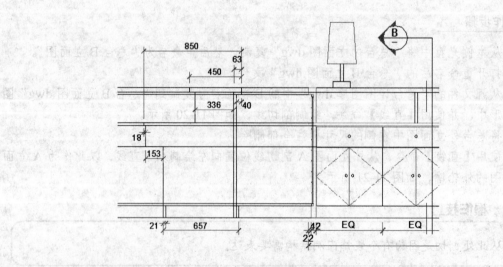

图 11-22　绘制竖直直线并修剪

[7] 使用【修剪】命令,修剪直线,结果如图 11-23 所示。

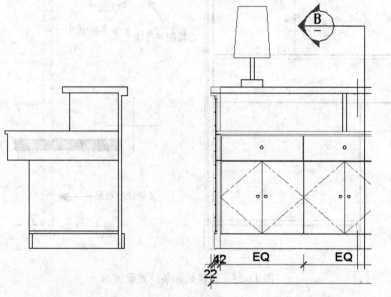

图 11-23 修剪直线

[8] 使用【偏移】命令,绘制如图 11-24 所示的偏移直线。然后实体夹点编辑模式,拉长偏移直线。

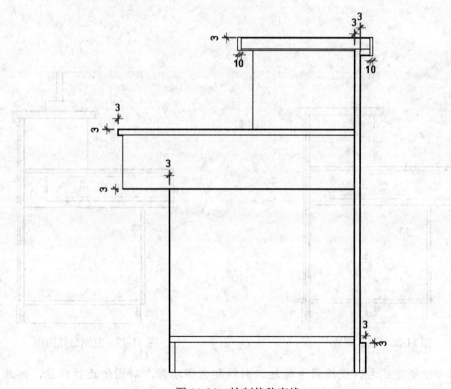

图 11-24 绘制偏移直线

[9] 将总台内立面图左侧的装饰条截面图形进行镜像,结果如图 11-25 所示。

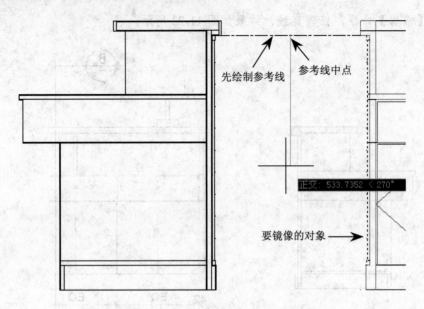

图 11-25　镜像装饰条纹截面图形

[10] 从本例光盘下源文件的"总台详图图库.dwg"文件中将 B 剖面图图块全部复制到当前图形中，放置图块的结果如图 11-26 所示。

[11] 从总体内立面图中复制台灯图形至 B 剖面图中，如图 11-27 所示。

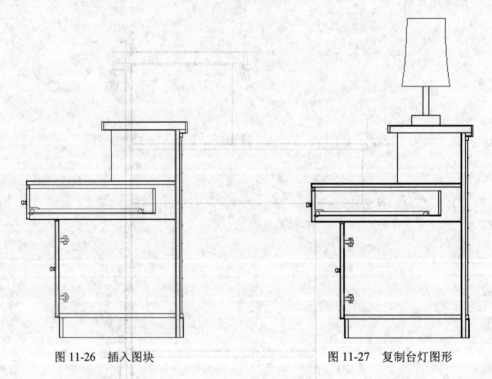

图 11-26　插入图块　　　　　　　　图 11-27　复制台灯图形

[12] 图形绘制完成后，使用尺寸标注、引线和文字功能，对图形进行标注，标注完成的结果如图 11-28 所示。

[13] 至此，总台 B 剖面图已绘制完成，最后将结果进行保存。

第 11 章 室内详图设计

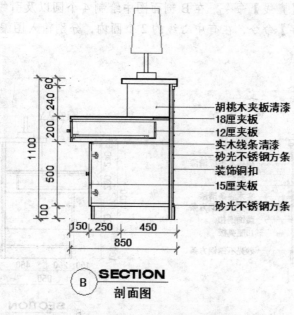

图 11-28 B 剖面图标注结果

11.2.3 绘制总台 B 剖面图的 C、D 大样图

引入光盘：多媒体\实例\开始文件\Ch11\总台 B 剖面图.dwg
结果文件：多媒体\实例\结果文件\Ch11\总台-C、D 大样图.dwg
视频文件：多媒体\视频\Ch11\总台-C、D 大样图.avi

C、D 大样图是总台 B 剖面图的两个局部放大图，如图 11-29 所示。下面介绍绘制过程。

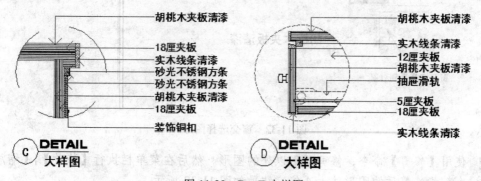

图 11-29 D、E 大样图

1. 绘制 C 大样图

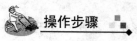

[1] 从本例光盘中打开"总台 B 剖面图.dwg"文件。

[2] 使用【圆】和【直线】命令,在 B 剖面图中绘制 4 个圆以及引线,如图 11-30 所示。
[3] 使用【单行文字】命令,在有中心线的 2 个圆内,分别输入图编号文字,如图 11-31 所示。

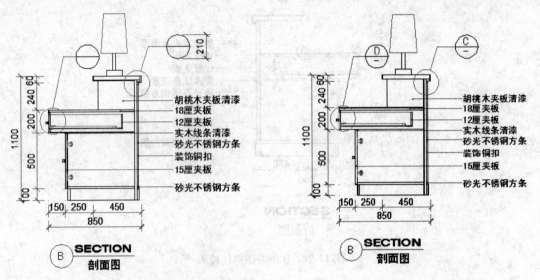

图 11-30　在 B 剖面图中绘制圆和引线　　　　图 11-31　输入大样图编号

[4] 利用窗交选择图形的方式,选择 C 编号所在位置的图形,并复制、粘贴至 B 剖面图外,如图 11-32 所示。

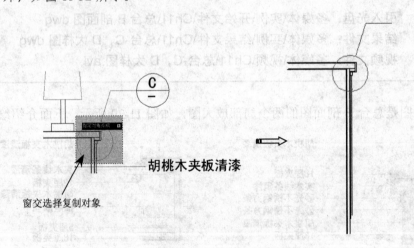

图 11-32　窗交选择图形

[5] 使用【修剪】命令,修剪圆形以外的图形。然后在菜单栏执行【修改】|【缩放】命令,将修剪后的图形放大 4 倍,结果如图 11-33 所示。
[6] 使用【图案填充】命令,对图形进行填充,结果如图 11-34 所示。
[7] 使用【多重引线】和【单行文字】命令,在图形中创建文字注释。引线箭头为"点",单行文字的高度为"60"。
[8] 在"总台详图图库"中将 C 大样图图号、图名复制到当前图形中。至此,基于总台 B 剖面图的 C 大样图绘制完成。

第 11 章 室内详图设计

图 11-33 修剪图形

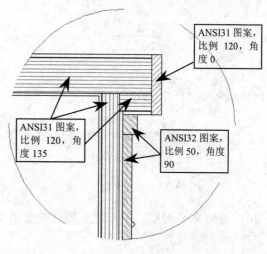

图 11-34 填充图形

2. 绘制 D 大样图

操作步骤

[1] 在 B 剖面图中将标号 B 的部分进行窗交选择,并使用【复制】命令将其复制、粘贴到 B 剖面图外,结果如图 11-35 所示。

[2] 使用【修剪】命令,修剪圆形以外的图形。然后在菜单栏执行【修改】|【缩放】命令,将修剪后的图形放大 4 倍,结果如图 11-36 所示。

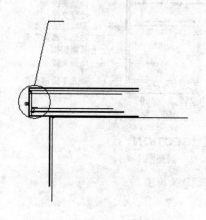

图 11-35 复制图形

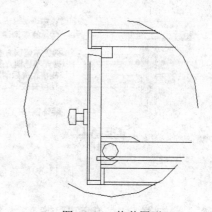

图 11-36 修剪图形

[3] 使用【图案填充】命令,对图形进行填充,结果如图 11-37 所示。

[4] 使用【多重引线】和【单行文字】命令,在图形中创建文字注释。引线箭头为"点",单行文字的高度为"60"。

[5] 在"总台详图图库"中将 D 大样图图号、图名复制到当前图形中。至此,基于总台 B 剖面图的 D 大样图绘制完成,如图 11-38 所示。

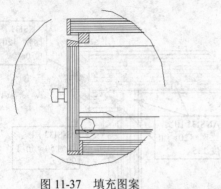

图 11-37 填充图案

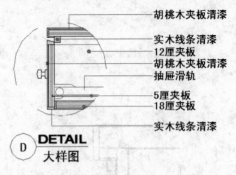

图 11-38 图形标注

[6] 绘制完成的 C、D 大样图及 B 剖面图如图 11-39 所示。
[7] 将结果保存。

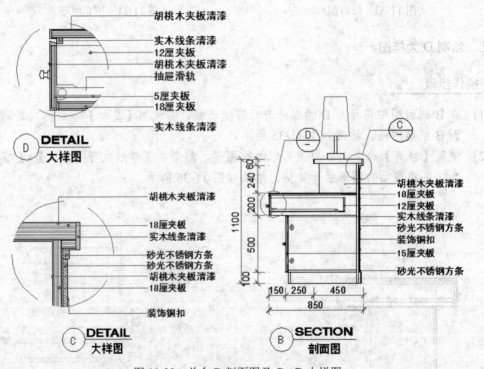

图 11-39 总台 B 剖面图及 C、D 大样图

11.2.4 绘制总台 A 剖面图的 E 大样图

引入光盘：多媒体\实例\开始文件\Ch11\总台 A 剖面图.dwg
结果文件：多媒体\实例\结果文件\Ch11\总台-E 大样图.dwg
视频文件：多媒体\视频\Ch11\总台-E 大样图.avi

基于总台 A 剖面图的 E 大样图，其绘制方法及操作步骤与 C、D 大样图是完全相同的，

这里就不再赘述了。按上述方法绘制完成的 E 大样图如图 11-40 所示。

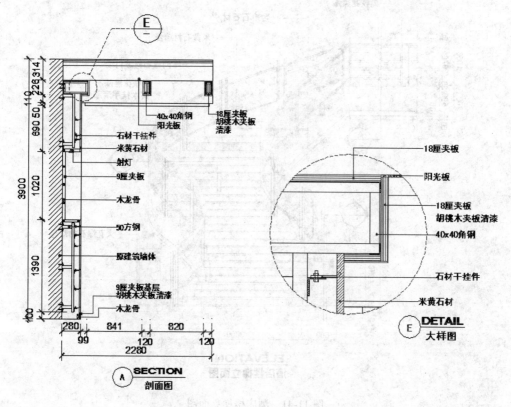

图 11-40　基于总台 A 剖面图的 E 大样图

11.3　绘制某酒店楼梯剖面图

引入光盘：无
结果文件：多媒体\实例\结果文件\Ch11\楼梯 A 剖面图.dwg
视频文件：多媒体\视频\Ch11\楼梯 A 剖面图.avi

本例中，将详细讲解某酒店楼梯剖面图的绘制。楼梯剖面图是基于楼梯立面图参考绘制的，我们将楼梯立面图进行 3 个位置剖切，以此得到 3 个剖面图。

整个楼梯总的可以分成 3 部分：楼梯扶手、楼梯踏步、楼梯平台和装饰灯座。
A 剖切位置为楼梯扶手；B 剖切位置为楼梯踏步；C 剖切位置为装饰石材灯座。
如图 11-41 所示为某酒店楼梯立面图。

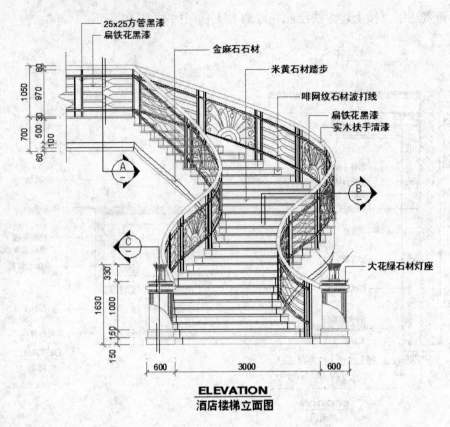

图 11-41 酒店楼梯立面图

11.3.1 绘制楼梯 A 剖面图

 操作步骤

[1] 新建文件，将文件另存为"楼梯 A 剖面图.dwg"。
[2] 将本例光盘中的源文件"酒店楼梯立面图.dwg"复制到新建的窗口中。
[3] 在立面图中将 A 剖面位置的部分图形复制并移动至左侧，结果如图 11-42 所示。

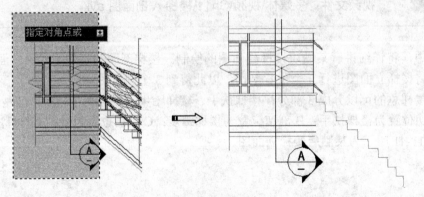

图 11-42 复制图形

[4] 复制后将符号及剖切线删除。使用【偏移】命令重新做一辅助线，如图 11-43 所示。

[5] 使用【删除】命令将多余的图线删除，结果如图 11-44 所示。

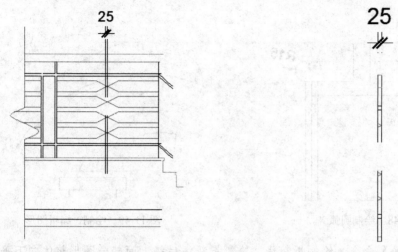

图 11-43　绘制偏移直线　　　　　图 11-44　修剪多余曲线

[6] 从本例光盘源文件夹下的"酒店楼梯剖面图图库.dwg"文件中，将楼梯实木扶手、方形管截面、扁铁截面等图形添加到当前图形（楼梯 A 剖面图）中，结果如图 11-45 所示。

[7] 使用【直线】、【偏移】命令，绘制楼梯底板的截面图形，结果如图 11-46 所示。

[8] 修剪图形，便于后续的操作。结果如图 11-47 所示。

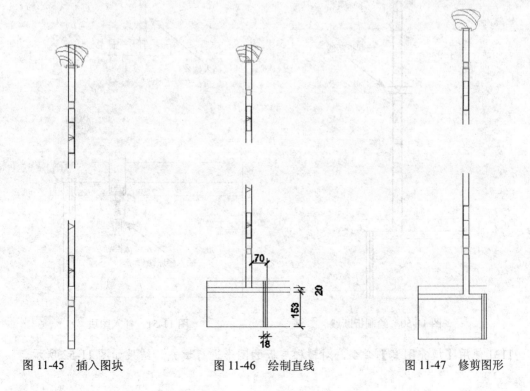

图 11-45　插入图块　　　　图 11-46　绘制直线　　　　图 11-47　修剪图形

[9] 使用【圆弧】命令绘制半径为 15 的圆弧，如图 11-48 所示。
[10] 在扶手的截面图形下面，绘制配合图形，并使用夹点模式编辑图形。结果如图 11-49 所示。

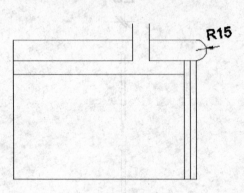

图 11-48 绘制圆弧

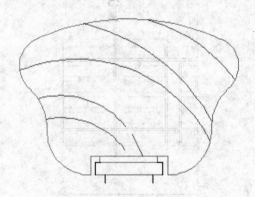

图 11-49 绘制、编辑图形

[11] 使用【直线】命令，绘制折断线。绘制折断线后将上面部分图形整体向下平移。结果如图 11-50 所示。
[12] 将图库中的螺丝及膨胀螺钉插入到当前图形中，如图 11-51 所示。

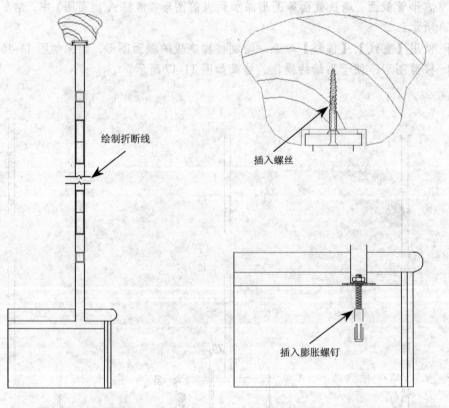

图 11-50 绘制折断线　　　图 11-51 插入图块

[13] 使用【填充图案】命令，对楼梯底板的图形进行填充。结果如图 11-52 所示。

第 11 章 室内详图设计

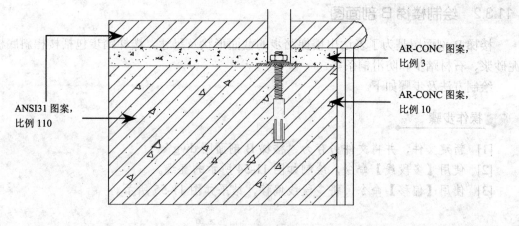

图 11-52 填充图形

[14] 图形绘制完成后，使用尺寸标注、引线和文字功能，对图形进行标注，标注完成的结果如图 11-53 所示。

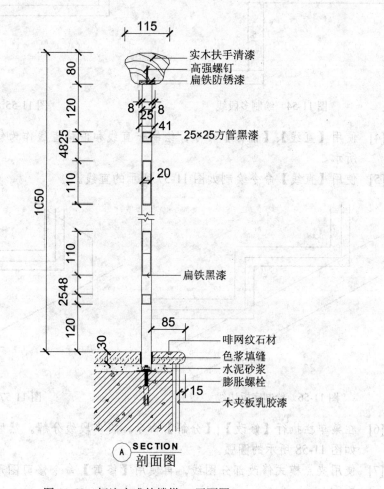

图 11-53 标注完成的楼梯 A 平面图

11.3.2 绘制楼梯 B 剖面图

楼梯 B 剖面图是为了表达出楼梯踏步的截面形状及尺寸。楼梯踏步包括楼梯斜底板、水泥砂浆、石材踏步和防滑铜条等。

绘制方法及步骤如下。

操作步骤

[1] 新建文件，并将文件另存为"楼梯 B 剖面图.dwg"。
[2] 使用【多段线】命令，绘制如图 11-54 所示的直线。
[3] 使用【偏移】命令，将多段线偏移，结果如图 11-55 所示。

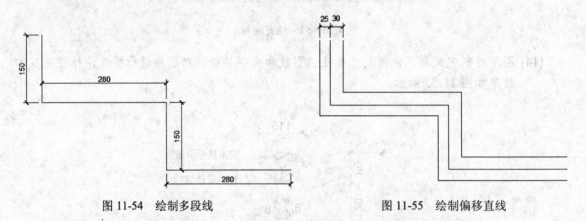

图 11-54 绘制多段线　　　　　图 11-55 绘制偏移直线

[4] 使用【直线】、【偏移】命令，绘制一直线和偏移直线作为斜板的边线，如图 11-56 所示。
[5] 使用【直线】命令绘制如图 11-57 所示的直线。

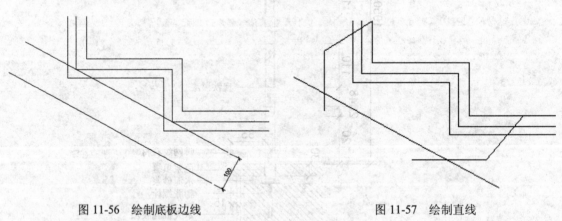

图 11-56 绘制底板边线　　　　　图 11-57 绘制直线

[6] 在菜单栏执行【修改】|【分解】命令，将多段线分解。然后使用【圆弧】命令绘制如图 11-58 所示的圆弧。
[7] 使用夹点模式修改部分图线，再使用【修剪】命令修剪图形。最终结果如图 11-59 所示。
[8] 使用【填充图案】命令，对楼梯 B 剖面图的图形进行填充。结果如图 11-60 所示。

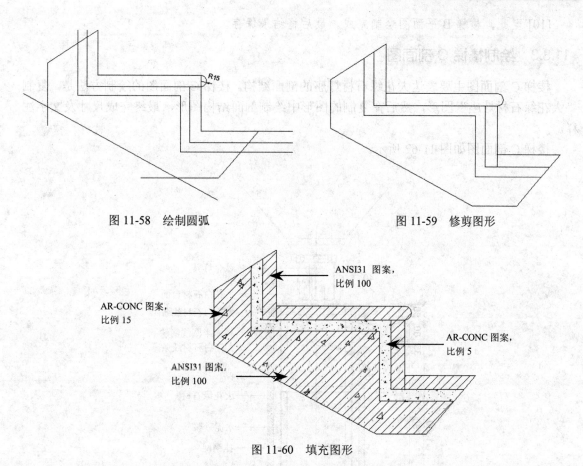

图 11-58 绘制圆弧　　　　　图 11-59 修剪图形

图 11-60 填充图形

[9] 将黄铜防滑条插入当前图形中。然后使用尺寸标注、引线和文字功能,对图形进行标注,标注完成的结果如图 11-61 所示。

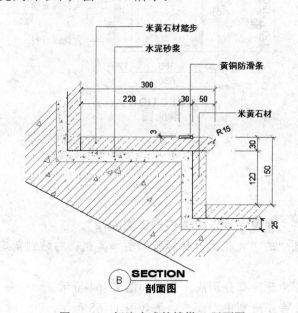

图 11-61 标注完成的楼梯 B 平面图

[10] 至此，楼梯 B 平面图绘制完成。最后将结果保存。

11.3.3 绘制楼梯 C 剖面图

楼梯 C 剖面图主要表达大花绿石材灯座的剖面结构。楼梯 C 剖面图的绘制方法是，复制"大花绿石材灯座"图形，然后在复制的图形中绘制剖面结构图形，最终完成尺寸及文字注释。

楼梯 C 剖面图如图 11-62 所示。

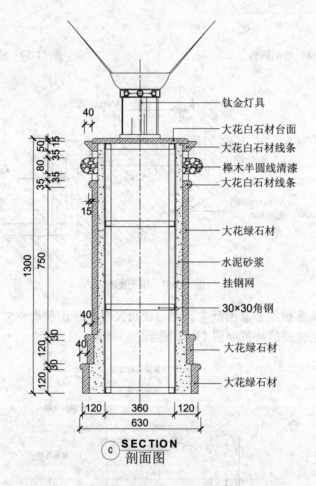

图 11-62 楼梯 C 剖面图

操作步骤

[1] 新建文件，将文件另存为"楼梯 C 剖面图.dwg"。

[2] 将楼梯立面图中的"大花绿石材灯座"图形复制、粘贴到新建的图形窗口中，如图 11-63 所示。

[3] 在复制的图形中删除部分图线，结果如图 11-64 所示。

[4] 使用【直线】命令绘制中心线，结果如图 11-65 所示。

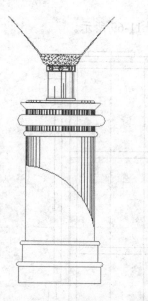
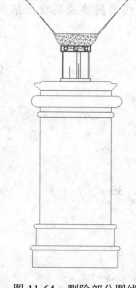
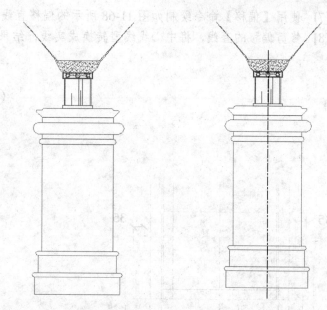

图 11-63　复制的图形　　　　图 11-64　删除部分图线　　　　图 11-65　绘制中心线

[5]　使用【直线】、【偏移】命令，绘制如图 11-66 所示的直线。
[6]　使用【修剪】命令修剪绘制的直线，结果如图 11-67 所示。

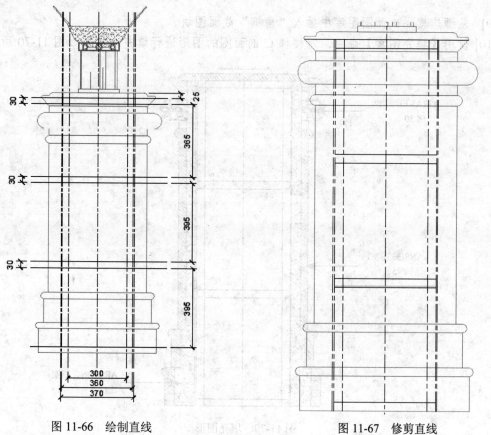

图 11-66　绘制直线　　　　　　　　　　图 11-67　修剪直线

[7] 使用【偏移】命令绘制如图11-68所示的偏移直线。
[8] 修剪偏移的直线，将中心线线型转换成实线，结果如图11-69所示。

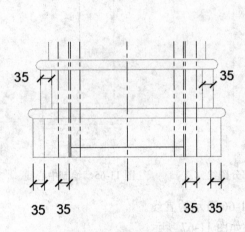

图11-68 绘制偏移直线

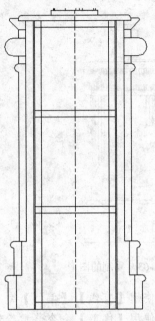

图11-69 修剪偏移直线

[9] 从酒店楼梯剖面图图库中插入"角钢"截面图块。
[10] 使用【填充图案】命令，对楼梯C剖面图的图形进行填充。结果如图11-70所示。

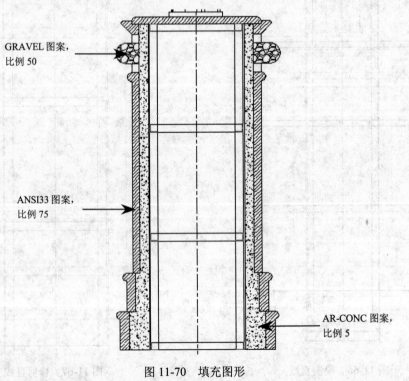

图11-70 填充图形

[11] 使用尺寸标注、引线和文字功能，对图形进行标注，标注完成的结果如图 11-71 所示。

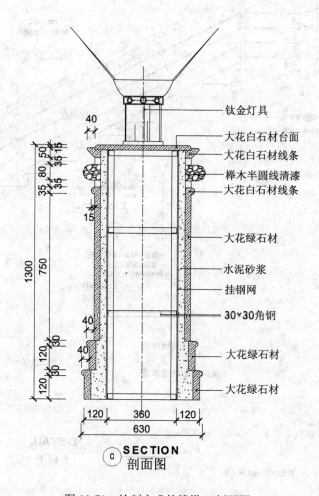

图 11-71 绘制完成的楼梯 C 剖面图

[12] 至此，楼梯 C 剖面图绘制完成，最后将结果保存。

11.4 课后练习

根据前面所掌握的知识，在本练习中由楼梯立面图来画出其余的 A、B、C 详图和钢板踏步大样图，如图 11-72 所示。

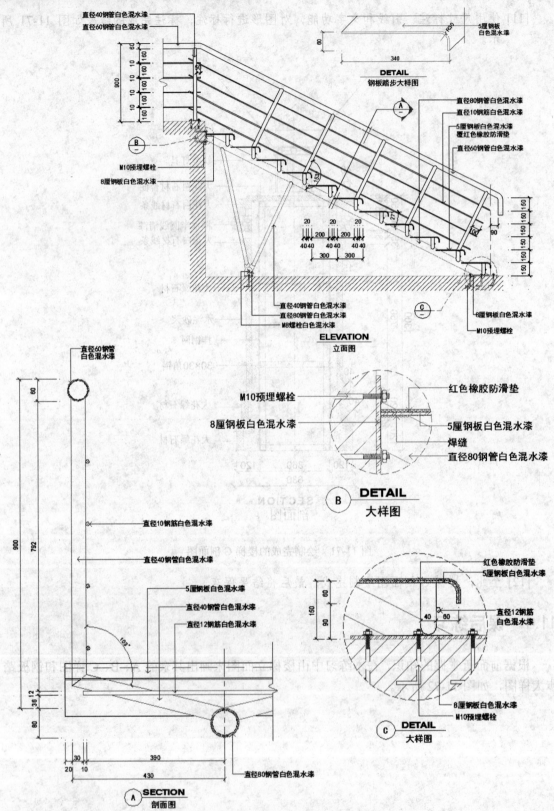

图 11-72 楼梯立面图及其详图

第 12 章
室内电气图和冷气管走向图设计

电气图用来反映室内装修的配电法情况,也包括配电箱的规格、型号、配置以及照明、插座、开关等线路的敷设方式和安装说明等。

冷气管走向图反映了住宅水管的分布走向,指导水电工施工。冷热水管走向图需要绘制的内容主要为冷、热水管和出水口。

知识要点

- 了解室内常用电气设备及用电设备基础知识
- 掌握 AutoCAD 2015 绘制开关、灯具、插座类图例
- 掌握 AutoCAD 2015 绘制插座、弱电、照明、冷热水管走向平面图

案例解析

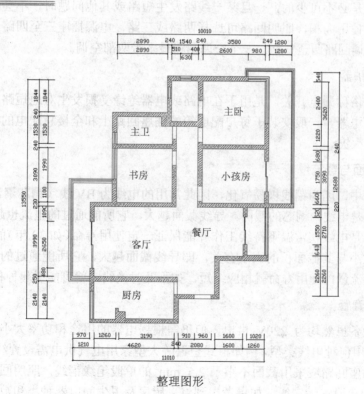

整理图形

12.1 电气设计基础

室内电气设计牵涉到很多相关的电工知识,这里首先介绍一些相关的电气基础知识。

12.1.1 强电和弱点系统

现代家庭的电气设计包括强电系统和弱电系统两大部分。强电系统指的是空调、电视、冰箱、照明灯等家用电器的用电系统。

弱电系统指的是有线电视、电话线、家庭影院的音响输出线、电脑局域网等线路系统,弱电系统根据不同用途需要采用不同的连接介质,例如电脑局域网布置一般使用五类双绞线,有线电视线路则使用同轴电缆。

12.1.2 常用电气名词解释

1. 户配电箱

现代住宅的进线处一般装有配电箱,配电箱内一般装有总开关和若干分支回路的断路器/漏电保护器,有时也装有熔断器和计算机防雷击电涌防护器。户配电箱通常自住宅楼总配电箱或中间配电箱以单相 220V 电压供电。

2. 分支回路

分支回路指从配电箱引出的若干供电给用电设备或插座的末端线路。足够的回路数量对于现代家居生活是必不可少的,一旦某一线路发生短路或其他问题时,不会影响其他回路的正常工作。根据使用面积,照明回路可选择两路或三路,电源插座三至四路,厨房和卫生间各走条路线,空调回路两至三路,一个空调回路最多带两部空调。

3. 漏电保护器

漏电保护器俗称漏电开关,是用于在电路或电器绝缘受损发生对地短路时防人身触电和电气火灾的保护电器,一般安装于每户配电箱的插座回路上和全楼总配电的电源进线上,后者专用于防电气火灾。

4. 电线截面与载流量

在家庭装潢中,因为铝线极易氧化,因此常用的电线为 BV 线(铜芯聚乙烯绝缘电线)。电线的截面指的是电线内铜芯的截面。导线截面越大,它所能通过的电流也越大。

截流量指的是电线在常温下持续工作并能保证一定使用寿命(如 30 年)的工作电流大小。电线截流量的大小与其截面积的大小有关,即导线截面越大,它所能通过的电流越大。如果线路电流超过载流量,使用寿命就相应缩短,如不及时换线,就可能引起种种电气事故。

5. 电线与套管

强电电气设备虽然均为 220V 供电,但仍需根据电器的用途和功率大小,确定室内供电的回路划分,采用何种电线类型,例如柜式空调等大型家用电气供电需设置线径大于 2.5 mm^2 的动力电线,插座回路应采用截面不小于 2.5 mm^2 的单股绝缘铜线,照明回路应采用截面不小于 1.5 mm^2 的单股绝缘铜线。如果考虑到将来厨房及卫生间电器种类和数量的激增,厨房和卫生间的回路建议也使用 4 mm² 的电线。

此外，为了安全起见，塑料护套线或其他绝缘导线不能直接埋设在水泥或石灰粉刷层内，必须穿管（套管）埋设，套管的大小根据电线的粗细进行选择。

12.2 绘制电气图例表

图例表用来说明各种图例图形的名称、规格以及安装形式等。图例表由图例图形、图例名称和安装说明等几个部分组成，如图 12-1 所示图例表。

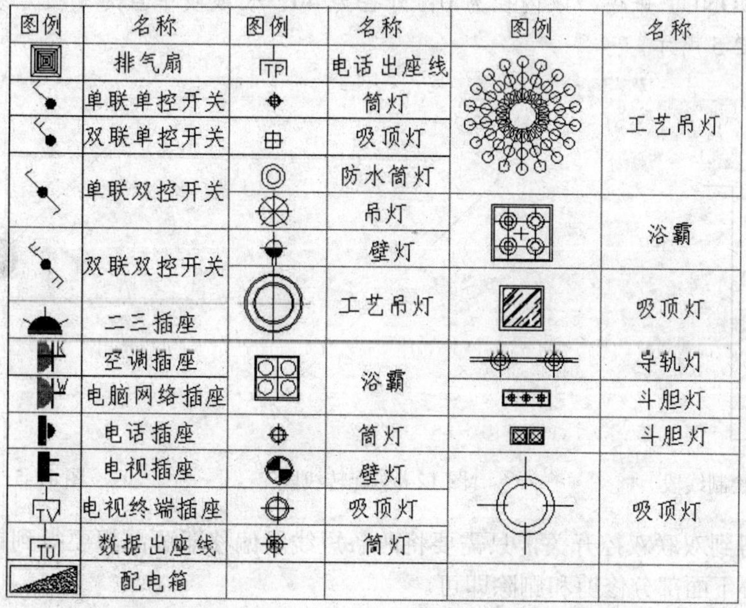

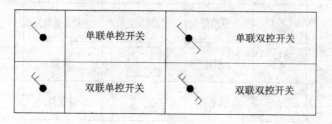

图 12-1 图例表

电气图按照其类别可分为开关类图例、灯具类图例、插座类图例和其他类图例，下面按照图例类型分别介绍绘制方法。

12.2.1 绘制开关类图例

开关是用来切断和接通电源的，种类很多，家庭最常见的开关就是单控开关，也就是一个开关控制一件或多件电器，根据所联电器的数量又可以分为单联、双联、三联、四联等多种形式，如图 12-2 所示为家庭常用开关图例。

图 12-2 家庭常用开关图例

实例——绘制单联双控开关

下面以绘制"单联双控开关"为例，介绍开关类图例的画法。

操作步骤

[1] 设置"DQ_电气"图层为当前图层。
[2] 调用 LINE 命令，绘制如图 12-3 所示线段。
[3] 调用 ROTATE 命令，将绘制的线段旋转-45°，效果如图 12-4 所示。
[4] 调用 DONUT 命令，以内径为 0，外径为 40，长线段中点为中心点绘制圆环，效果如图 12-5 所示。

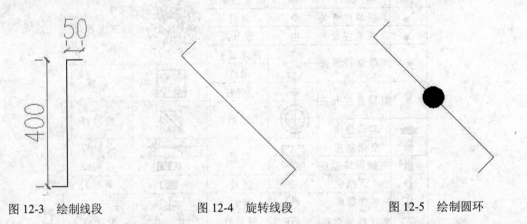

图 12-3　绘制线段　　　　图 12-4　旋转线段　　　　图 12-5　绘制圆环

如果想要得到双联双控开关，只需要将两条短线段偏移即可；想要得到单联单控开关，只需要将实圆心下面部分修剪和删除即可。

12.2.2　绘制灯具类图例

常用的室内照明灯具有筒灯、防水筒灯、普通花灯、吸顶灯、射灯、镜前灯等，如图 12-6 所示常用灯具图例。在绘制顶棚图时，我们可直接调用图库中的图例。

图例	名称	图例	名称
 ⊕	筒灯	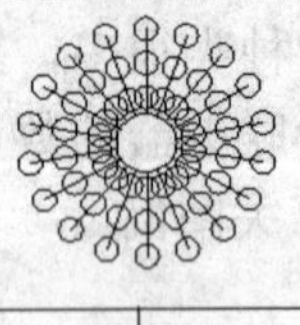 （花灯图）	工艺吊灯
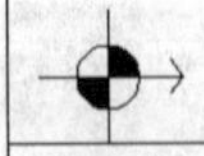 ⊙→	石英射灯		
 ⊗	吸顶灯		台灯及落地灯
 ⊕	射灯	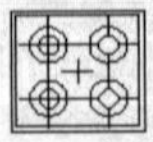	浴霸
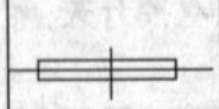 —	镜前灯		斗胆灯

图 12-6　灯具图例

实例——绘制水晶工艺吊灯

为了提高大家的绘图技能,这里以水晶工艺吊灯为例,介绍灯具图例的绘制方法,其尺寸如图 12-7 所示。

图 12-7 工艺吊灯尺寸

操作步骤

[1] 设置"DQ_电气"图层为当前图层。

[2] 调用 CIRCLE 命令,绘制半径为 100 的圆,如图 12-8 所示。

[3] 调用 OFFSET 命令,将圆向外分别偏移 60、120 和 120,并从圆心向外画条线段,如图 12-9 所示。

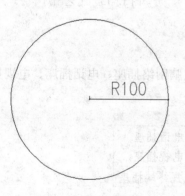

图 12-8 绘制圆

图 12-9 地产偏移圆

[4] 调用 POLOGN 命令,以线段和偏移 60 的圆交点绘制半径为 40 的八边形,如图 12-10 所示。

[5] 调用 ARRAY 命令,选极轴阵列,以圆心为中心点,项目间角度为 20 对八边形进行阵列,结果如图 12-11 所示。

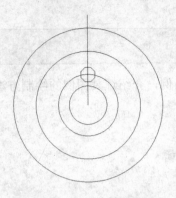
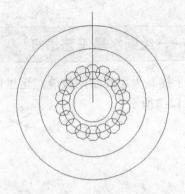

图 12-10 绘制八边形　　　　　　图 12-11 阵列八边形

[6] 采用同样方法，在另 2 个偏移距离都为 120 的圆上对八边形进行阵列，结果如图 12-12 所示。

[7] 删除图上线段和偏移圆，并绘制如图 12-13 所示线段，完成最终绘制。

图 12-12 绘制其余八边形　　　　图 12-13 工艺吊灯

12.2.3 绘制插座类图例

室内常用插座有单相二、三孔插座、空调插座、电脑网络插座、电话插座、电视插座等，如图 12-14 所示为插座图例表。

二三插座	电话插座
空调插座	电视插座
电脑网络插座	电视终端插座

图 12-14 插座图例表

实例——绘制单相二、三孔插座

下面以"单相二、三孔插座"图例图为例，介绍插座类图例图的画法。

第 12 章 室内电气图和冷气管走向图设计

操作步骤

[1] 调用 CIRCLE 命令，绘制半径为 75 的圆，并绘制圆的直径，结果如图 12-15 所示。
[2] 调用 TRIM 命令，修剪圆的下半部分，得到如图 12-16 所示半圆。

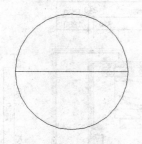
图 12-15　绘制圆

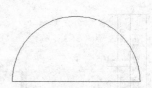
图 12-16　修剪圆

[3] 调用 LINE 命令，在半圆的上方绘制过圆心的线段，结果如图 12-17 所示。
[4] 调用 HATCH 命令，在半圆内填充 图案，效果如图 12-18 所示，"单相二、三孔插座"图例绘制完成。

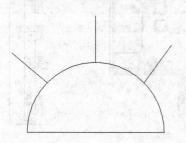
图 12-17　绘制线段

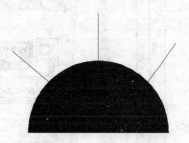
图 12-18　填充半圆

12.3　综合训练

本节用几个典型实例，详解室内施工中的电气图和冷气管走向图的绘制方法。

12.3.1　绘制插座平面图

引入光盘：多媒体\实例\源文件\Ch12\三居室平面布置图.dwg
结果文件：多媒体\实例\结果文件\Ch12\插座平面图.dwg
视频文件：多媒体\视频\Ch12\插座平面图.avi

在电气图中，插座主要反映了插座的安装位置、数量和连线等情况。插座平面图在平面布置图基础上绘制，主要由插座、连线和配电箱等部分组成，下面讲解插座系统电路图绘制方法。

操作步骤

[1] 启动 AutoCAD 2015，打开"三居室平面布置图.dwg"如图 12-19 所示。

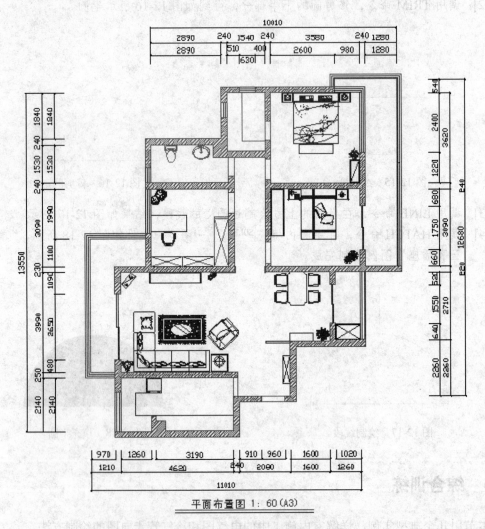

图 12-19 三居室平面布置图

[2] 复制本例所用图例表图 12-20 中的插座及配电箱到"三居室平面布置图"中的相应位置，如图 12-21 所示。

图 12-20 图例表

第 12 章 室内电气图和冷气管走向图设计

> **操作技巧**
>
> 家具图形在电气图中主要起参考作用,比如在摆放有床头灯的位置,就应该考虑在此处设置一个插座,此外还可以针对家具的布置合理安排插座、开关的位置。

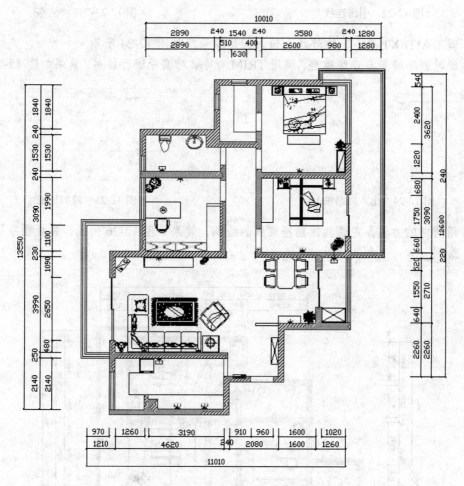

图 12-21 复制插座和配电室

[3] 绘制连线。连线用来表示插座、配电箱之间的电线,反映了插座、配电箱之间的连接线路,连线可使用 LINE 和 PLINE 等命令绘制。

下面以三居室厨房部分为例介绍连线的绘制方法。

- 设置"LX_连线"图层为当前图层。
- 调用 LINE 命令,从配电箱引出一条连线到厨房第一个插座位置,结果如图 12-22 所示。
- 继续调用 LINE 命令,连接插座,结果如图 12-23 所示。

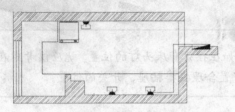
图 12-22 引出连线

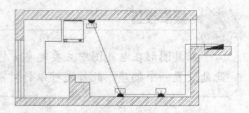
图 12-23 连接插座

- 调用 MTEXT 命令，在连线上输入回路编号，如图 12-24 所示。
- 此时回路编号与连线重叠，调用 TRIM 命令，对编号进行修剪，效果如图 12-25 所示。

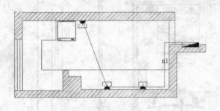
图 12-24 出入回路编号

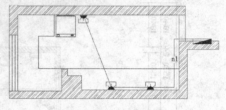
图 12-25 修剪连线

- 用同样的方法，完成其他插座连线的绘制，效果如图 12-26 所示，完成插座平面图的绘制。

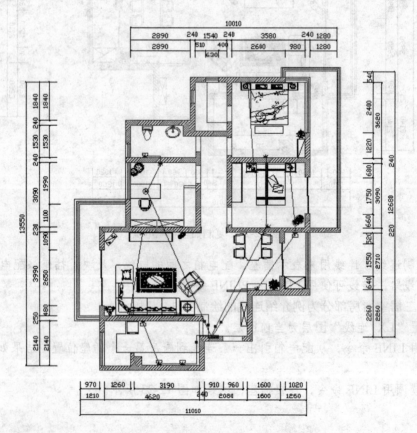
图 12-26 连接插座电路

12.3.2 绘制弱电平面图

引入光盘：多媒体\实例\源文件\Ch12\三居室平面布置图.dwg
结果文件：多媒体\实例\结果文件\Ch12\弱电平面图.dwg
视频文件：多媒体\视频\Ch12\弱电平面图.avi

弱电设备主要包括电话、有线电视、宽带网等，下面讲解弱点系统电路图绘制方法。

操作步骤

[1] 启动 AutoCAD 2015，打开"三居室平面布置图.dwg"。
[2] 复制本例所用图例表图 12-27 中的弱点插座及配电箱到"三居室平面布置图"中的相应位置，如图 12-28 所示。

图 12-27 弱点图例

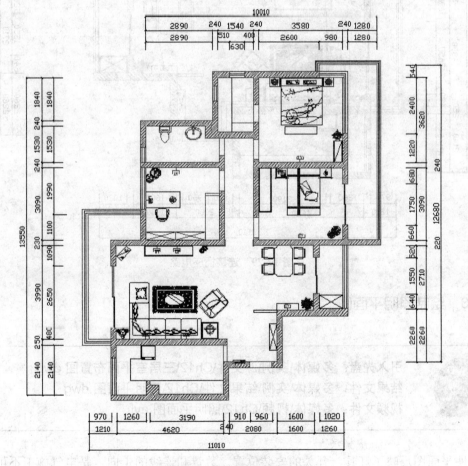

图 12-28 复制插座和配电室

[3] 绘制连线。连线可通过多线段将各种弱电设备分别连接到门口的弱电箱,其中相同类设备可连接一条线,绘制结果如图 12-29 所示。

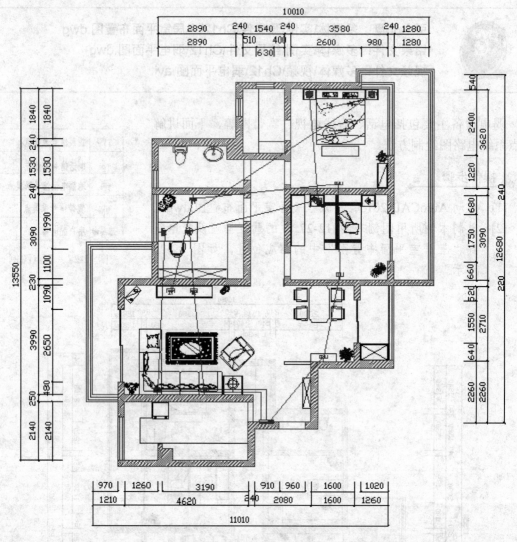

图 12-29 连接插座电路

12.3.3 绘制照明平面图

引入光盘:多媒体\实例\源文件\Ch12\三居室平面布置图.dwg
结果文件:多媒体\实例\结果文件\Ch12\照明平面图.dwg
视频文件:多媒体\视频\Ch12\照明平面图.avi

照明平面图反映了灯具、开关的安装位置、数量和连线的走向,是电气施工不可缺少的图样,同时也是将来电气线路检修和改造的主要依据。

第 12 章 室内电气图和冷气管走向图设计

照明平面图在顶棚图的基础上绘制,主要由灯具、开关以及它们之间的连线组成,绘制方法与插座平面图基本相同,下面以三居室顶棚图为例,介绍照明平面图的绘制方法。

操作步骤

[1] 启动 AutoCAD 2015,打开"三居室平面顶棚图.dwg",删除不需要的顶棚图形,只保留灯具和灯带,如图 12-30 所示。

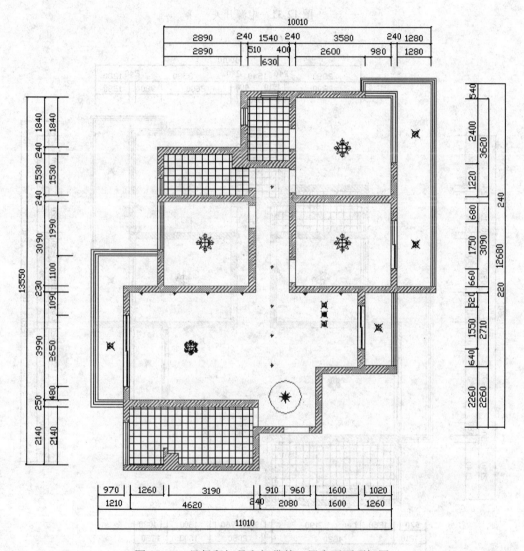

图 12-30 只保留灯具和灯带的三居室平面顶棚图

[2] 复制本例所用图例表图 12-31 中的电源开关图例到图 12-30 的相应位置,如图 12-32 所示。

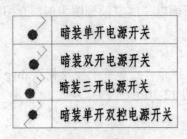

图 12-31 电源开关

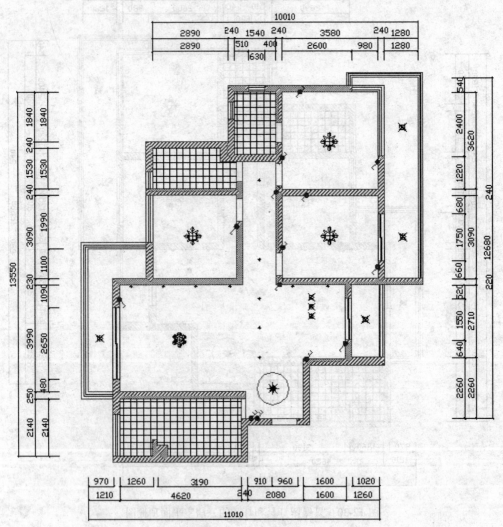

图 12-32 复制开关图形

[3] 调用 SPLINE 命令,绘制开关和灯的连线,完成照明路线的绘制,效果如图 12-33 所示。

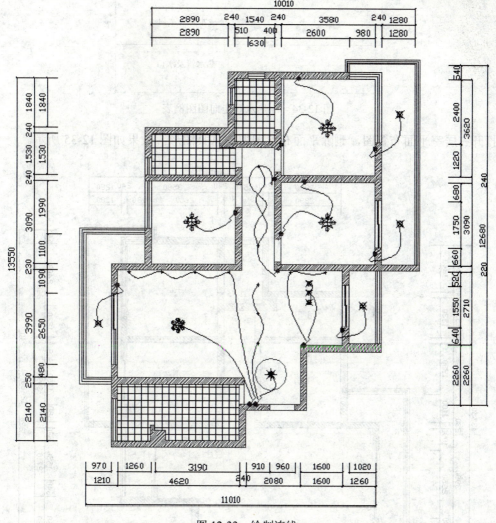

图 12-33 绘制连线

12.3.4 绘制冷热水管走向图

引入光盘：多媒体\实例源文件\Ch12\三居室平面布置图.dwg
结果文件：多媒体\实例结果文件\Ch12\冷热水管走向图.dwg
视频文件：多媒体\视频\Ch12\冷热水管走向图.avi

冷热水管走向图反映了住宅水管的分布走向，指导水电施工，冷热水管走向图需要绘制的内容主要为冷、热水管和出水口。冷热水管及其出水口图例如图 12-34 所示。下面介绍冷热水管走向图的绘制方法。

图 12-34 冷热水管走向图图例表

打开三居室平面布置图，删除平面布置图中的家具图形，效果如图 12-35 所示。

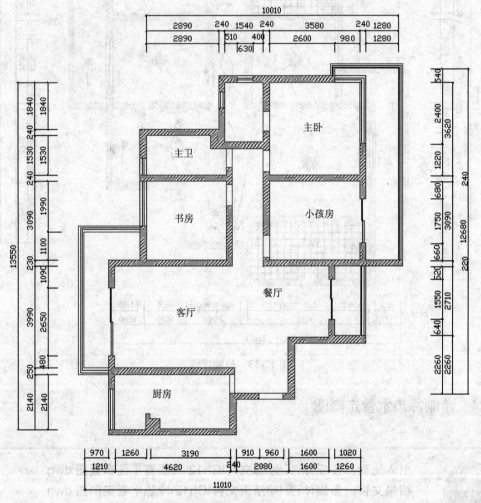

图 12-35 整理图形

操作步骤

1. 绘制出水口

[1] 创建一个新图层"SG_水管"图层，并设置为当前图层。

[2] 根据平面布置图中的洗脸盆、洗菜盆等需设出水口的位置，绘制出水口的图形，如图 12-36 所示，其中实线表示接冷水管，虚线表示接热水管。

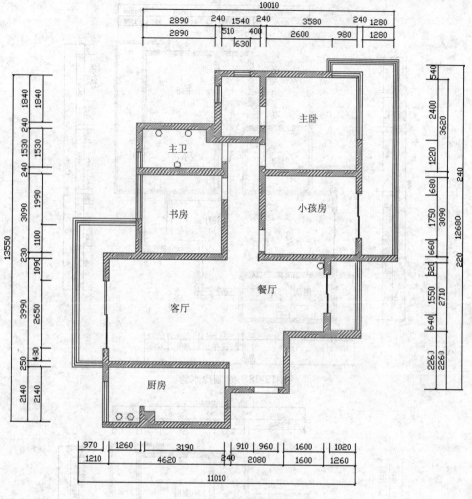

图 12-36 绘制出水口

6. 绘制热水器和冷水管

[1] 调用 PLINE 命令和 MTEXT 命令，绘制热水器，如图 12-37 所示。

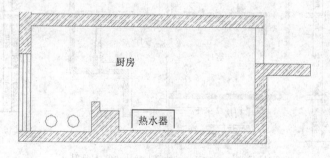

图 12-37 绘制热水器

[2] 调用 LINE 命令，绘制线段，表示冷水管，如图 12-38 所示。
[3] 调用 LINE 命令，将热水管连接至各个热水出水口，注意热水管是用虚线表示。图 12-39 所示，三居室冷热水管走向图绘制完成。

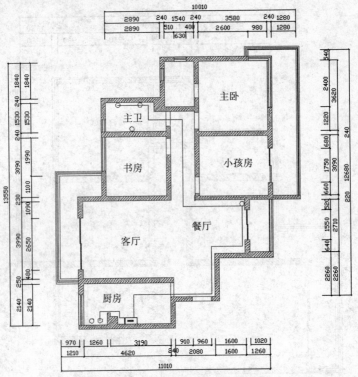

图 12-38 绘制冷水管

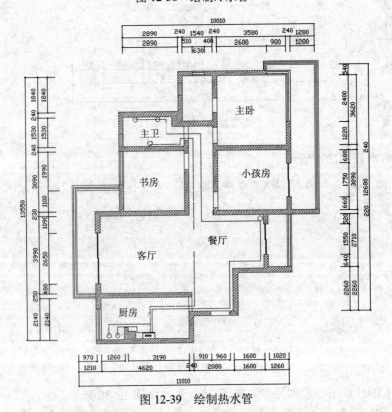

图 12-39 绘制热水管

第 12 章 室内电气图和冷气管走向图设计

12.4 课后练习

本练习中,打开室内户型平面图,然后依次绘制照明电气图、插座平面图和水路平面图,如图 12-40、图 12-41 和图 12-42 所示。

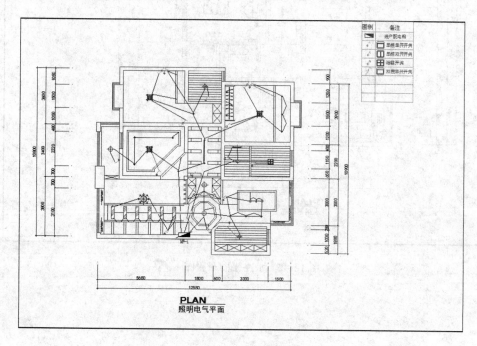

图 12-40 照明电气图

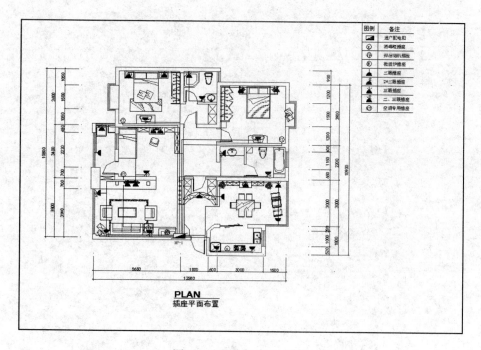

图 12-41 插座平面布置图

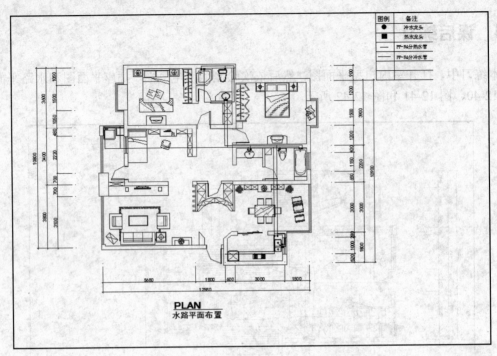

图 12-42 水路平面布置图

第 13 章
室内装修效果图设计

利用计算机进行电脑图像设计，已经形成一种发展趋势，这是科学技术发展的必然结果。在电脑设计行业中，建筑效果图的制作逐渐成为一个独立的分支，在此领域中我们能够借助电脑硬件，并配合功能强大的电脑软件，轻松而真实地再现室内设计师的创意。

本章将详细介绍 Autodesk 公司的 Homestyler 美家达人软件在室内效果图设计中的应用。

 知识要点

- ◆ 室内效果图概述
- ◆ Autodesk Homestyler 主页
- ◆ "创建设计"页面的操作
- ◆ 室内效果图设计案例

 案例解析

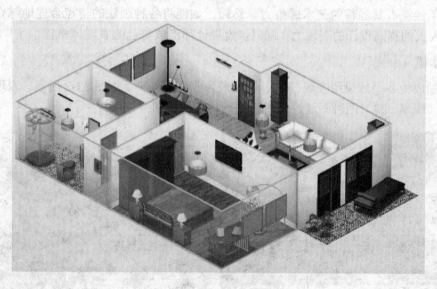

室内 3D 立体效果图

13.1 室内效果图概述

室内设计效果图,也称室内设计表现图或室内设计透视图,它是室内设计整体工程图纸中的一种。

通过对物体的造型、结构、色彩、质感等诸多因素的忠实表现,真实地再现设计师的创意,从而沟通设计师与观者之间视觉语言的联系,使人们更清楚地了解设计的各项性能、构造、材料、结合方法等之间的关系。如图 13-1 所示为是室内设计的立体效果图表现手法。

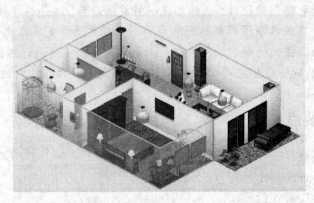

图 13-1 室内 3D 立体效果图

13.1.1 室内装饰效果图手绘表现

室内装饰效果图的手绘表现种类很多,有水粉画、水彩画、钢笔画、喷绘以及马克笔等。无论何种手绘都有其独特的艺术感染力。然而,如能将各种画法的特点合理地综合于效果图中,将会大大的提高设计的表现力,同时,为设计师形成自己的表现风格提供了广阔的空间。

1. 水粉

水粉画成为各类效果图表现技法中运用最为普遍的一种,如图 13-2 所示。表现技法大致分干、湿(或厚、薄)两种画法,或者干湿两种画法相结合使用。

图 13-2 室内外效果图水粉画

◆ 湿画法:湿是指图纸上先涂清水后着色,或者指调混颜料时用水较多,适用于表现大面积的底色(墙面或地面等)和表现颜色之间的衔接、浸润的地方。

◆ 干画法：并非不用水，只是水份较少、颜色较厚而已。其特点是：画面笔触清晰，色泽饱和明快，形象描绘具体深入。但如果处理不当，笔触过于凌乱，也会破坏画面的空间和整体感。

2. 水彩

水彩渲染是建筑画中常用的一种技法，水彩表现要求底稿图形准确、清晰，忌擦伤纸面（最好另用纸起稿，然后复制正图，再裱图），而且十分讲究纸和笔上含水量的多少，即画面色彩的浓淡、空间的虚实、笔触的趣味都有赖于对水份的把握。

目前室内表现图中钢笔淡彩的效果图较为普遍，它是将水彩技法与钢笔技法相结合，发挥各自优点，颇具简捷、明快、生动的艺术效果，如图 13-3 所示。

图 13-3　钢笔淡彩的室内效果图

3. 钢笔画

钢笔、针管笔都是画线的理想工具，发挥各种形状的笔尖的特点，利用线的排列与组织来塑造形体的明暗，追求虚实变化的空间效果，也可针对不同质地采用相应的线型组织，以区别刚、柔、粗、细。还可按照空间界面转折和形象结构关系来组织各个方向与疏密的变化，以达到画面表现上的层次感、空间感、质感、量感，以及形式上的节奏感、韵律感，如图 13-4 所示。

4. 喷绘

喷绘是通过气泵的压力将笔内的颜色喷射到画面上，其造型主要是依靠遮盖后的余留形状。喷绘制作的过程是喷绘相结合，对于一些物体的细部和花草、人物的表现是借助其他画笔来描绘的。画面效果细腻、明暗过渡柔和、色彩变化微妙、逼真，如图 13-5 所示。

5. 马克笔

马克笔以其色彩丰富、着色简便、风格豪放和迅速成图，受到设计师普遍喜爱。

马克笔笔头分扁头和圆头两种，扁头正面与侧面上色宽窄不一，运笔时可发挥其形状特征，构成自己特有的风格。

马克笔上色后不易修改，一般应先浅后深，上色时不用将色铺满画面，有重点的进行局部刻画，画面会显得更为轻快、生动。马克笔的同色叠加会显得更深，多次叠加则无明显效果，且容易弄脏颜色。

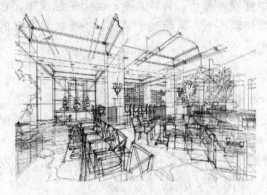 

图 13-4 钢笔手绘的室内效果图　　　　　　　图 13-5 喷绘画法

马克笔的运笔排线与铅笔画一样，也分徒手与工具两类，应根据不同场景与物体形态、质地、表现风格来选用。

如图 13-6 所示为马克笔手绘的室内效果图。

图 13-6 马克笔手绘室内效果图

13.1.2 室内装饰效果图计算机表现

计算机辅助设计技术给室内设计创作提供了广阔的空间，给设计师提供了多种多样的设计途径和制作空间。

相对于徒手绘制而言，计算机在室内效果图制作上方便、快捷、精确、易于修改，计算机为表达和反映设计师的创意提供了形象化的手段。设计师的意念从构思开始，当设计师掌握和操作计算机时，熟练运用各种工具软件，创作出多种虚拟室内场景，它又使设计师从中得到启发和灵感，从而创作出更加理想的室内空间。人与计算机是互为交流，互为对话的过程（交互式）。

3DS MAX 功能极其庞大浩繁，可用来制作各种不同类型的建筑（室内、室外场景），各种工业产品结构图及效果图，和产品广告的三维场景制作。可模拟不同环境、不同风格的渲染效果，强大的材质编辑功能令人眩目，几乎涵盖所有模型制作领域。如图 13-7 所示为利用 3DS MAX 软件设计的室内设计效果图。

"Autodesk 美家达人"是 Autodesk 公司最新为中国家装消费者提供一个家装设计平台，它的出现，使设计师可以可以很直观且便捷地将人脑中的三维建筑方案用电脑展示出来。

如图 13-8 所示为 Autodesk 美家达人设计的室内效果图。

第 13 章 室内装修效果图设计

图 13-7　3DS MAX 室内设计效果图

图 13-8　美家达人设计的室内效果图

13.2　"Autodesk Homestyler"简介

全球二维和三维设计、工程及娱乐软件的领导者欧特克有限公司（"欧特克"或"Autodesk"）正式发布家装设计的平台——美家达人。

美家达人是欧特克最新为中国家装消费者提供一个家装设计平台，它为普通大众提供了一款免费的绿色在线设计软件，帮助用户在装修伊始可以自己规划房间布局，风格搭配，并可以迅速通过免费的 3D 效果图和照片级效果图来感受整体的设计。

另外美家达人在线丰富的"美家秀"让用户可以浏览到来自世界各地的设计创意，以激发用户的家装灵感。

13.2.1　"Autodesk Homestyler"首页

Autodesk Homestyler "美家达人"完全免费，无需安装。只要进入其主页，即可轻松设计自己的家。

"美家达人"的 Internet 网页地址为 http://www.meijiadaren.com/home。如图 13-9 所示为美家达人首页界面。

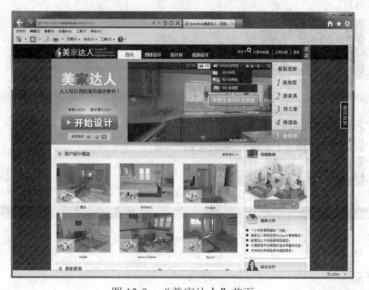

图 13-9　"美家达人"首页

首页界面窗口中，为新手提供了简便的使用菜单。下面来了解下"美家达人"设计平台。

1. 开始设计

在首页中单击【开始设计】这个按钮 ▶开始设计 ，可进入创建设计页面。

2. 软件功能特点

首页右上位置显示的是"美家达人"设计平台的 4 个功能特点。

3. 用户设计精选

"用户设计精选"一栏中展示了部分用户的精美设计。若选择某一风格的设计，会显示该风格设计的独立查看窗口，如图 13-10 所示。

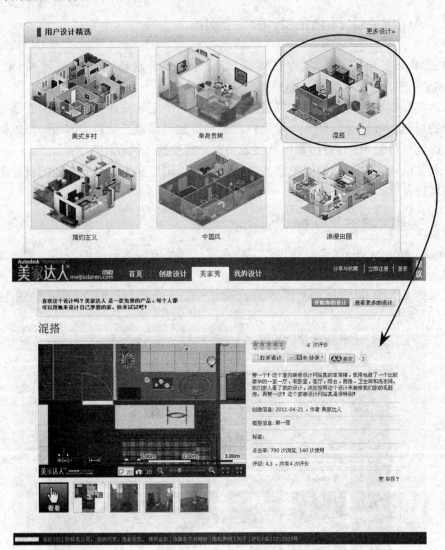

图 13-10　展示用户设计的风格

4. 家居产品

此栏中显示了"美家达人"软件提供的部分家具模型。

13.2.2 "创建设计"页面

在首页中单击【开始设计】按钮,然后进入到"创建设计"页面中。此页面是用户进行室内效果图设计的软件操作界面。

"创建设计"页面中具有与装机版软件类似的软件操作功能,包括有菜单栏、搜索栏、"视图切换"菜单、"房屋基本构件、家俱及装饰"菜单、工作区等,如图 13-11 所示。

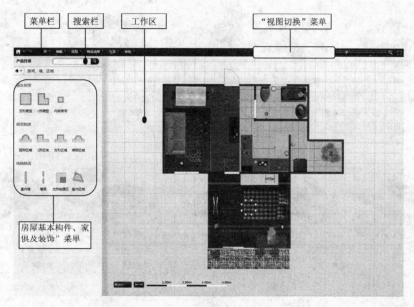

图 13-11 "创建设计"页面

13.2.3 "美家秀"页面

在首页上方的标签栏中选择【美家秀】,即可进入"美家秀"页面,如图 13-12 所示。

图 13-12 "美家秀"页面

从"用户设计"列表框中切换选择相应的设计组,可以在下方的展示区显示。新手可以选择设计作品作为自己练习的范本。

该列表框包含有 4 个设计精选组:来自中国的用户设计精选、所有的设计、所有来自中国的设计和名设计师 Nadia Geller 专辑。

◆ 来自中国的用户设计精选:此用户设计组中包含有 17 个作品,如图 13-13 所示。

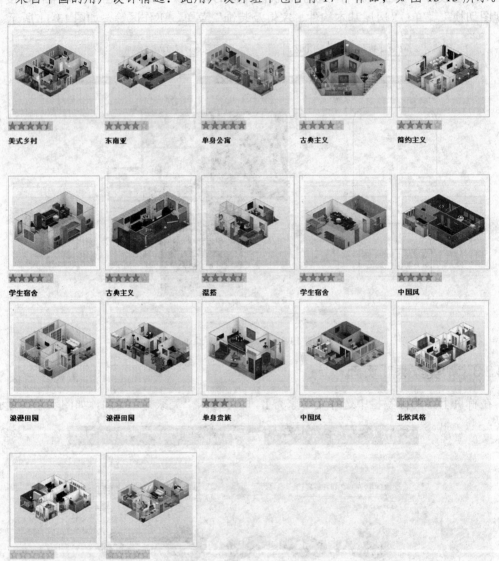

图 13-13　来自中国的用户设计精选

◆ 所有的设计:包括几个设计精选组的所有作品。
◆ 所有来自中国的设计:此精选组也包括了前面所列出的"来自中国的用户设计精选"的作品,另外还有一千多个作品供设计人员选择。
◆ 名设计师 Nadia Geller 专辑:这是来自国外风格的精品设计。展示的精品设计如图 13-14 所示。

图 13-14　名设计师 Nadia Geller 专辑

13.2.4　"我的设计"页面

"我的设计"页面是展示用户利用美家达人设计的室内效果图作品。当用户是初次使用"美家达人"设计平台时，软件会提示"登录 或者 注册新账号"，如图 13-15 所示。

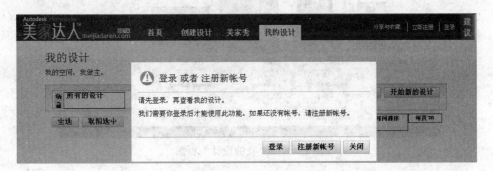

图 13-15　提示"登录 或者 注册新账号"操作

如果用户已经建立账号，可以单击【登录】按钮，进入"我的设计"页面；如果没有，须单击【注册新账号】按钮，进入"新用户注册"窗口中注册账号，注册完成后单击【注册并登录】按钮，即可进入"我的设计"页面中查看用户自行设计并保存的设计作品，如图 13-16

所示。

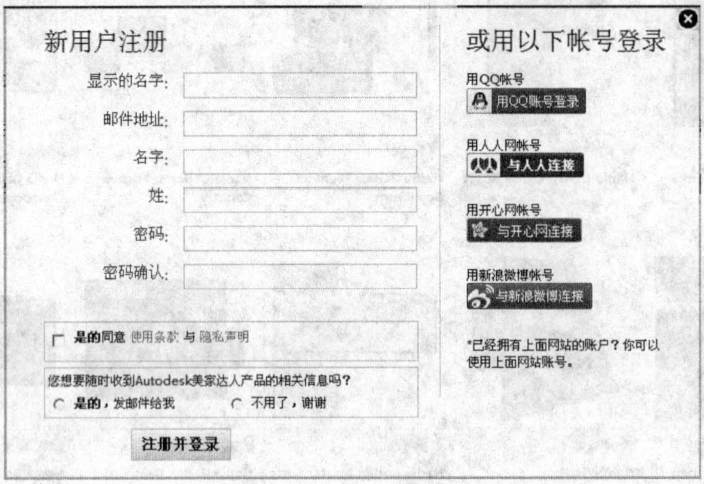

图 13-16 注册新账号

"我的设计"页面展示了用户的设计作品，如图 13-17 所示。

图 13-17 "我的设计"页面

13.3 "创建设计"页面的操作

在"美家达人"中，创建室内设计效果图所需基本操作有创建房型图、查看 3D 效果、装饰房间、创建效果图、分享设计、修改设计属性、物品清单、装饰室外、收藏您喜欢的产品等。

13.3.1 "创建房型图"操作

利用"美家达人"设计室内效果图，首先创建室内房型图。创建房型图的方式分 3 种：基于他人的设计开始设计、基于模板创建一个新的设计和基于一个空白模板创建房型图，介绍如下。

1. 基于他人的设计开始设计

此种方式是利用美家秀页面中，软件自身提供的各种室内设计风格进行修改设计。当然用户也可以直接选择一个作品进行保存，以此作为自己的设计。

在"美家秀"页面中，选择一个设计，然后在弹出的快捷菜单中选择【使用这个设计】命令，即可进入"创建设计"页面，对选择的风格设计进行编辑、保存等操作，如图 13-18 所示。

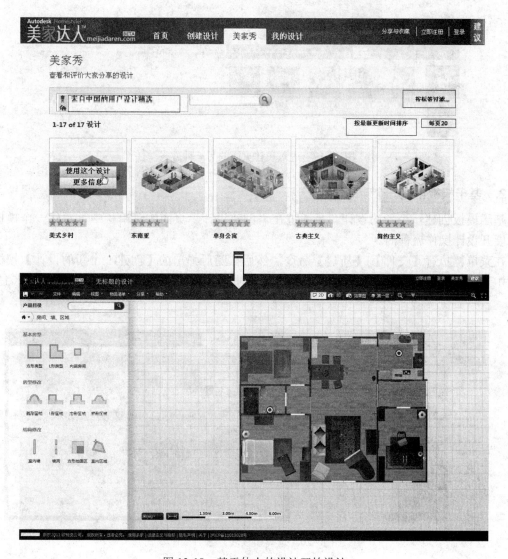

图 13-18　基于他人的设计开始设计

除了这种方法开始设计外，用户还可以在首页"用户设计精选"部分，选中一个设计，单击以打开它的设计案例页面。然后在此页面中单击【开始您的设计】按钮或者单击【打开设计】按钮复制当前设计作为您的设计模板，如图 13-19 所示。

图 13-19　进入设计页面的另一种方式

2. 基于模板创建一个新的设计

基于模板创建一个新的设计，是通过在"创建设计"页面的菜单栏中，新建一个模板文件而展开设计操作流程的。

在菜单栏执行【文件】|【新建】命令，然后在随后弹出的【创建一个新的设计】模板对话框中选择适用于自己的模板，再单击【创建】按钮，即可展开一个新的设计，如图 13-20 所示。

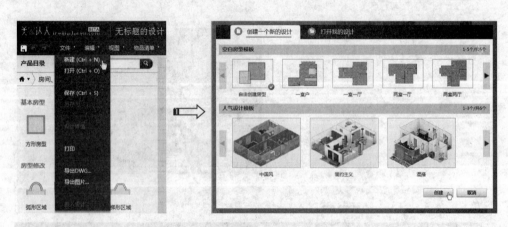

图 13-20　选择模板展开新的设计

3. 基于一个空白模板创建房型图

在首页中,单击【开始设计】按钮,进入到"创建设计"页面。在【产品目录】的【房间、墙、区域】选项面板中选择一个基本房型,拖动到工作区域,如图 13-21 所示。

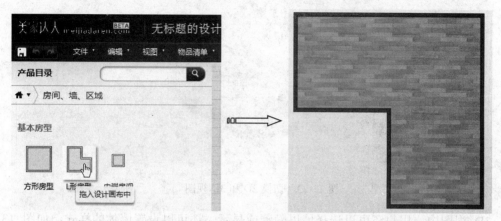

图 13-21　选择基本房型并拖入工作区域

接下来根据设计需要,依次对基本房型作一系列的操作,包括修改房型、结构修改等。房型建好之后,打开左侧的【产品目录】|【门】和【产品目录】|【窗】,拖动门和窗到墙上适当的位置,如图 13-22 所示。

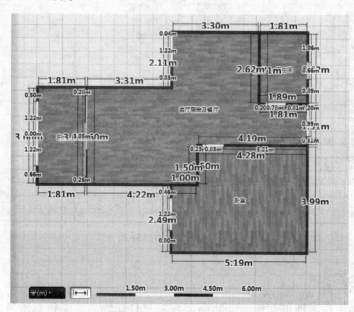

图 13-22　操作基本房型

13.3.2　查看 3D 效果图

用户在设计过程中,可以利用 2D/3D 切换功能,时时查看设计效果。这有助于用户快速设计操作。

在创建设计页面,单击菜单栏的【2D】和【3D】按钮,可以切换视图,如图 13-23 所示。

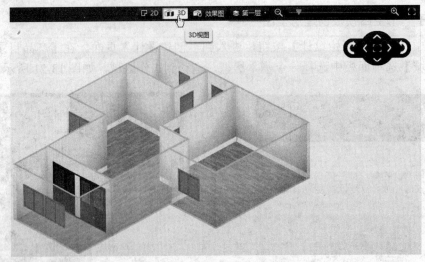

图 13-23 切换 2D 和 3D 视图

在 3D 视图中，用户还可以选择墙以隐藏或显示，还可以设置墙体的样式，如图 13-24 所示。

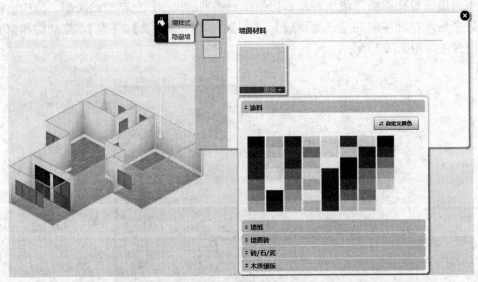

图 13-24 设置墙体样式

13.3.3 装饰房间

房间的装饰操作包括地板和墙面的装饰、布置家具和物品、编辑装饰等。

1. 地板装饰

初始的地板装饰是软件默认设置的材质，用户可以重新设置材质。在房型图的 2D 视图中，选中要编辑的房间地板，在弹出的菜单中选择【房间样式】命令，即可对地板材质重新设置，如图 13-25 所示。

第 13 章 室内装修效果图设计

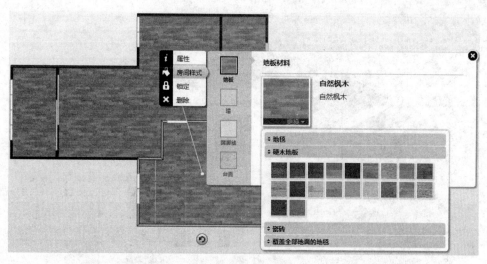

图 13-25 设置地板

2. 墙壁涂料

墙面一般使用涂色，涂色的方法有 3 种：房间涂色、墙面涂色和拖动涂色。

◆ 房间涂色：此种方法是在房间内 4 个墙面均涂一种色。首先切换到 2D 视图，选中地板，在弹出的菜单中选择【房间样式】命令，在弹出的【房间样式】面板中选择喜欢的涂料、墙纸或其他，随后所选择的颜色将应用到整间房，如图 13-26 所示。

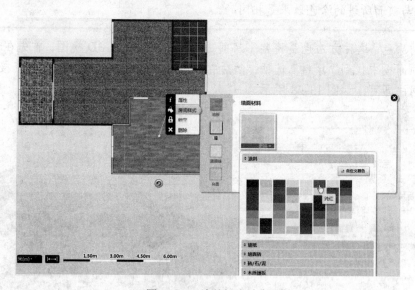

图 13-26 给整间房涂色

◆ 墙面涂色：此种方法是在房间内的每面墙涂上不同的颜色。将视图切换至 3D，选择立体图中的一面墙，并选择菜单中的【墙样式】命令，然后选择喜欢的颜色将其应用到所选墙面中，如图 13-27 所示。

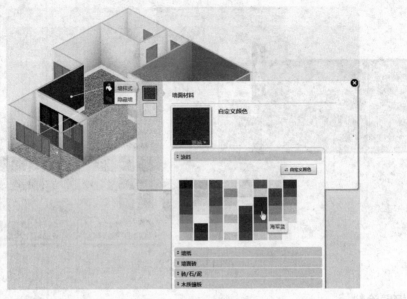

图 13-27　给单个墙面涂色

操作技巧

如果在【墙面材料】面板中勾选【应用到房间所有墙】复选框，将会涂色至整个房间。这与前面所讲的涂色效果是相同的。

- 拖动涂色：这种方法也是将整个房间进行涂色。切换至 3D 视图，首先在【产品目录】选项面板中找到"涂料"选项，然后在其菜单中选择一种涂料，将其直接拖动到某个房间中即可，如图 13-28 所示。

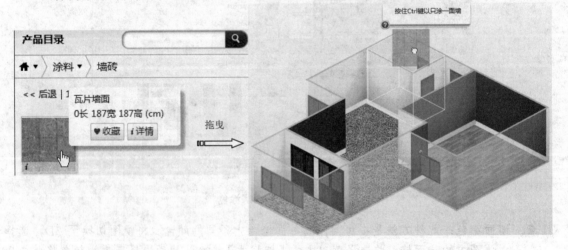

图 13-28　拖动涂色

3. 修改踢脚线

"踢脚线"通常指室内装修中的墙角线的高度。在 2D 视图中，在要设置踢脚线的房间中单击并选择菜单中的【房间样式】命令，然后在弹出的面板中选择【踢脚线】图标。面板中将显示踢脚线的涂色选项和"踢脚线高度"选项，如图13-29所示。

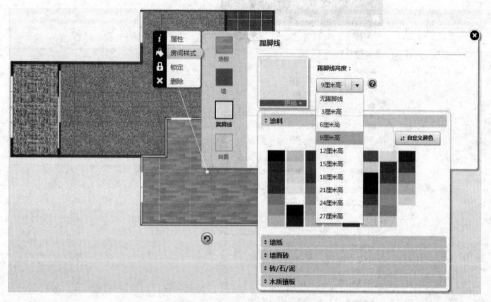

图13-29　踢脚线的选项设置

踢脚线的涂色操作与地板材质、墙面涂料的操作是相同的。设置踢脚线的高度和颜色后，在3D视图中将查看到，如图13-30所示。

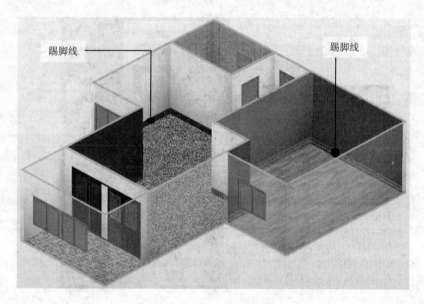

图13-30　涂色踢脚线

4. 家具、物品布置

打开创建设计页面，在产品目录部分，可以通过如下两种方式查找（图13-31所示）：
◆ 在搜索框中直接输入物品名，点击搜索按钮。

◆ 打开产品目录，在对应分目录中查找。

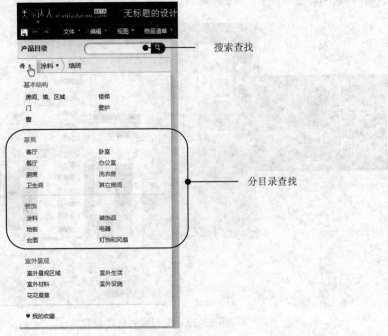

图 13-31　家具、物品的查找

找到要布置的家具与物品后，将其拖动到房型图相应的房间中，如图 13-32 所示。

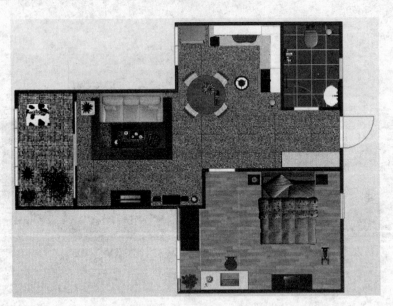

图 13-32　布置家具与物品

切换至 3D 视图，查看室内布置的效果，如图 13-33 所示。

第 13 章 室内装修效果图设计

图 13-33 查看布置的 3D 效果

13.3.4 生成效果图

室内设计非常重要的一环就是将室内装修的效果展示，用户可以根据效果图的表现来修改前面的设计。

室内布置设计完成后，在"创建设计"页面的菜单栏中单击【效果图】按钮，弹出【效果图】对话框，如图 13-34 所示。

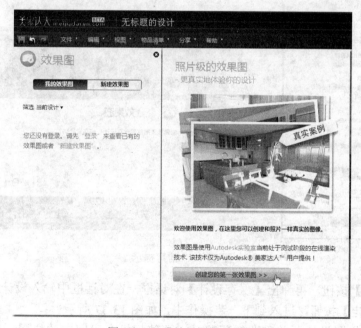

图 13-34 【效果图】对话框

要创建效果图，必须先登录页面。登录后单击【创建您的第一张效果图】按钮，进入效果图设计页面，如图 13-35 所示。

图 13-35　效果图设计页面

在【效果图】对话框中输入效果图名称后，单击【新建】按钮，会弹出消息体现对话框，如图 13-36 所示。

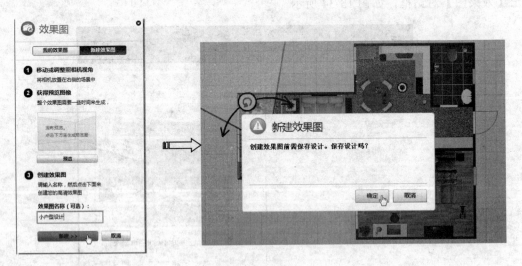

图 13-36　信息提示

单击【确定】按钮，再弹出【保存设计】对话框，在对话框中输入设计标题与设计描述以后，单击【确定】按钮，进入到下一步操作中，如图 13-37 所示。

接下来是效果图设计至关重要的环节——调整相机在房间中的位置。相机示意图如图 13-38 所示。

第 13 章 室内装修效果图设计

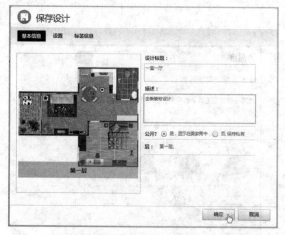

图 13-37 保存设计

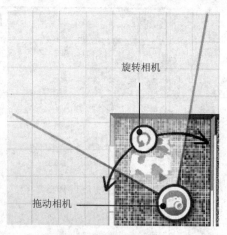

图 13-38 相机示意图

例如，制作客厅的效果图。将相机先拖动至门厅位置，然后旋转相机，使相机对准客厅、餐厅，在【效果图】对话框输入效果图名称后，单击【新建】按钮，程序自动生成效果图，如图 13-39 所示。

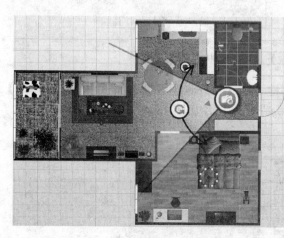 

图 13-39 放置相机后生成的效果图

操作技巧

效果图生成后，无论您什么时候登录"美家达人"网页，您都会查看到自己设计的室内效果图。

13.3.5 装饰室外

对于独栋的别墅房型，还可以创建室外的装饰效果。

在【产品目录】选项面板中，找到【室外景观】子目录，选择【室外景观区域】选项面板中的工具后，就可以创建室外的效果图了，如图 13-40 所示。

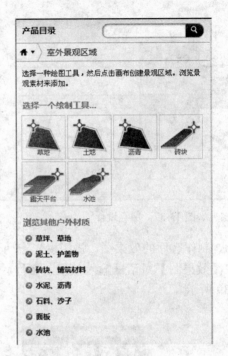

图 13-40 【室外景观】选项面板中的工具

例如，在前面设计的房型图中添加一块草地。在【室外景观区域】面板中单击【草地】图标工具，然后在工作区中绘制任意多边形作为草地区域，如图 13-41 所示。

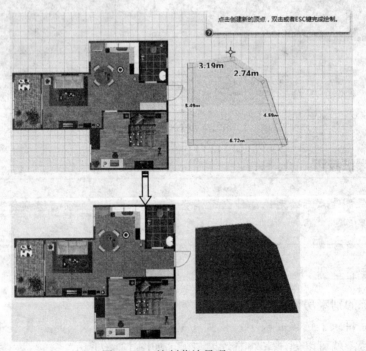

图 13-41 绘制草地景观

13.3.6 效果图图形删除、分享和打印

所有设计完成后，用户还可以执行其他命令，来操作效果图。

1. 图形删除

在效果图设计过程中，时常会出现设计错误，"美家达人"提供了多种删除方法。

- ◆ 通过菜单删除：在工作区中选择要删除的对象，然后在弹出的菜单中选择【删除】命令，如图 13-42 所示。
- ◆ 按 Delete 键删除：在工作区中选择要删除的对象，然后按 Delete 键将其删除。

4. 效果图分享

在菜单栏选择"分享"命令，然后就可以选择一个您喜欢的方式和朋友分享您的设计，如图 13-43 所示。

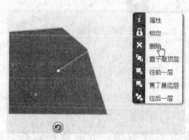

图 13-42　执行菜单删除命令

图 13-43　分享设计

5. 打印

打开一个保存过的设计，或者新建一个设计然后保存，单击【效果图】按钮，在弹出的【效果图】对话框中，单击【我的效果图】按钮，然后在其中选择一个效果图，并单击【打印…】按钮，完成打印操作。

6. 物品清单

如果要查看您做设计的效果图中，到底布置了哪些家具和物品，在菜单栏执行【物品清单】命令，即可在弹出的【物品清单】对话框中查看清单，如图 13-44 所示。

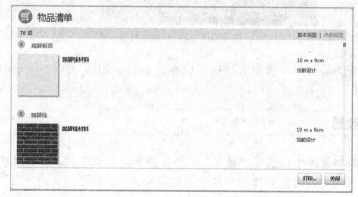

图 13-44　查看物品清单

13.3.7 效果图的编辑

鉴于"美家达人"设计软件的简便性,其编辑功能相比其他装机版的设计软件要少很多,比如不能精确控制尺寸及定位。

1. 编辑菜单

在工作区中选择要编辑的对象,就会弹出编辑菜单。此菜单随着选择对象的不同而不同,如图 13-45 所示。

房型版块编辑菜单　　　　家具及物品编辑菜　　　　结构修改编辑菜

图 13-45　编辑菜单

2. 拖动编辑

在工作区选中一个对象后,按住鼠标不放,可以拖动该对象改变其位置。

当拖动物品到工作区时,有时会因为有其他物品阻挡而不能拖动,此时就可以按住 Shift 键取消放置规则,进而随意放置该物品,如图 13-46 所示。

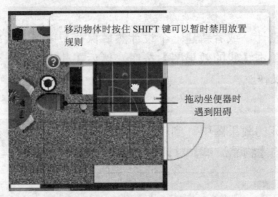

图 13-46　拖动编辑对象

除物品可以拖动编辑外,房型版块也可以拖动编辑。如图 13-47 所示中,拖动房型版块至新的位置。

 操作技巧

> 如果在编辑菜单中设置了"锁定",那么将不会改动房型。所以用户在设计完成房型后,须将其锁定,避免后续操作中的房型变动。

第 13 章 室内装修效果图设计

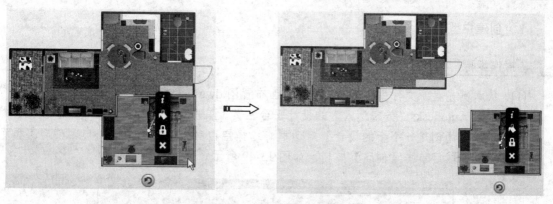

图 13-47 拖动版块以改变房型

13.4 综合训练——室内效果图设计案例

引入光盘：多媒体\实例\源文件\Ch13\2 居室平面布置图.dwg
结果文件：多媒体\实例\结果文件\Ch13\室内效果图.dwg
视频文件：多媒体\视频\Ch13\室内效果图.avi

前面详细介绍了"美家达人"设计平台的功能及操作，接下来参照一个户型的室内设计平面布置图来设计效果图。作为参考的平面布置图如图 13-48 所示。

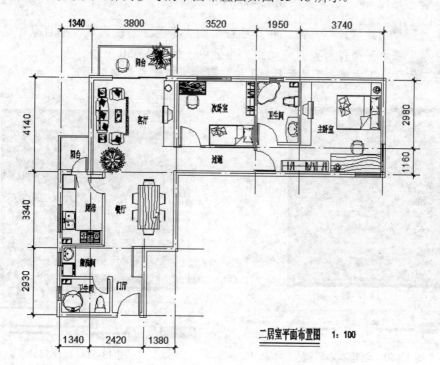

图 13-48 平面布置图

1. 创建户型图

操作步骤

[1] 从本例光盘源文件中打开"2 居室平面布置图.dwg"源文件。
[2] 进入 Autodesks "美家达人"的设计平台主页。单击首页中的【开始设计】按钮,然后弹出【创建一个新的设计】对话框。选择空白房型模板组中的"自由创建房型"面板,然后单击【创建】按钮,如图 13-49 所示。

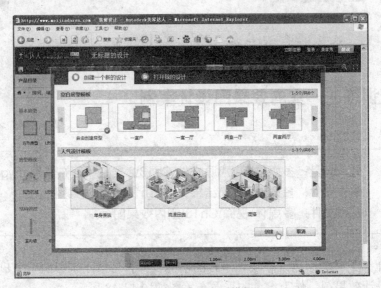

图 13-49 选择房型模板

[3] 进入到"创建设计"页面。在产品目录的"房间、墙、区域"子目录中选择"方形房型"基本房型作为型,拖动到工作区中,如图 13-50 所示。
[4] 在工作区左下方单击【显示尺寸】按钮,查看基本房型的尺寸,如图 13-51 所示。

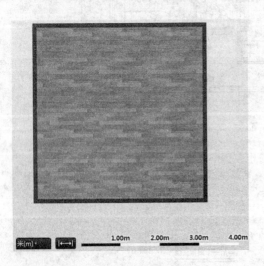

图 13-50 创建基本房型

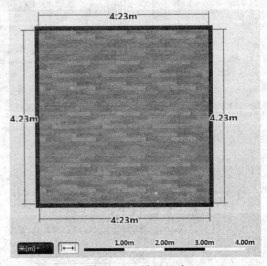

图 13-51 显示尺寸

[5] 将光标置于基本房型的墙体上，直至显示左右拖动符号，如图 13-52 所示。
[6] 根据二居室平面布置图中给出的总体尺寸，将基本房型的尺寸拖动编辑，使其成为主卧室，结果如图 13-53 所示。

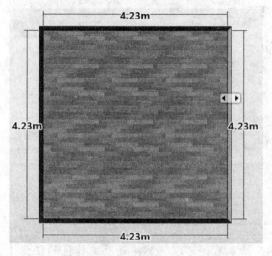

图 13-52 拖动准备

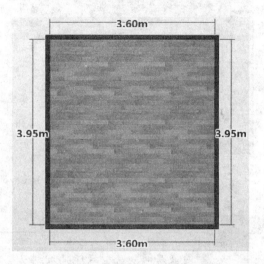

图 13-53 编辑基本房型

操作技巧

由于"美家达人"不能精确控制尺寸，只要是尺寸不要误差太大就可以。否则，在布置家具、物品时引起不必要的麻烦。

[7] 同理，继续选择"方形房型"拖动到工作区中，并完成拖动编辑，结果如图 13-54 所示。
[8] 在"基本房型"工具选项组中选择"内嵌房间"工具，然后将其拖动到基本房型图中，并将拖动编辑，结果如图 13-55 所示。

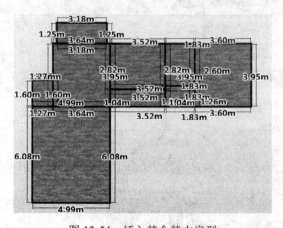

图 13-54 插入其余基本房型

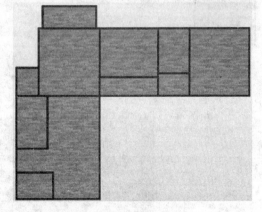

图 13-55 插入"内嵌房间"

[9] 在"房型修改"工具选项组中选择"L 形区域"，然后将其拖动至基本房型图中，拖动后将其编辑，结果如图 13-56 所示。

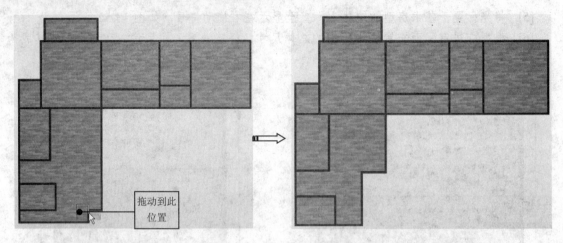

图 13-56 插入 "L 形区域"

操作技巧

"内嵌房间"房型只能插入到房型内部，插入后，可以将其拖动至工作区的任意位置。

[10] 选择房型图中部分墙进行删除，结果如图 13-57 所示。

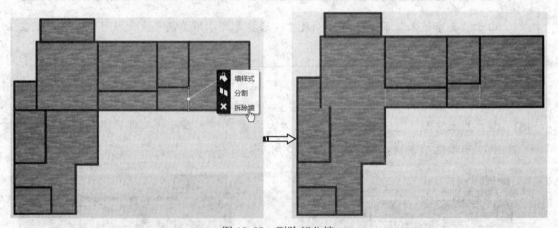

图 13-57 删除部分墙

[11] 在阳台与厨房位置，选中被拆除的墙体，然后将其恢复，结果如图 13-58 所示。

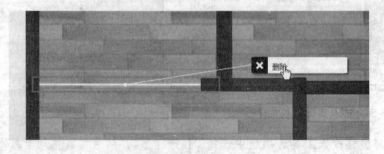

图 13-58 恢复删除的墙体

1. 创建房型基本结构

[1] 基本房型创建完成后,接下来创建基本结构,如门、窗等。在"产品目录"中找到"基本结构"子目录,然后打开"门"选项面板。

[2] 参考本例的平面布置图,将阳台门、室内门、玄关门、窗等插入到房型图相应的位置上,如图13-59所示。

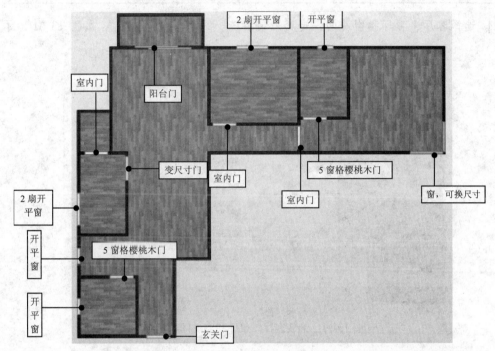

图13-59 插入门和窗

2. 编辑地板、墙壁和踢脚线

[1] 为各房间命名。命名方法是设置各房间的属性标签,如图13-60所示。

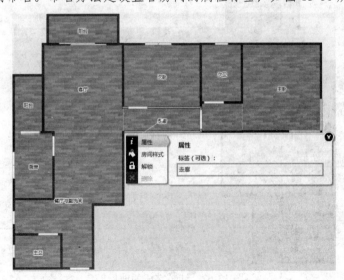

图13-60 命令房间

操作技巧

每个基本房型只能命名一个。由此我们可以知道,在绘制房型图时,只能是一个基本房型作为一个房间的创建,而不能以创建一个大房型,然后在里面插入室内墙体的这种方式。否则不能正确命名房间。

[2] 选择客厅、餐厅和盥洗间、走廊来铺装统一的"暗灰色瓷砖",如图13-61所示。

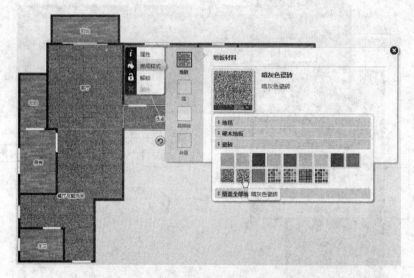

图13-61 铺装客厅、餐厅和盥洗间、走廊

[3] 选择厨房和2个卫生间铺装"蓝色方形瓷砖"。
[4] 选择2个阳台来铺装"海洋波纹色马赛克瓷砖"。2个卧室的地材保持不变,最终铺装完成的地板如图13-62所示。

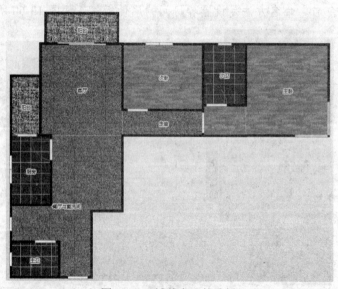

图13-62 铺装完成的地板

[5] 选择客厅、餐厅及走廊，设置其墙面的涂色为"薰衣草紫"；设置主卧墙面涂色为"艺术墙纸"；设置侧卧的墙面涂色为"乡村风格墙纸"；设置2个卫生间的墙面涂色为"白色大理石板材墙面"；最终墙面涂色的效果如图13-63所示。

[6] 选择客厅、餐厅及走廊，设置其踢脚线的涂色为"板石墙面"；设置主卧和侧卧踢脚线涂色为"橡木镶板"，如图13-64所示。

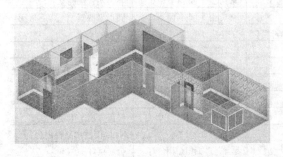
图13-63 墙面涂色

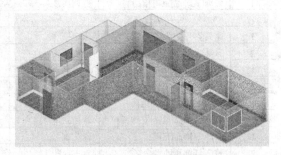
图13-64 踢脚线涂色

3. 布置家具和物品

参照AutoCAD的平面布置图中所布置的家具和物品，在"美家达人"中插入家居图块，最终布置完成的结果如图13-65所示。

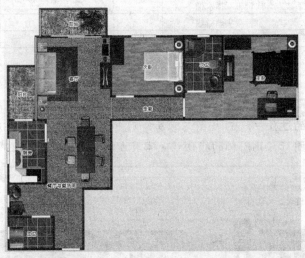
图13-65 室内家具布置效果图

操作技巧

家具及物品图块的插入，与房型图块插入方法是完全相同的，插入后可以编辑图块的位置及定向。鉴于图块繁多，这里就不一一的详细描述操作过程了。读者可以参考本章的光盘视频来完成操作。

为了让读者能方便地从产品目录中找到布置的家具和物品，表13-1列出查找物品路径的表格以备查阅。

表 13-1　室内家具布置参照表

数 量	产品目录路径	物 品	数 量	产品目录路径	物 品
阳台布置			主、次卫生间布置		
1	家具|客厅|椅子	蝶形椅	1	家具|卫生间|浴盆	木制方形工学沐浴缸
1	装饰|装饰品|室内植物	大号榕树盆景	1	家具|卫生间|淋浴器	带滑门玻璃整体浴室
1	装饰|装饰品|室内植物	棕榈树盆栽	1	家具|卫生间|浴室柜	乳白陶瓷洗脸盆
客厅布置			2	家具|卫生间|坐便器	圆形坐便器
1	家具|客厅|沙发	木宁顿沙发	主卧室布置		
2	家具|客厅|茶几与边桌	时尚茶几，直腿	1	家具|卧室|床	蓝色折叠沙发床
1	家具|客厅|茶几与边桌	金属桌子带玻璃	1	家具|卧室|床头柜	床头柜（+相框和灯）
1	家具|客厅|多媒体	电视柜	1	家具|卧室|大衣柜	红木衣橱
1	装饰|装饰品|电器|电视	等离子电视	1	家具|客厅|多媒体	电视柜
1	装饰|装饰品|电器|立体音响	音箱立体声组合	1	装饰|装饰品|电器|电视	银色等离子电视
1	装饰|装饰品|花瓶	瓷花瓶	1	家具|办公室|书桌	Neda 樱桃木桌椅组合
2	装饰|灯饰和风扇|台灯	复古台灯	1	装饰|灯饰和风扇|台灯	金属桌灯
餐厅与盥洗间、厨房布置			1	装饰|电器|电脑	银色笔记本电脑
1	家具|餐厅|组合餐桌	长形金属餐桌	侧卧室布置		
1	家具|卫生间|浴室柜	乳白陶瓷洗脸盆	1	家具|卧室|床	传统美式实木床
1	家具|洗衣房|洗衣机	蓝色洗衣机	1	家具|卧室|床头柜	床头柜（+相框和灯）
1	家具|厨房|冰箱	双门冰箱	1	家具|卧室|大衣柜	红木衣橱
1	家具|厨房|橱柜	橱柜			
1	家具|厨房|柜式洗水盆	带双槽水槽			
1	家具|厨房|炉灶面	双头燃料灶			
4	家具|厨房|墙柜	双开玻璃门壁橱			

操作技巧

在插入图块的过程中，2D 视图不容易辨别出家具的方向。但您选择家具或物品时，会显示旋转工具图标，此图标的指向就是家具或物品的朝向，如图 13-66 所示。

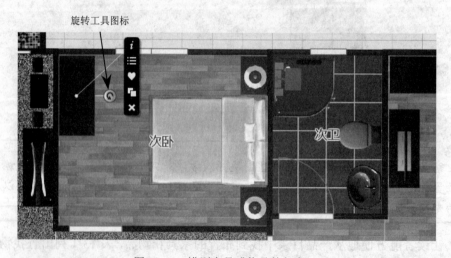

图 13-66　辨别家具或物品的朝向

4. 创建效果图

[1] 在工作区上方单击【效果图】按钮，弹出【效果图】对话框，如图 13-67 所示。

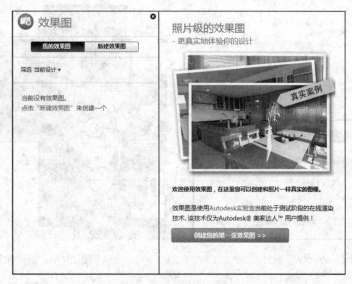

图 13-67 【效果图】对话框

[2] 要创建效果图，必须先登录页面。登录后单击【创建您的第一张效果图】按钮，进入效果图设计页面，如图 13-68 所示。

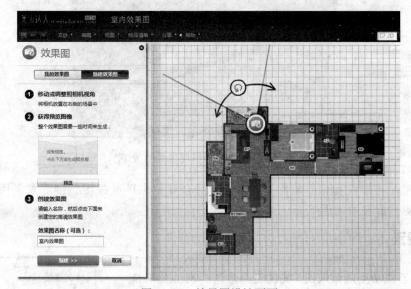

图 13-68 效果图设计页面

[3] 在【效果图】对话框中输入效果图名称"客厅效果图"后，单击【新建】按钮，会弹出消息体现对话框，如图 13-69 所示。

[4] 单击【确定】按钮，再弹出【保存设计】对话框，在对话框中输入设计标题与设计描述以后，单击【确定】按钮，进入到下一步操作中。

[5] 首先制作客厅效果图。将相机先拖动至餐厅位置，然后旋转相机，使相机对准客厅，

在【效果图】对话框输入效果图名称后,单击【新建】按钮,程序自动生成效果图,如图 13-70 所示。

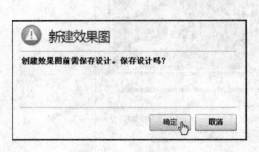
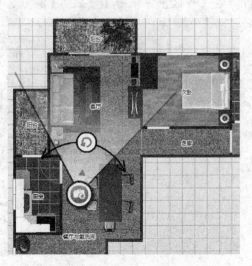

图 13-69　保存设计　　　　　　　　　　　图 13-70　放置相机

[6] 自动生成的客厅效果如图 13-71 所示。

图 13-71　放置相机后生成的效果

[7] 同理,将相机放置于其他几个房间,并创建出主卧效果图、侧卧效果图、卫生间效果图、厨房效果图等。

 提示

能否成功生成效果图,关键还要看您的网络使用情况。网络差,就不容易生成效果图,软件会给出消息提示,如图 13-72 所示。

图 13-72　生成失败提示

5. 导出设计

[1] 生成各房间的效果图后,关闭【效果图】对话框。然后在菜单栏执行【文件】|【导出 DWG】命令,弹出【导出】对话框,如图 13-73 所示。

[2] 在该对话框中选择要导出的文件类型后,单击【导出】按钮,效果图将导出为 AutoCAD 的 DWG 文件,如图 13-74 所示。

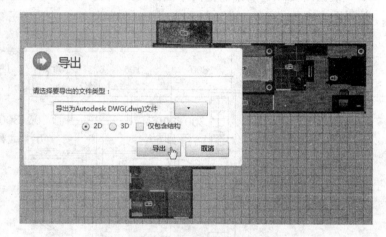

图 13-73 执行【导出】命令　　　　　　　图 13-74 导出为 DWG 文件

操作技巧

导出的文件将保存在用户的邮箱(网易、新浪、QQ 邮箱等)中,您可以通过注册的邮箱下载此文件,如图 13-75 所示。

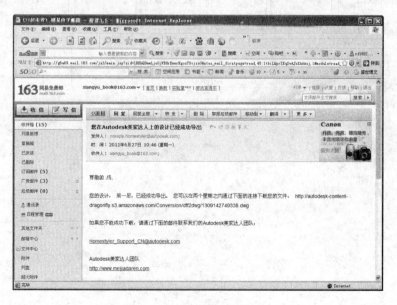

图 13-75 可以通过邮箱下载导出的文件

[3] 同理，将效果图导出图片效果。至此，室内效果图设计案例的设计过程全部完成，最后将文件保存在您的"美家达人"设计账户中。

13.5 课后练习

根据图 13-76 所示的室内平面图，利用美甲达人绘制出平面效果图、立体效果图和渲染效果图。

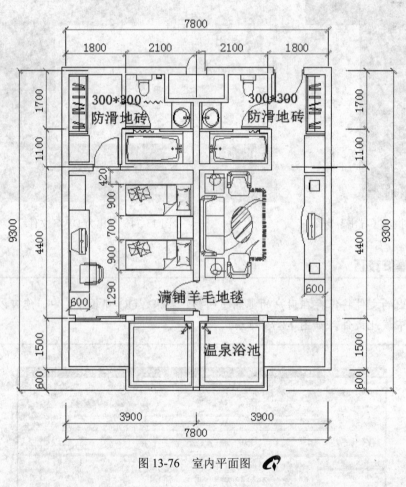

图 13-76 室内平面图